KB079931

나무의 노래

나무의 노래

(The Songs *of* Trees
자연의 위대한 연결망에 대하여)

데이비드 조지 해스컬 지음 | 노승영 옮김

에이도스

일러두기

- 본문에 나오는 단어 중 *표시가 붙은 것은 번역하는 데 마땅한 우리말이 없거나 그 학술적 근거를 찾지 못해 옮긴이가 임의로 지어 붙인 것이다.

사랑하는 부모님, 진 해스컬과 조지 해스컬에게

차례

머리말

호메로스 시대 그리스에서 '클레오스κλέος'(명성)는 노래로 불렸다. 개인의 삶에 대한 평가와 기억은 공기의 진동에 담겼다.

따라서 듣는다는 것은 오래 남는 것을 아는 것이었다.

나는 생태학적 '클레오스'를 찾고자 나무에 귀를 기울였으나 역사의 주역으로서의 영웅이나 개인은 하나도 찾지 못했다. 나무의 노래에 담긴 살아있는 기억은 생명 공동체에 대한, 관계망에 대한 이야기를 들려준다. 우리 인간은 혈육이자 육화된 구성원으로서 이 대화에 참여한다.

따라서 듣는다는 것은 자신의 목소리와 가족의 목소리에 귀를 기울이는 것이다.

이 책에서는 각 장마다 나무를 하나씩 정해 그 나무의 노래를 듣는다. 그 속에서 소리의 물질성, 소리를 존재로 탈바꿈시킨 이야기, 그에 대한 우리 자신의 신체적·정서적·지적 반응이 펼쳐진다. 이 노래는 대부분 청각의 표면 아래에 놓여 있다.

따라서 듣는다는 것은 땅의 살갗에 청진기를 대고 그 밑의 움직임에 귀를 기울이는 것이다.

내가 만난 나무들은 저마다 서식 환경이 사뭇 달랐다. 1부에서 이야기하는 나무들은 인간과 동떨어져 살아가는 것처럼 보인다. 하지만 이 나무들의 삶과 과거와 미래, 우리의 삶과 과거와 미래는 서로 얽혀 있다. 어떤 얽힘은 생명 자체만큼 오래되었으며 어떤 얽힘은 오래된 주제를 산업 시대에 새로 상상한 것이다. 2부에서는 오래전에 죽은 나무의 잔해인 화석과 이탄을 살펴본다. 이 고대의 유물에는 생물학적·지질학적 이야기의 궤적이—어쩌면 미래의 예측까지도—기록되어 있다. 3부에서는 도시와 들판에서 자라는 나무에 초점을 맞춘다. 이곳에서는 인간이 지배자이고 자연은 사라졌거나 정지된 것처럼 보이지만, 실은 날것의 생물학적 관계가 모든 존재에 스며 있다.

이 모든 장소에서 나무의 노래가, 관계로부터 흘러나온다. 나무줄기들은 저마다 분리된 개체처럼 보이지만, 나무의 삶은 이런 원자론적 관점을 뒤집는다. 우리는—나무, 인간, 곤충, 새, 세균은—모두 복수複數로 존재한다. 생명은 몸이 된 그물망이다. 하지만 이 살아있는 그물망은 대자대비한 일자一者의 장소가 아니다. 이 그물망은 협력과 갈등의 생태적·진화적 긴장이 조정되고 해소되는 곳이다. 종종 이 투쟁은 더 강하고 독립적인 개체가 진화하는 것이 아니라 개체가 관계에 녹아드는 결과로 이어진다.

생명은 그물망이기에, 인간과 동떨어진 '자연'이나 '환경' 같은 것은 없다. 인간 대 자연 이분법이 수많은 철학의 핵심에 들어앉아 있지만, 생물학적 관점에서 보면 이것은 허상이다. 우리는 '타자'와의 관계로 이루어진 생명 공동체의 일부이기 때문이다. 포크송 가사를 빌리자면 우리는 '이 세상을 여행하는 나그네wayfaring strangers traveling through this world'다. 우리는 (워즈워스가 서정시에서 이야기한) 자연에서 떨어져 나와 "사물들의 아름다운 형상을 일그러뜨리"는 인공의 "고인 못"에 들어간 소외된 피조물도 아니다. 우리의 몸과 마음은, 우리의 "과학과 예술"은 자연을 조금도 벗어나지 않았다.

우리는 생명의 노래를 떠날 수 없다. 이 음악이 우리를 만들었으며 우리의 본질이다.

따라서 우리의 윤리는 속함의 윤리여야 한다. 인간의 행위가 온 세상의 생물 그물망을 끊고 멋대로 연결하고 마모시키는 지금, 이 윤리는 더더욱 긴박한 명령이다. 따라서 자연의 위대한 연결자인 나무에게 귀를 기울이는 것은 관계 속에, 근원과 재료와 아름다움을 생명에 부여하는 관계 속에 깃드는 법을 배우는 것이다.

1부

케이폭나무

에콰도르 티푸티니강 유역
0°38′10.2″ S, 76°08′39.5″ W

이끼는 얇디얇은 날개를 펼쳐 날아올랐다. 어찌나 얇은지 빛은 날개를 눈치 채지 못한 채 스쳐 지나간다. 햇빛은 색깔이 아니라 기미만을 남긴다. 쪽잎들이 사방으로 퍼지고 이끼식물이 기다란 줄을 따라 올라간다. 나뭇가지를 뒤덮은 균류·조류藻類 군집과 날아다니는 이끼를 붙들어 맨 것은 섬유질 닻이다. 이곳의 이끼는 딴 곳의 이끼처럼 쪼그리고 수그린 채 살아가지 않는다. 이곳의 물은 살갗도, 경계도 없기 때문이다. 이곳에서는 공기가 곧 물이다. 이끼는 대양의 가느다란 바닷말처럼 자란다.

숲은 모든 피조물에게 입술을 대고 숨을 불어넣는다. 우리가 빨아들이는 뜨겁고 향기롭고 포유류를 닮은 이 숨은 숲의 피에서 우리의 폐로 곧장 흘러든다. 약동하는, 내밀하고 질식할 것만 같은 숨. 정오가

되면 이끼는 날아오르지만 우리 인간은 절정에 이른 생명의 비옥한 뱃속에 웅크린 채 누워 있다. 이곳은 에콰도르 서부에 있는 야수니 생태보전구역 심장부 근처다. 주변은 국립공원이자 원주민보호구역이자 완충지대로, 아마존 숲 지대가 16,000제곱킬로미터에 펼쳐져 있다. 이 숲은 콜롬비아와 페루의 국경을 가로지르며 다른 숲들과 연결되어, 위성에서 내려다보면 지구의 얼굴에서 가장 큰 초록색 점들을 이룬다.

비. 몇 시간마다 쏟아지며 이 숲 고유의 언어를 말하는 비. 아마존의 비는 말의 양뿐 아니라 — 연 강수량이 3.5미터로, 잿빛 런던의 여섯 배에 이른다 — 어휘와 문법도 다르다. 숲지붕 위로, 보이지 않는 홀씨와 식물성 화학물질이 공기 중에 뿌옇게 스며 있다. 이 에어로졸 씨앗은 수증기가 달라붙을 때마다 크기가 커진다. 아마존의 공기 한 스푼에 이런 입자가 1000개 이상 들어 있다. 하지만 멀리 떨어진 지역의 공기에 비하면 열 배나 희박하다. 사람들이 모여 사는 곳은 어디나 엔진과 굴뚝에서 수십억 개의 입자가 공중으로 방출된다. 새가 모래목욕을 하듯, 산업사회가 격렬하게 날갯짓을 할 때마다 먼지가 피어오른다. 땅에서 발생하는 오염 물질, 흙, 홀씨의 알갱이 하나하나는 비의 씨앗이다. 드넓은 아마존 숲의 공기는 새의 부지런한 날갯짓이 낳은 결과가 아니라 대부분 숲의 산물이다. 이따금 바람이 아프리카의 흙먼지나 도시의 스모그를 몰고 오기도 하지만, 아마존의 언어는 대부분 토착어다. 씨앗이 적고 수증기가 많으면 빗방울이 엄청나게 부풀어 오른다. 이곳의 비는 여느 땅에서 들을 수 있는 짤막한 음절이 아니라 기다란 음절로 말한다.

빗소리는 고요하게 떨어지는 물소리가 아니다. 어떤 물체를 만나느냐에 따라 빗소리는 다양하게 번역되어 들린다. 여느 언어와 마찬가지로, 특히 쏟아낼 것이 너무 많고 통역자를 기다리는 말이 너무 많은 언어처럼 하늘의 언어적 바탕은 무궁무진한 형태로 표현된다. 억수비가 내리면 양철 지붕은 요란하게 진동하고, 수백 마리 박쥐의 날개를 때리며 산산이 부서져 강물 위로 떨어지고, 축축한 구름이 우듬지를 감싸면 잎은 물 한 방울 떨어뜨리지 않고 습기를 잔뜩 머금은 채 서로 부딪힐 때마다 붓질하는 소리를 낸다.

비의 언어를 가장 유창하게 구사하는 것은 식물의 잎이다. 이곳의 식물 다양성은 지구상 어느 곳과 비교해도 단연 독보적이다. 1헥타르에 서식하는 나무의 종 수가 600종을 넘는데, 이는 북아메리카의 전체 종 수를 능가한다. 게다가 인접 지역을 조사하면 새로운 종이 또 발견된다. 이곳에 올 때마다 내게 혼란과 즐거움을 주는 식물상의 중심에 케이바 펜탄드라Ceiba pentandra가 있다. 현지인들이 '세이보'라고 부르는 케이폭나무다. 나무줄기에서 방사상으로 뻗은 판근板根 주위를 한 바퀴 도는 데 스물아홉 걸음이 걸린다. 각각의 뿌리는 줄기의 꽤 높은 지점에서 시작되어 경사를 이루며 땅으로 파고든다. 줄기의 너비는 3미터로, 파르테논 신전을 떠받치는 기둥보다 1.5배 굵다. 크기가 인상적이긴 하지만, 한랭 기후나 건조 기후에서 천 년을 사는 소나무, 올리브나무, 레드우드만큼 오래되지는 않았다. 균류와 곤충으로 가득한 아마존에서 케이폭나무의 수령은 200년을 넘기는 일이 드물다. 생태학자들의 추산에 따르면 케이폭나무의 수명은 150~250년이다. 케이폭나무가 우람한 이유는 나이를 먹어서가 아니라 어릴 때 해마다 2미터씩 자라기 때문이다. 물론 빠른 생장을 위해서는 단단한 목질부와 화학적 방어 체계를 포기해야 한다. 케이폭나무의 우듬지는 주위 나무들보다 10미터 높이 솟아 돔을 이루는데, 전체 높이는 10층짜리 빌딩과 맞먹는 40미터에 이른다. 우듬지에 앉아 바라본 숲지붕은 밋밋한 온대림과는 딴판이다. 나의 눈과 지평선 사이에 케이폭나무 여남은 그루가 보인다. 한 그루 한 그루가, 주변 나무들로 이루어진 삐죽삐죽한 표면을 뚫고 불쑥 솟은 언덕이다.

케이폭나무는 거목이다. 어쩌면 '세계축axis mundi'인지도 모르겠다. 하지만 빗소리를 들어서는 케이폭나무를 나머지 나무들과 구분할 도리가 없다. 떨어지는 물방울 하나하나가 나뭇잎을 북의 가죽 삼아 두드린다. 소리로 번역된 식물 다양성은 북소리의 박자로 표현된다. 종마다 고유의 빗소리가 있다. 우람한 케이폭나무와 주변의 수많은 나무가 저마다 다른 '잎의 물성'을 드러낸다.

하늘 나는 이끼의 넓은 이파리가 빗방울에 맞아 까딱까딱 흔들린다. 아룸속*Arum* 잎은 심장을 내 팔 길이로 늘여놓은 모양인데, 표면에서 에너지가 소멸되는 동안 낮게 뚝뚝 소리를 낸다. 이웃한 식물의 잎은 접시 모양에 뻣뻣한 재질이어서 빗방울이 떨어질 때마다 금속 조각을 튕겨 내듯 딱딱 소리를 낸다. 작은키나무 클라비하Clavija의 끄트머리에서 창 모양 잎의 로제트(잎이 지면상에 방사상으로 퍼진 상태_옮긴이)가 돋아나는데, 빗방울에 맞으면 잎들이 씰룩거린다. 덜 유연한 잎들의 절박한 외침과 달리 이 잎들에서는 밋밋한 툭툭 소리가 난다. 아마존아보카도*Amazonian avocado의 잎에서는 낮고 맑은, 나무 두드리는 소리가 난다.

소리들은 케이폭나무의 숲밑understory(하층식생)에서 들려온다. 이 식물들은 케이폭나무의 활짝 벌린 가지 밑에서 줄기 둘레의 부엽토에 뿌리를 내렸다. 숲밑을 때리는 물은 이미 위에서 여러 잎을 거친 뒤다. 우듬지의 잎들은 대부분 표면이 매끄럽고 끄트머리가 뾰족하거나 실 모양인 열대 특유의 형태다. 이 '뾰족끝*drip tip'과 미끈한 잎면을 활용하여 물을 모아 커다란 방울을 만든다. 잎끝에서 부풀어 오른 물방울은 렌즈가 되어 빛을 굴절시킨다. 렌즈 안에 숲이 담겼다. 뒤집힌 상倒立像으로. 뾰족끝에는 물방울이 앉을 자리가 거의 없기에 잎은 커진 방울을 몇 초마다 떨어뜨리고 새로 렌즈를 부풀린다. 물방울이 떨어지기 직전, 상像이 반짝인다. 이런 식으로 잎은 물을 떨구고 몸을 말려 (수분을 좋아하는) 균류와 조류의 생장을 늦춘다. 가뜩이나 커다란 빗방울이 숲 위층의 뾰족끝에서 더욱 팽창하여 숲밑 식물의 살갗 위로 떨어진다. 잎이 클수록 물이 많이 모이고 빨리 떨어지므로, 케이폭나무 우듬지의 다양한 잎 모양은 숲밑에서 다채로운 리듬을 만들어낸다. 숲밑 잎들의 무수한 크기, 모양, 두께, 질감, 유연성이 음에 색을 더한다. 심지어 낙엽도 다른 어느 곳보다 활기차게 노래한다. 낙엽이 만들어내는 땅의 소리를 듣고 있으면 수천 개의 태엽 시계가 똑딱거리는 것 같다. 시계 하나하나가 썩어가는 목질 표면 특유의 쩌억 소리를 내면서 장력을 방출한다.

케이폭나무 우듬지에도 생물학적 음향 다양성이 있지만 아래보다는 좀 더 섬세하다. 빗방울이 작고 주위 나무들의 잎에서 강물 흐르는 소리가 나기 때문에 잎 하나하나의 고유한 소리가 묻힌다. 나머지 모든 나무 위로 우뚝 솟은 나무에 올라 높은 가지 위에 서 있으면 강물 소리가 발 아래서 들린다. 물방울 렌즈에 맺힌 도립상처럼 나도 거꾸로 선 기분이다. 숲의 빗소리를 발바닥 아래에서 듣고 있자니 방향 감각을 잃을 것만 같다. 나는 40미터짜리 철제 계단을 걸어 비의 층들을 통과하여 올라왔다. 지상 1~2미터에서는 낙엽과 숲밑 식물들에 부딪히는 빗소리가 잦아들고 듬성듬성한 잎, 빛을 향해 뻗은 줄기, 땅속으로 파고드는 뿌리를 빗방울이 때리는 소리만 이따금 들린다. 지상 20미터에서는 잎이 무성해져 급류가 시작된다. 더 위로 올라가면 나무들의 소리가 하나씩 밀려왔다 물러난다. 처음에는 기생무화과나무strangler fig가 속기사의 타자 소리를 내다가 이내 물방울이 쓱쓱하면서 털이 난 덩굴 잎을 스쳐 지나간다. 급류의 표면 위로 올라서자 굉음이 아래로 깔리면서, 물방울이 두툼한 난초 잎 두드리는 소리, 브로멜리아드bromeliad(파인애플과科) 잎에 달라붙는 소리, 필로덴드론속*Philodendron*의 코끼리 귀에 딱딱 부딪히는 소리가 나기 시작한다. 나무 표면은 초록 식물로 뒤덮여 있다. 케이폭나무 우듬지에는 수백 종의 식물이 서식한다.

비를 피하려고 만든 인간의 물건은 이곳에선 무용지물이다. 오히려 귀만 먹먹하다. 비옷으로 빗방울을 막을 수는 있지만, 비닐 때문에 열대의 열기가 증폭되어 옷 안에서 땀이 비 오듯 한다. 여느 숲과 달리 이곳에서는 빗물이 알려주는 청각 정보가 아주 많기 때문에 폴리에스테르, 나일론, 면 직물에 닿는 빗방울 소리는 청각적 장벽이자 방해물이다. 사람 머리카락과 피부의 말랑말랑하고 매끈한 표면에서는 소리가 거의 나지 않는다. 나의 손과 어깨, 얼굴은 소리가 아니라 촉감으로 비에 반응한다.

아마존을 찾은 서양 선교사들은 전도의 대상이자 식민 지배의 대상인 원주민들에게 강제로 옷을 입혔다. 이로 인한 뜻밖의 결과는 원주민들이 동식물과의 청각적 관계에 (부분적으로) 문을 닫은 채, 숲이 아니라 자신에게 귀를 기울이게 되었다는 것이다. 아마존 원주민 와오라니족Waorani과 대화를 나눠보면, 다들 읍내를 방문할 때 옷을 입어야 하는 것이 거추장스럽고 꼴사납다고 말한다. 와오라니족은 수천 년 동안 이 숲에서 살았지만 이제 외부인들에게 삶과 문화를 위협받고 있다. 옷은 여러 면에서 골칫거리다. 그중 하나는 청각 공동체로부터 단절되는 것이다. 다양한 종과 관계를 맺고 살아가는 사람들에게 이것은 크나큰 손실이다. '난청'을 영어로 'cloth ears'라고 하는데, 때로는 옷cloth을 걸치는 것만으로 청력을 잃기도 한다.

케이폭나무 우듬지에서는 낑낑대고 웅얼대고 으르렁대고 꽥꽥대고 웅웅거리는 동물 소리가 식물의 리듬에 겹쳐 들린다. 종마다 나름의 소리로 동사를 표현하며 많은 종은 인간의 언어로 묘사할 수 없는 소리로 소통한다. 쇠호사숲벌새fork-tailed woodnymph hummingbird는 날개가 흐릿하게 보일 정도로 파닥거리며 채찍 휘두르듯 웅웅 소리를 낸다. 엄지

손가락만 한 크기에 파란색과 초록색으로 반짝거리는—각도에 따라 색이 달라진다—이 새는 얼룩말브로멜리아드*zebra bromeliad에서 뻗어 나와 아치를 이룬 붉은색 꽃에 부리를 처박는다. 파인애플 꼭지를 닮은 두툼한 잎 사이에서 개구리가 개굴개구~울! 하고 운다. 케이폭나무 가지를 덮은 브로멜리아드 덤불에 수십 마리가 숨어 있다가 경쾌한 부름에 응답한다. 브로멜리아드의 곧추선 로제트는 뾰족끝 잎들과 달리 물을 모아 간직한다. 잎 하나마다 잎밑 사이 틈새에 물 4리터를 담을 수 있는데, 개구리를 비롯한 동물 수백 종이 이곳을 번식지로 삼는다. 우듬지 브로멜리아드에 담긴 물은 숲 1헥타르당 5만 리터에 달하며 이 중 상당수가 케이폭나무의 가지를 따라 고여 있다. 케이폭나무는 하늘 호수다.

우듬지의 서식처는 웅덩이만이 아니다. 이 가지들이 만들어내는 미기후의 다양성은 온대림 수백 헥타르와 맞먹는다. 가지의 아늑한 사타구니에는 수렁이 만들어진다. 옹이구멍에서는 습지가 생겼다 말랐다 한다. 케이폭나무 우듬지에 나뭇잎이 수십 년 동안 떨어져 쌓인 흙은 땅 위 부엽토 못지않게 두텁고 기름지다.

굵은 나뭇가지가 흙을 떠받치고 덩굴이 흙을 붙들어 맨다. 케이폭나무 가지가 만나는 곳에서는 줄기가 사람몸통만 한 무화과나무를 비롯하여 대여섯 종의 나무가 뿌리를 내렸다. 이곳은 지상 50미터에 뿌리박은 숲이다. 이 나무들은 북쪽과 동쪽에 모여 자라는데, 숲의 그늘진 골짜기처럼 우듬지 흙이 축축하고 케이폭나무 잎이 가장 무성하기 때문이다. 볕에 노출된 남서쪽 가지에는 선인장, 지의류, 뾰족잎 브로멜리아드가 비가 내리면 부풀어 올랐다가 적도의 햇볕이 고스란히 내리쬐면 푸석푸석해지면서 홍수와 사막을 번갈아 가며 견딘다. 수직의 줄기에서는 덩굴과 난초 정원의 뒤엉킨 깔개에 물이 고이는데, 여기에 양치식물이 뿌리를 내린다. 이 모든 식물 위로 케이폭나무의 잎이 자란다. 겹잎 하나하나가 어린애 손만 하며 기다란 쪽잎(겹잎을 구성하고 있는 작은 잎_옮긴이) 여덟 장가량이 부채 모양으로 펼쳐져 있다. 잔가지 끝에 잎이 나기 때문에 나무는 투명한 안개처럼 보인다. 잎은 나무의 크기에 비해 하찮게 보이지만, 아래의 피난처에서 자라는 식물과 달리 뇌우와 하향격풍을 이겨내야 한다. 다행히 잎의 크기가 작고 부채꼴 모양이어서 쪽잎들이 접혀 바람을 흘려보낸다.

지금껏 대부분의 열대생물학자는 땅에서 연구했지만, 요즘 들어 몇몇이 비계, 밧줄 사다리, 기중기를 타고 우듬지로 올라갔다. 놀랍게도 숲에 서식하는 종 수의 절반 또는 그보다 훨씬 많은 종이 우듬지에 서식하고 있었다. 다른 어디에서도 볼 수 없는 종들이었다. 숲에서 수많은 나무 종의 우듬지들이 이루는 덮개를 일컫는 용어인 '숲지붕canopy'은 이토록 복잡한 3차원 세계를 나타내기에는 너무 단순하다.

생물학적 다양성 지도는 케이폭나무의 뭇 생명을 이해하는 또 다른 방법이다. 전 세계 식물, 양서류, 파충류, 포유류의 다양성을 지도에 색깔로 나타내면—물론 이 분류군은 생물 전체의 일부에 불과하지만, 우리가 가장 잘 알고 있는 것이 이 분류군들이기 때문에—각 분류군마다 가장 많은 종이 서식하는 장소를 알 수 있다. 지도를 겹쳐 놓았을 때 가장 밝게 빛나는 부분은 에콰도르 동부와 페루 북부, 아마존 서부다. 분류군 내에서 종마다 순서를 매겨도 같은 결과가 나온다. 어떤 기준으로 보아도 이곳은 현재 육상 생물 다양성의 정점이다. 이것은 열대의 더위와 비가 생명의 창조성을 북돋운 결과다. 온실에서 생명이 정교하게 진화할 시간은 충분했다. 아마존 서부는 수백만 년 동안, 어쩌면 수천만 년 동안 열대림이었기 때문이다. 이 지역의 지질학적 역사는 거의 밝혀지지 않았지만, 아마존 서부가 안데스 산맥의 융기부 사이에 자리 잡고 대서양 해안선이 달라지면서 바다와 산에서 신종이 침투하여 생물 다양성 증가가 가속화되었는지도 모른다.

이 숲의 생물 다양성을 실감하는 또 다른 방법은 식물학자와 함께 걷는 것이다. 교수여도 좋고 경험 많은 숲 해설가여도 좋다. 생물학과 문화에 대한 이들의 남다른 지식은 식물 전반과, 또한 낱낱의 식물이 인간의 삶에서 어떤 역할을 하는가에 두루 걸쳐 있다. 또한 이 전문가들은 특정 하위 분류군, 즉 자신들이 수십 년 동안 연구한 식물의 특징과 사연을 누구보다 잘 안다. 하지만 절대다수의 종에 대해서는 식물의 사연을 아는 것은 고사하고 동정同定하는 것조차 역부족이다. 서구 학계에 알려지지 않고 기재되지 않은 종이 수두룩하기 때문이다. 최근에 어떤 식물학자들은 연구소 식당 가는 길에 신종을 발견했다. 이 숲은 생물학의 오만함이 고개를 떨구는 곳이다. 우리는 주위의 생물들에 대해 지극히 무지하다.

케이폭나무의 우듬지 아래쪽 가지에서는 비가 방해받지 않고 떨어진다. 아라! 아라! 금강앵무scarlet macaw 한 쌍이 머리 위를 날아 지평선에서 지평선까지 내닫는다. 녀석의 비행은 소리와 빛깔의 환희다. 나무에서 노래하는 곤충들이 옥타브를 나눈다. 종마다 찌르르, 맴맴, 윙윙 소리를 내며 음계상에서 위치를 차지한다. 잿빛비둘기*plumbeous pigeon가 단순하고 낮은 멜로디를 반복하면 다른 새들이 깍깍, 츳츳 하며 합창에 동참한다. 진홍관머리풍금조*flame-crested tanager, 흰수염수녀뻐끔새*white-fronted nunbird, 파랑머리비단날개새*blue-crowned trogon 등 줄잡아 40종의 조류를 불과 몇 가닥의 가지에서 발견했다. 고함원숭이howler monkey가 1킬로미터 밖에서 내지르는 고함 소리는 멀리서 들리는 제트엔진 소리 같다. 이곳에는 영장류 9~10종이 서식하는데, 끽끽, 훗훗, 흡흡 하며 곤충들의 끊임없는 사설에 마침표를 찍는다.

구름이 수직의 안개 줄기로 가늘어졌다가 사라진다. 햇볕이 밀어닥쳐 기온이 10도는 올라간다. 2분 만에 살갗이 말랐다. 흠뻑 젖은 옷은 며칠이 지나도 축축할 것이다. 벌 천여 마리가 나를 감싼다. 해가 나서 벌 모자를 썼는데도, 땀을 먹는 벌은 대부분 크기가 작아서 망 사이로 드나든다. 녀석들이 내 눈으로 돌진하여 다리로 사정없이 할퀸다. 쓰라림을 참으며 한 시간쯤 버틴 뒤에 나무 꼭대기 벌들의 영토에서 물러나 어둠 속에 두 발을 디딘다.

마치 플라톤의 동굴로 돌아가듯, 나는 이전과 달라진 채 친숙한 세상에 복귀한다. 저 위는 비할 데 없이 아름답고 다채로운 생물학적 영역이다. 이제 나는 지상에 있지만, 나의 기억 속에는, 내가 걷는 숲바닥 위에는 저 우월한 층위의 메아리와 그림자가 드리워 있다.

아마존 서부에서는 소리가 멈추는 법이 없다. 생명을 연결하는 끈들이 어찌나 꽉 묶이고 빽빽하게 엉켜 있던지 밤낮으로 공기가 진동에너지로 변하여 끈을 튕긴다. 이 강렬함 속에서 생명의 그물망이 지닌 성질이 극단적으로 표현된다.

언뜻 보기에 이 성질은 격렬하고 (심지어) 무시무시한 갈등 같기도 하다. 사방에서 공격의 함성과 탄식이 울려 퍼진다. 케이폭나무에 올라가 있거나 진창길을 걷는 사람이 명심해야 할 규칙: 미끄러지려 하거나 중심을 잡으려 할 때 바로 옆에 있는 가지를 붙잡지 말 것. 이곳의 나무껍질은 가시와 바늘과 침으로 무장하고 있다. 운 좋게 매끄러운 가지를 잡았더라도 개미와 뱀이 기다리다가 본때를 보여줄 것이다. 공기 중에 세균과 균류 홀씨가 득시글거리기 때문에 상처가 쉽게 곪는다.

위험은 도처에 널려 있다. 수첩을 집으려고 몸을 숙이자 풀숲에서 총알개미bullet ant가 셔츠 깃과 목덜미 사이로 떨어져 조용히 픽 하고 착지한다. 호기심 많은 곤충학자들이 곤충으로 인한 통증의 순위를 매겼는데 총알개미가 세계 1위였다. 녀석이 배의 독침으로 내 목을 쿡 찌른다. 통증은 불순물 하나 없는 청동으로 주조한 종을 두드리는 느낌이다. 깔끔하고 금속성이며 단음單音이다. 나무에서 발사된 소화기小火器가 나를 "들어올려 두들기"는 순간, 신경이 울린다는 게 어떤 느낌인지 비로소 알았다. 왼손으로 따끔한 부위를 내리쳐 공격자를 쓸어낸다. 녀석은 턱으로 내 검지손가락을 물어 두 줄의 홈을 낸 뒤에야 땅에 떨어진다. 독침의 순수함과 달리 이번 통증은 비명을 자아내며 불에 덴 듯 종잡을 수 없다. 몇 분이 지나도록 손의 피부가 얼얼하다. 혼란과 공포로 손이 땀에 흠뻑 젖었다. 한 시간 동안 팔을 쓰지 못한다. 왼쪽 가슴 근육이 뒤틀리고 타박상을 입은 것 같다. 투약하고 몇 시간이 지나자 깨물리고 쏘인 통증은 화끈거리는 수준으로 가라앉는다. 말벌에 쏘인 것만큼 따끔거리긴 했지만 못 견딜 정도는 아니었다. 숲이 준비한 호된 신고식이었다. 소로가 말한 "형언할 수 없이 순수하고 인정이 많"은 느낌은 전혀 받을 수 없었다. 생물학전生物學戰의 기술과 과학은 우림에서 최고조로 발전한다.

총알개미의 공격은 나의 손가락에 작은 흉터를 남겼을 뿐이지만, 다른 곤충은 더 오래가고 위험한 흔적을 남긴다. 케이폭나무 우듬지에서 모기 한 마리가 윙윙거리며 내 주위를 은밀히 맴돌았다. 브로치만 한 몸이 감청색으로 반짝였다. 내가 한눈을 파는 사이에 녀석이 내 손에 바늘을 꽂아 피를 빨았다. 빼앗긴 피의 양은 많지 않았지만 이 하이마고구스속*Haemagogus* 모기는 피를 빨면서 내 모세혈관에 타액을 분비함으로써 바이러스가 침투할 액체 진입로를 만들었다. 하이마고구스속은 우듬지 전문가다. 습한 틈새에 알을 낳는데, 빗물이 알을 부화시키고 애벌레의 보금자리가 된다. 성체 암컷은 원숭이 피를 좋아하고 수명이 길어서 매우 악질적인 질병 매개체다. 양털원숭이woolly monkey가 쓴 더러운 바늘을 내가 쓰다니. 어쩌면 고함원숭이나 사키원숭이saki monkey, 거미원숭이spider monkey, 꼬리감는원숭이capuchin monkey, 타마린tamarin monkey,

올빼미원숭이owl monkey, 티티원숭이titi monkey, 마모셋원숭이marmoset monkey, 다람쥐원숭이squirrel monkey가 쓴 바늘인지도 모르겠다. 바이러스가 보기에 우듬지는 영장류 피로 이루어진 습지대이고 모기의 침은 웅덩이에 흘러드는 개울이다. 수십 종의 박쥐와 설치류도 지류를 이룬다. 하이마고구스속 모기는 바이러스, 세균, 원생생물을 비롯하여 혈액에 서식하는 온갖 병원체의 집합소다.

다행히도 녀석에게 물린 뒤에 삼림황열병sylvatic yellow fever 같은 질병에 걸리지는 않았지만, 숲에서의 생물학적 투쟁은 대부분 우리의 감각이 미치지 못하는 척도에서 벌어진다는 사실을 되새겼다(우리의 시선을 사로잡는 것은 테니슨이 말하는 이빨과 발톱 — 퓨마, 뱀, 피라냐 — 이지만). 숲의 동물에게서 DNA를 검사하면 예외 없이 살과 피에서 기생충이 발견된다. 하지만 기생충 감염이 겉으로 드러나는 일은 매우 드물다. 브로멜리아드에서 떨어지는 물방울 소리에 귀를 기울이다가 개미 한 마리가 잎 가장자리에 턱을 박은 채 죽어 있는 것을 보았다. 녀석의 마지막 행동은 물어박기*anchoring bite였다. 포식동충하초속*Ophiocordyceps* 기생 균류가 속에서부터 녀석을 먹어치우면서 녀석에게 바람이 세게 부는 곳의 잎으로 기어올라가 단단히 매달리라고 명령을 내린 것이다. 개미의 목덜미에서 줄기가 돋아났는데, 끄트머리의 홀씨주머니가 잔뜩 부풀어 있었다. 감염성 균류 홀씨를 아래쪽에 있는 모든 개미 위에 흩뿌리려는 수작이다.

다양한 형태에 따라 비를 소리로 바꾸는 나뭇잎 북도 온갖 공격에 시달린다. 세균과 균류는 각피와 기공을 뚫고 들어가고 곤충은 연한 새싹을 갉아 먹는다. 연구가 많이 된 잉가속*Inga* 식물의 경우 어린잎의 무게 중 절반이 독으로 이루어졌을 만큼 방어에 투자를 아끼지 않는데, 이것은 드문 일이 아니다. 잉가속은 숲에 서식하는 식물 중에서 흔하고 종 수가 많은 축에 든다. 연한 어린잎은 독을 가졌어도 엄청난 피해를 감수해야 한다. 취약한 생장 단계의 잎은 산탄총의 표적처럼 구멍이 숭숭 뚫렸다. 더 생장한 질긴 잎은 독의 양이 약간 적지만, 그래도 몸무게의 (최대) 3분의 1을 화학적 방어에 투자한다. 병원체가 득시글거리고 초식동물이 늘상 물고 뜯으니 어쩔 수 없는 노릇이다.

우림에서 벌어지는 극심한 생존 투쟁은 종 다양성의 원인이자 결과다. 하도 많은 종이 뒤엉켜 살아가기 때문에 경쟁이 치열하고 착취의 기회가 풍부할 수밖에 없다. 이런 적대 관계는 진화의 창조성을 자극하여 숲을 더욱 다채롭게 만든다. 한 종의 개체 수가 증가하면 적들이 세를 불려 반격한다. 희소성에는 장점이 있으니, 적의 공격을 피할 수 있다는 것이다. 희소성은 생화학적 측면에서도 효과적이다. 어떤 식물이 근연종으로 둘러싸였으되 독자적인 방어 화학물질을 가졌다면, 나머지 모든 면에서 비슷한 식물들과 살면서도 홀로 승승장구할 것이다. 따라서 열대 식물 공동체가 남달리 다채로운 한 가지 이유는 숲이 균류와 털애벌레로 넘쳐나기 때문이다. 1헥타르의 면적에는 곤충 6만 종, 개체 수로는 10억 마리가 서식하는데, 그중 절반은 오로지 식물만 먹고서 번식한다. 균류와 세균의 종류와 개체 수는 밝혀지지 않았지만, 결코 곤충에 뒤지지 않는다.

이 모든 갈등은 생명에 원자론적 양태를 강요하는 것처럼 보인다.

개체는 피해자와 적으로 나뉘어 끊임없이 물고 물리는 갈등의 고리 속에서 싸워야만 한다. 이렇듯 격렬한 투쟁이 벌어지는 것은 사실이지만, 다원주의적 전쟁은 생명을 원자로 분리하는 것이 아니라 용광로에 개체를 넣고 장벽을 녹여 다양한 만큼이나 강력한 그물망을 만들어냈다.

이 지역에서는 인간 사회의 문화에서도 이러한 그물망의 일부를 엿볼 수 있다. 와오라니족은 수천 년째 아마존 서부에서 살아가고 있는데, 대부분의 기간 동안 수렵, 채집, 재배로 먹고살았다. 하지만 선교사와 식민주의자가 질병과 '동화同化'를 들여와 원주민과 이들의 문화를 둘 다 파괴했다. 이제 와오라니족은 야수니 생태보전구역 안팎에 2000명가량이 남아 있을 뿐이다. 일부는 공립학교와 보건소를 갖춘 영구 거주지에 정착했으나 일부는 스스로 고립을 선택하여 숲에 머물렀다. 숲에 사는 와오라니족은 식물을 린네식으로 분류하지 않는다. 많은 식물 '종'은 이름이 여러 개다. 식물은 고유한 이름을 가지는 것이 아니라 여러 생태적 관계에 따라, 인간의 문화 속에서 가지는 쓰임새에 따라 다양한 이름으로 불린다. 인류학자 로라 리발Laura Rival에 따르면 와오라니족은 집요한 질문을 받고서도, 주변 식물의 구성과 같은 생태학적 맥락을 함께 묘사하지 않고서는 (서양인들이 말하는) "나무종"을 일컫는 개별적 이름을 "떠올리지 못했"다.

와오라니족 사회에는 "제 손의 노동으로만 살아가"는 히말라야 동굴 속 은자隱者나 소로의 오두막 같은 것을 전혀 찾아볼 수 없다. 와오라니족은 (그들의 말을 빌리자면) "하나인 것처럼 살아간"다. 개별성, 자율성, 숙련도를 높이 치기는 하지만 이러한 자질은 관계와 공동체의 맥락 안에서만 표현된다. 혼자 힘으로 살겠다고 숲에 들어가는 사람은 중병에 걸렸거나 울분을 품었거나 죽음을 앞둔 사람뿐이다. 와오라니족의 '개별적' 이름은 집단의 산물이다. 한 집단을 떠나 다른 집단에 들어가면 옛 이름이 죽고 새 인격을 얻는다. 되돌리는 것은 불가능하다.

숲에서 길을 잃는 것, 특히 밤에 혼자 남겨지는 것은 숲 경험이 아무리 많은 와오라니족에게도 두렵기 짝이 없는 일이다. 와오라니족은 길을 잃으면 케이폭나무를 찾아 일종의 서브우퍼로 활용한다. 판근을 두드리면 줄기 전체가 진동하는데, 이 식물성 초저음역 베이스로 친구와 가족을 부른다. 이것은 나를 살아있게 하는 매듭을 다시 묶으려는 외침이다. 케이폭나무는 키가 엄청나게 커서 사람이 외치는 것보다 훨씬 우렁찬 소리를 낸다. 공기의 진동을 감지하면 부족원들이 찾으러 올 것이다. 이 신호는 미아를 찾을 때 특히 요긴하다. 아이의 가족은 커다란 케이폭나무가 어디서 자라는지 알기 때문에 이 소리는 경고음이자 길안내의 역할을 한다. 사냥꾼과 전사도 케이폭나무를 이용하여 원정의 성공을 알린다. 와오라니족 창조 설화에서 케이폭나무가 생명수生命樹로 등장하는 것은 우연이 아니다. 케이폭나무는 수많은 숲 생물의 보금자리이며, 생명의 끈을 지탱하고 새로 연결하여 많은 목숨을 구한다.

케이폭나무에 깃든 공동체가 숲의 가혹한 조건을 이겨낼 수 있는 것은 개별성을 해소하여 관계로 승화한 덕이다. 전쟁술이 극도로 발전한 곳에서는 역설적으로 굴복이 생존을 좌우한다. 자신을 낮추고 동맹을 맺어야 하는 것이다. 어떤 동맹은 종 내부에서 결성된다. 나를 문 총알개미, 케이폭나무 아래의 낙엽을 들썩거리게 하는 군대개미army ant 군단, 식물을 잘라 땅속 둥지로 나르는 가위개미leaf-cutter ant의 사회에서는 낱낱의 개미가 아니라 군집이 정체성의 토대가 된다. 케이폭나무 위로 올라가다보면 이런 광경을 많이 맞닥뜨린다. 나무 밑동에 뒤엉켜 있는 거미줄은 사회성 거미social spider 수십 마리가 더불어 사는 보금자리다.

거미 한 마리 한 마리가 거미줄의 확장과 방어에 이바지한다. 사회성 거미는 함께 성공하고 함께 실패한다. 개체의 특징은 공동체에 기여하는 한에서만 의미가 있다. 자연선택은 특정 거미 조합을 다른 조합보다 선호하는 식으로 사회성 거미의 집단에 작용한다. 따라서 사회성 거미의 진화는 집단의 운명에 좌우된다. 비슷한 맥락에서 조류 및 원숭이 종의 상당수는 서로에게 의존하는 가족 집단을 이루어 산다.

유연관계가 먼 종들이 융합되는 동맹도 종 내부에서 형성되는 동맹 못지않게 흔하다. 케이폭나무의 뿌리와 잎은 공생하는 균류와 세균의 공동체다. 이곳에서는 구성 요소들의 이해관계와 정체성이 모호해진다.

오래되고 메마른 아마존의 토양에서는 이런 관계가 필수적이다. 특히 인의 공급이 부족한데, 균류의 가닥들이 가지처럼 그물망을 이루면 표면적이 넓어져 흡수율이 부쩍 높아진다. 잎에서도 이런 식으로 당을 흡수한다. 이 덕에 식물과 균류의 조합은 메마른 토양에서도 무럭무럭 자란다.

또한 균류는 많은 개미를 먹여 살린다. 브로멜리아드에서 개미를 죽인 균류도 있지만, 어떤 균류는 개미 사회에 자신의 운명을 의탁하여 상부상조한다. 가위개미는 균류를 위해 일한다. 아니, 균류가 개미를 위해 일하는 건지도 모르겠다. 연합하면 이런 구별이 무의미하다. 개미들은 수십에서 수백 미터로 줄지어 서서 땅속 개미집 균류 농장에 신선한 잎을 공급한다. 개미는 균류를 먹이고 균류는 자신의 몸으로 개미를 먹인다. 개미의 체모에 사는 프세우도노카르디아속*Pseudonocardia* 세균은 해로운 균류가 침입하지 못하도록 화학물질을 분비하여 공생 균류의 건강을 지켜준다. 개미·균류·세균의 연합으로 탄생한 실체의 본질은 관계다. 이 실체의 어느 한 부분도 '타자'와의 상호작용 없이는 존재할 수 없다. 가위개미는 200여 종에 이르는 아타속*Atta* 개미 중 한 종에 불과하다. 아타속 개미는 모두 균류를 재배하여 생계를 유지한다.

브로멜리아드에 서식하는 수백 종의 세균, 원생생물, 갯솜동물, 갑각류, 연형동물이 이 물웅덩이에서 저 물웅덩이로 이동하려면 개구리의 도움을 받아야 한다. 새우처럼 생긴 작은 생물인 개형충Ostracod은 개구리 피부에 달라붙는다. 개형충에는 섬모충ciliate이 달라붙어 있다. 녀석은 단세포 원생동물로, 브로멜리아드의 세균 죽을 먹고 산다. 더 작은 척도에서는 세균과 균류가 섬모충에 올라타 있다. 이 모든 생물은 날벌레 애벌레와 더불어 브로멜리아드 웅덩이에 똥을 누어 질소를 비롯한 여러 영양소 화학물질을 식물에게 공급한다. 브로멜리아드는 자체 분뇨 농장을 지어 운영하는 셈이다. 가위개미의 상부상조와 마찬가지로, 브로멜리아드·동물·세균의 그물망을 이루는 대부분의 가닥은 떼어낼 수 없다. 숲은 (단지 그물망을 통해 결합되었을 뿐인) 개체들의 집합이 아니다. 숲은 오로지 관계의 가닥으로만 이루어진 장소다.

인간의 문화는 이 본질을 철학으로 표현한다. 와오라니족, 슈아르족, 케추아족을 비롯하여 아마존 숲의 그물망에서 수백 년, 수천 년을 살아온 사람들에게 숲은 생물학적·물리적 '타자'의 조합이 아니다. 아마존 부족들은 문화가 언어적·역사적으로 다르고 믿음 체계도 여느 대륙과 마찬가지로 다양하지만, 하나만은 일치하는 듯하다. 그것은 서구 과학에서 '대상으로 구성된 숲 생태계'라 부르는 것을 정령, 꿈, (잠에서 깨었다는 의미에서의) 현실이 어우러지는 장소로 여긴다는 것이다. (인간 거주민을 포함한) 숲은 이렇게 하나가 된다. 하지만 이것은 따로 떨어진 부분들의 연합이 아니다. 우리는 애초부터 영적 관계 안에서 존재한다. 정령은 머나먼 천국이나 지옥에서 온 저 세상 귀신이 아니라 땅에 뿌리박고 흙과 상상력을 연결하는 숲의 본성 자체다. 아마존 영성의 바탕은 여러 세대에 걸친 실용주의적 경험주의다.

영어의 단어와 개념은 정령에 대해 생각하기에 부적절하다. 영혼이 다른 장소에서 비롯한다고 여기기 때문이다. 이해를 가로막는 이러한 장벽을 가장 뚜렷하게 표현한 인물은 숲 해설가 마예르 로드리게스Mayer Rodríguez다. 그는 수백 명에 이르는 미국 대학 연구자와 학부생에게 숲을 안내했다. 로드리게스는 우리가 그의 정령 이야기를 믿지 않을 뿐 아니라 이해하지도 못할 것이라고 말했다. 들을 수는 있지만 소리가 귓속으로 들어오지 못하리라는 것이다. 살아있고 체화된 관계를 숲 공동체 안에서 맺지 않고서는 이해의 공명이 일어날 수 없기 때문이다. 이해의 바탕이 되는 관계는 시간적으로 계보를 거슬러 올라가며 공간적으로 생물 그물망을 거쳐 뻗어나간다. 로드리게스의 이야기를 들어서 피상적으로 이해할 수는 있을지 모르나 그 이해를 내면으로부터 전달하기란 여간 힘든 일이 아니다. 앎은 관계이며 속함은 영적 앎이다.

서구 정신은 개념, 규칙, 절차, 연결, 패턴 같은 추상적 대상을 감지하고 이해할 수 있다. 이것들은 전부 보이지 않지만, 어느 대상 못지않게 실재한다고 간주된다. 그렇다면 아마존 숲의 정령은 돈, 시간, 국민국가 같은 서구의 현실 속 꿈에 비유할 수 있을지도 모르겠다.

언젠가 아마존 숲을 방문하고 나서 와오라니족 남자 한 명과 대화를 나눴다. 그는 케이폭나무의 크기를 처음으로 재고, 내가 우듬지에 올라갈 수 있도록 계단 비계를 만들어준 인물이다. 정치적 활동을 하고 있기에, 신변 안전을 위해 이름은 밝히지 않겠다. 비계를 짓던 무렵 그는 밤중에 나무에 다가가, 나무의 재규어 정령을 막기 위해 나랑히야naranjilla 열매를 줄기에 두르고는 나무에게 용서를 구했으며 자신과 나무를 보호하려고 작은 불을 피웠다. 그는 나무를 사물이 아니라 인격체로 취급했다. 나무의 위쪽 가지에 나사못을 박는 것은 나무를 범하는 것이라고 말했다. 나무에 구멍을 뚫거나 금속을 박지 않고 가지 사이에 비계를 얹는 게 낫겠다고도 말했다. 그러면 와오라니족 아이들이 우듬지에 올라가 노래하고 그림을 그릴 수 있을 터였다. 그 일이 있고 몇 해가 지난 뒤에는 남자의 눈에 체념 어린 슬픔만 남았지만, 비계를 지을 동안 그는 여러 밤낮을 고통 속에서 보냈다. 동료 일꾼들은—와오라니족 이외에 에콰도르인과 미국인이 섞여 있었다—아름다운 장소로 사람들을 데려다줄 근사한 비계를 짓는다는 생각에 들떠 있었다. 전에도 이런 일을 해봤기에 남자의 걱정에 짜증을 냈다.

와오라니족은 생명을 해하거나 취하는 것에 반대하지 않는다. 그들은 풀과 나무를 베고 원숭이를 비롯한 동물을 사냥하고 외국 식민주의자와 다른 아마존 부족에게서 자기네 문화를 지키려고 치명적 수단을 마다하지 않는다. 정착지에서는 외부에서 식량을 들여오고 경작 범위를 늘려 숲에 덜 의존하지만, 여전히 정글도와 총을 즐겨 쓴다. 그러니 남자가 케이폭나무에 해를 입히는 것을 꺼린 이유는 벌목과 살해에 반대하기 때문이 아니었다. 케이폭나무는 생명수다. 남자는 "케이폭나무가 없으면 우리는 죽습니다"라고 말했다.

나무에 나사못을 박는 것은 생명의 근원을 해치고 모욕하는 일이었다. 내가 느끼기에 그는 발판과 울짱 덕에 서구 정신이 숲에 쉽사리 침투하면 더 미묘한 이유에서 위험이 초래된다고도 생각했다. 방문객이 보기에 비계는 목적을 이루는 수단이며 숲과 어떤 관계를 맺을 것인가에 대한 나름의 철학이 표현된 것이다. 따라서 비계는 숲의 본질적 성격을 규정한다. 그렇다면 비계를 짓고 올라가는 행위에는 도덕적 의미가 담겨 있다. 발판을 디디는 소리가 날 때마다 계단을 오르는 사람의 사고방식이 드러난다. 이 사고방식은 숲을 가장 잘 아는 사람의 철학과 종종 어긋난다.

역설적이게도 철학의 차이가 낳는 결과를 외부인이 더 온전하게 이

해할 수 있는 것은 비계 덕분이다. 비계 위쪽에서는 와오라니족과 케추아족 땅에서 나는 소리를 듣고 풍경을 볼 수 있을 뿐 아니라 수입된 철학이 어떻게 표현되는지 관찰할 수도 있다. 이 철학들은 우리가 디디고 선 계단보다 훨씬 큰 규모로 숲의 정령이 훼손될 것임을 보여주는 징조다.

도요타조tinamou가 숲의 저녁 기도를 올린다. 도요타조는 칠면조 크기에 에뮤emu의 친척뻘로, 좀처럼 보기 힘들지만 매일 어스름마다 노랫소리를 들려준다. 이 소리는 은세공인의 작품이다. 순수한 음들을 녹여 장신구로 만드는 장인. 안데스 케나quena 피리의 음조와 음색은 도요타조의 노래에서 영감을 받은 것이 틀림없다. 숲밑에는 어둠이 깔렸지만, 이곳 케이폭나무 우듬지가 어스름에 젖으려면 30분을 더 있어야 한다. 도요타조의 노래를 듣고 있는데, 잿빛에 가까워진 주황색 석양이 서쪽에서 불쑥 다가온다.

빛이 빠져나가면 공중 연못에서 브로멜리아드 개구리들이 끽끽 끌끌 울음을 터뜨린다. 5분여 동안 울다가 일제히 침묵한다. 그러다 무슨 소리든 나기만 하면—뜬금없는 개구리 울음 소리이든, 사람 목소리이든, 동료에게 밟힌 새가 내뱉는 비명 소리이든—다시 합창이 시작된다. 올빼미 세 종이 개구리 합창에 동참한다.

관머리부엉이crested owl는 짝이나 이웃을 찾으려고, 아니면 잉가속 나무의 낮은 가지에 숨겨둔 새끼의 존재를 확인하려고 아래쪽에서 규칙적으로 신음 소리를 낸다. 안경올빼미spectacled owl가 반복적으로 내는 낮고 나긋나긋한 부름소리call는 차축을 제대로 맞추지 않은 타이어처럼 구부러진 축을 따라 울렁거린다.

갈색큰소쩍새tawny screech owl는 새된 투투투투 소리로 끝없이 변화를 줘가며 노래한다. 곤충들은 높은 천공穿孔 소리, 맑게 퍼지는 울음소리, 쓱쓱, 딸랑딸랑 소리를 규칙적으로 내보낸다. 낮을 지배하는 원숭이와 앵무의 소리는 한풀 꺾였다. 케이폭나무의 위쪽 잎들이 해거름의 세찬 돌풍에 서걱거리다 바람이 잦아들면 나무에는 정적이 감돈다.

해가 진 지 두 시간이 지났다. 깊숙한 숲속에서 바라본 하늘은 새까만 돔에 밝고 하얀 먼지를 뿌려놓은 듯하다. 여기 모인 사람들은 가장 가까운 타운인 코카에서 육로나 수로로 찾아온 당일치기 관광객이다. 손전등을 제외하면 전기를 쓰는 경우는 저녁에 식당 발전기를 잠깐 돌리는 것이 전부다. 하지만 양쪽 지평선의 빛 때문에 하늘에 얼룩이 졌다. 5킬로미터 넘게 떨어진 유정油井에서 치솟는 가스 불꽃과 경유 전등이 도시의 조명처럼 암흑에 번져 별빛을 가린다. 케이폭나무 잎들의 서걱거림이 멈추면 발전기와 압축기의 굉음이 우듬지를 적신다. 백악질 강기슭의 묘지 위에는 아마존 서부의 풍요로운 생명이 자리 잡았다. 1억 년 전에 강 삼각주와 얕은 바다를 조류藻類 천지로 만든 햇빛은 기름진 잔해를 땅속에 남겼다. 에콰도르 동부와 페루 북부를 생물학적·문화적 다양성의 정점으로 표시한 지도는 석유 매장지 지도와 겹친다. 수백억, 어쩌면 수천억 달러어치의 원유가 이 숲 아래에 묻혀 있다.

에콰도르 수출액의 절반, 정부 예산의 3분의 1이 석유에서 나온다. 에콰도르 정부는 서구에서 보유한 채권에 대해 이행불능을 선언하고 나서 이제는 중국에 빚을 지고 있다. 채무 상환은 석유로 하기로 했다. 물질적으로 궁핍하고 경제적 기회가 희소한 나라에서—특히, 차입과 석유 판매가 사회복지의 재원인 실정에서—아마존 석유 판매는 더 나은 삶으로 가는 든든한 다리처럼 보인다. 정부 입장에서도, 석유 채굴은 간편한 자금원이며 (따라서) 재선再選의 발판이다.

대다수 나라는 석유 채굴에 대한 논란을 거의 또는 전혀 겪지 않는다. 북아메리카에서 전국적 논란을 일으킨 유전은 몇 군데에 불과하다. 대부분은 예사롭게 시추되고 채굴된다. 북해에서는 북유럽 나라들이 순조롭게 채굴을 하고 있다. 중동에서 석유 수송을 가로막는 것은 전쟁과 수급 조절뿐이다. 하지만 에콰도르는 표준적 경제 지표로 볼 때 석유를 땅속에 내버려둘 수 없는 상황임에도 대통령 집무실에서 시민사회, 소규모 숲 공동체에 이르기까지 모든 집단이 아마존의 석유 채굴을 우려하고 창의적 논의를 진행했다.

에콰도르에서 석유의 일차 소유권은 정부에 있다. 채굴권의 사적 소유는 허용되지 않는다. 사기업과 공기업이 석유를 채굴하려면 정부의 허가를 받아야 한다. 채굴 주체와 장소의 결정권은 정부에 있다. 가장 논란이 된 결정은 케이폭나무에서 몇백 미터 떨어진 야수니 국립공원에서의 채굴 허가였다. 야수니 국립공원은 야수니 생태보전구역의 일부로, 면적이 1만 제곱킬로미터에 육박하며, 생물 다양성 지도에서 '최상급 지역'으로 표시되어 있다. 6000제곱킬로미터의 와오라니 소수민족보호구역도 인접해 있다. 공원과 소수민족 보호구역 안에 거주하는 일부 와오라니족은 다른 문화와 단절된 삶을 스스로 선택했다. 야수니 국립공원의 북쪽 절반은 석유 채굴 허가 구역이다. 공원의 북동부 경계를 포함하는 이슈핑고·탐보코차·티푸티니 지구ITT block는 석유 매장량이 8억 배럴로 추산되는데, 이는 에콰도르 전체 매장량의 20퍼센트에 해당한다. 이미 채굴된 유전들도 야수니 국립공원에 인접해 있다. 1970년대에 미국 회사들이 넓은 숲 지대를 기름투성이 산업 쓰레기장으로 바꿔놓았다. 오랫동안 미뤄진 정화의 책임이 누구에게 있느냐를 놓고 아직도 법정 다툼이 진행 중이다.

숲을 가르는 진입로는 생명 공동체에 심각한 악영향을 미친다. 시장으로 통하는 도로가 새로 생기면 사냥꾼들은 숲에서 식용 동물을 싹쓸이한다. 식민주의자들은 토착민 집단으로부터 땅을 빼앗고 숲을 밭과 농장으로 개간한다. 석유 회사 경비원들이 식민주의자를 쫓아낸 곳에서는 유랑하던 토착민 집단이 길가에 마을을 이루고 정착한다. 석유 회사에서 일할 것이냐 말 것이냐의 논쟁으로 많은 공동체가 풍비박산 났다. 회사 제품을 누가 받을 것이냐를 놓고도 분란이 벌어진다. 보조금과 고용은 물질적 혜택이지만, 산업경제로의 진입은 짧은 호황일 뿐 식민주의자들이 토착민 공동체의 자리를 차지한다. 옛 유전으로 통하는 간선도로인 비아 아우카에 늘어선 나무들은 브로멜리아드를 거의 잃었으며 그 안에 살던 동물도 자취를 감췄다. 많던 새들도 석유 도로에는 얼씬도 하지 않는다. 케이폭나무는 사슬톱에 잘리지 않았더라도 공동체를 잃고 침묵한다. 한 와오라니족 남자는 석유 채굴이 생명수 케이폭나무의 팔다리를 절단하는 것과 같다고 말했다. 또 다른 와오라니족 사람들은 최근에 자신들의 땅을 찾아온 외부인들 밑에서 일하려고 협상을 벌였다.

에콰도르의 숲은 값진 광물의 보고이지만, 몇 해 전만 해도 숲을 보호할 절호의 기회가 있었다. 2007년에 라파엘 코레아Rafael Correa 대통령은 ITT 석유 가치의 절반에 해당하는 지속적 경제 발전 기금을 국제사회가 제공한다면 석유를 영영 땅속에 묻어두겠다고 제안했다. 그 뒤에도 개발도상국이 매장 화석연료와 기후 변화를 관리할 수 있도록 지원하는 포괄적 기구를 국제연합과 석유수출국기구 산하에 두자고 제안했다. 이와 동시에 에콰도르 정부는 새로운 실천 기준을 정했다. 2008년 에콰도르 헌법은 파차마마Pacha Mama, 즉 '인간을 포함한 자연'의 권리를 보호한다. 여기에는 인간 아닌 생명체가 살아가고 진화할 권리, 인간이 물과 식량에 접근할 권리가 포함된다. 야수니 국립공원과 관련한 제안에는 이 취지가 확고하게 담겼다.

코레아의 계획은 야수니에서의 석유 채굴을 금지하고 아직 연소되지 않은 탄소를 무덤에 봉인하는 것이었다. 이는 특히 지구적 관점에서 중요한 의미가 있다. 세계 평균 기온 상승을 2도 이하로 억제할 가망이 조금이라도 있으려면—이것은 현재 진행 중인 기후 협상의 명시적 목표다—연소되지 않은 연료를 땅속에 묻어두어야 한다. 그러니 보물 지도가 있어도 'X' 표시 앞에서 돌아서야 한다. 돌아서야 할 곳이 한두 군데가 아니다. (알려진) 전 세계 화석연료 매장량은 기후 목표치에 해당하는 양의 세 배를 넘는다.

코레아의 제안은 거부당했다. 이제 에콰도르가 석유를 태우지 않으면 잃어버린 기회의 비용은 에콰도르 혼자 짊어져야 한다. 지금껏 대부분의 화석 탄소를 대기 중에 쏟아낸 부유한 산업국 시민들은 석유 포기에 따르는 금전적 부담을 나눠 지려 들지 않았다. 그러면서도 석유를 사는 일에는 전혀 거리낌이 없다. 그리하여 케이폭나무는 매일같이 기계 소리에 시달리고 있으며, 우림에서 가장 키 큰 나무보다 더 높은 배기가스연소탑의 불꽃이 밤마다 나무를 비춘다. 지진탐사도 진행 중이다. 이것은 땅속으로 탄성파를 발생시켜 석유의 메아리를 찾는 작업이다.

코레아는 야수니 계획을 제안하는 와중에도 노회한 전략가답게 대안을 마련해두었다. 현재 추진 중인 이 대안은 유전 개발이다. 2016년 3월에 국영 석유 회사 페트로아마소나스Petroamazonas가 ITT 최초의 유정을 팠다. 야수니 국립공원의 북쪽 경계선과 맞닿은 곳이었다. 코레아의 생각은 이 지역의 정치 지도자들과 다르지 않다. 에콰도르 정부는 아마존 서부 전역에 걸쳐 70만 제곱킬로미터 이상의 숲에 대해 석유 및 가스 '지구地區'를 지정했다. 에콰도르와 페루의 아마존 유역 대부분, 콜롬비아와 브라질의 우림 상당 부분이 여기에 포함된다. 이 지구들의 60퍼센트에서 석유와 가스가 채굴 또는 시추되고 있으며, 예전에는 도로가 없던 숲에 대부분 도로가 났다. 소수의 채굴지는 도로가 없고 송유관만 설치되어 있어서 비행기나 배로 접근해야 한다. 나머지 40퍼센트는 홍보 단계로, 아직 어떤 석유 회사에도 허가되지 않았다.

지도를 보면 아마존 서부 지역의 대부분에 걸쳐 앞으로 대규모 석유 채굴이 불가피해 보인다. 하지만 에콰도르인들의 생각은 다르다. 대다수는 야수니에서의 채굴에 반대한다. 채굴 반대 청원에 75만 명 이상이 서명하여 국민투표 발의 요건을 훌쩍 넘겼다. 하지만 코레아 치하에서 정치화된 선거관리위원회는 대부분의 서명이 무효라고 선언했다. 채굴 반대론자들은 공세에 시달리고 있다. 파차마마를 옹호하려면 실직을 각오해야 한다. 게다가 법원은 불순한 판사들을 솎아냈다. 많은 사람들이 내게 이런 우려를 토로했다. 그들은 발전이라는 미명하에 반대가 범죄시되고 있다고 말한다.

채굴에 대한 저항은 여러 형태로 이루어진다. 키토에서는 시위대가 행진을 벌이고, 비영리 단체와 학계에서는 연구 보고서와 보도자료를 발표하며, 운동가들은 인터넷 여론을 조성하고, 외국인들은 에콰도르가 어떤 조치를 취해야 하는지에 대해 의견을 제시한다. 이 투쟁이 여느 투쟁과 다른 점은 (생물 다양성이 세계에서 가장 큰) 숲 생태계의 일원이자 이 생태계에 귀 기울이는 사람들의 공동체가 투쟁의 핵심을 이룬다는 것이다. 이 공동체들에는 삶의 철학이 있다. 이들의 말은 정치 담론과 에콰도르 헌법에 뿌리 내렸다. 숲에서 비롯한 생각, 숲의 생각이 국가에 스며든 것이다.

이 생각에 귀를 기울이는 것은 숲의 정령에게 귀를 기울이고 그들을 이해하는 것만큼 힘든 일이다. 우리의 선입견이 귀를 막고 시선을 왜곡하는 장벽이 되기 때문이다. 숲 가장자리의 석유 도시 코카는 인종주의를 숨기지 않는다. '원시 야만인'이라는 뜻의 '아우카auca'는 택시 회사에도 붙고(코페라티바 데 탁시스 아우카 리브레Cooperativa de Taxis Auca Libre) 호텔에도 붙고(오텔 엘 아우카Hotel El Auca) 유전으로 통하는 간선도로에도 붙는다(비아 아우카Vía Auca). 와오라니족과 함께 식당에 가면 노골적으로 무시당한다. 남부에서는 슈아르족과 아슈아르족이 인종적 욕설에 시달린다. 사라야쿠의 케추아족은 군인들에게 괴롭힘을 당하며 익명의 무리에게 공격받는다. 선의로 포장된 편견도 있다. 숲 사람의 '시간을 초월한 지혜'를 찾는 서구인들은 자신의 이상을 토착민들에게 투사한다. 문화가 모두 변화한다는 사실, 아마존에 뿌리 내렸든 아테네에 뿌리 내렸든 모든 문화가 현대적이라는 사실을 받아들이지 않는 것이다. 스페인 이전의 문화 간 전쟁으로 인한 혁명, 잉카족에 의한 여러 부족의 축출, 구세계 질병으로 인한 대량 사망, 스페인 탐험가들의 도래, 수백 년에 걸친 식민 지배, 이 모든 사건은 산업혁명이 아메리카 대륙에 발을 디디기도 전에 일어났다. 그 뒤로 외부적 변화의 속도가 부쩍 빨라졌다. 이러한 외부 요인은 어느 문화에나 내재하는 내부적 진화와 접목된다. 근대성에 얼룩지지 않은 태곳적 인류의 신화는 '아우카'라는 표현으로 사람들을 멸시하는 또 다른 방법이다. 이러한 신화는 모든 문화가 나름의 근대적 정체성을 표현한다는 사실을 외면한다.

아마존 토착민은 여느 민족과 마찬가지로 자신의 역사를 바탕으로 세상을 이해한다. 하지만 이러한 이해는 진화하며, 선별적이고 실용주의적이고 맥락과 개성으로 채색된 채 외부인에게 표현된다. 빗소리는 잎의 뾰족끝에서 형성되고 번역되므로, 아래로 떨어지는 것은 빗소리가 아니라 번역된 빗소리다. 이 모든 선입견과 몰이해가 듣기를 방해하지만, 그렇다고 해서 모든 소리를 차단하는 것은 아니다. 나는 사람들과 이야기하면서 나의 왜곡된 필터를 통해 나무의 소리를 들었다(고 생각했다).

치료사이자 운동가이자 교사인 슈아르족 여인 테레사 시키Teresa Shiki는 자신에게 나쁜 음식을 먹이고 성인聖人과 성상聖像을 가르치고 토착어를 금지한 선교사들에게서 달아나, 할머니를 찾으러 숲으로 들어갔다. 그곳에서 시키는 식물에게 귀 기울이는 법, 식물의 말을 알아듣는 법을 배웠다. "나무 한 그루 한 그루는 살아있으며 말할 줄 아는 사람이에요. 케이폭나무는 뭇 식물을 대표해요. 나무 '한 그루'에 귀를 기울일 수는 없어요. 어떤 나무도 홀로 살아가지는 않으니까요." 그녀는 걸으면서 귀를 기울이고, 꿈속에서 식물이 말하는 소리에 귀를 기울인다. "꿈은 크든 작든 식물의 뿌리에 연결되고 조상들에게 연결돼요. 석유 채굴은 미친 생각이에요. 안일한 몽상이라고요." 그녀의 공동체에 변화를 가져오는 산업경제는 뜨거운 석탄 위를 달리는 사람과 같다. 달아나려 해도 소용이 없다. "이렇게 달려봐야 아무 데도 갈 수 없어요. 이 무시무시한 꿈이 현실이 되면 케이폭나무에게 돌아가세요. 나무에 귀 기울이고 나무 안에서 살아가세요. 나무를 꼭 붙드세요. 나무의 기운이 있어야만 자신의 영혼을 채우고 생존의 희망을 품을 수 있어요. 이 기운을 받으려면 나무와 무언의 관계를 맺어야만 해요." 그녀는 황폐화된 땅에 숲을 일궜으며, 오마에레 재단Omaere Foundation을 이끌면서 숲의 지식과 치료법을 지역 주민과 방문객에게 전수하고, 인간과 숲을 아우르는 생명의 그물망을 복원하고 있다.

케추아족 남자가 영험한 샤먼의 아들인 자기 할아버지를 소개한다. 노인이 이야기하는 동안 그의 증손자가 플라스틱 크리스마스트리에 전구의 전선을 감는다. 증손자의 손이 바늘잎을 스칠 때마다 전나무가 바스락거린다. “선교사들은 우리에게 성경과 쓰는 법을 가르쳤소. 우리는 나무에 관심을 잃었소. 전에는 사냥하고 동물을 찾을 때 숲에 귀를 기울였지만, 이젠 대부분 잊어버렸소.”

손자는 두 세대가 잃어버린 것, 숲의 말을 새로 배운다. 그는 이 지식을 전 세계에서 온 방문객과 나눈다. “나무들 중에서 케이폭나무만이 폭풍을 견딜 수 있습니다. 넓은 가지로 바람을 모아 아래로 내려보내거든요. 케이폭나무가 잘리면 우리는 이 힘을 잃습니다. 샤먼은 약해졌습니다. 많은 샤먼이 거짓말쟁이입니다. 석유 채굴과 산업이 침투하지 못한 숲에서는 케이폭나무가 뭇 생명을 모아들이고 보호합니다. 재규어는 나뭇가지에 먹이를 저장합니다. 뱀과 거북은 나무 아래의 보드라운 흙에 알을 낳습니다. 맥은 그 흙을 뒤적이며 썩은 과일을 찾습니다. 달팽이, 노래기, 박쥐는 줄기와 판근 틈새에 모여듭니다.” 그가 마을 인근에 남은 가장 큰 케이폭나무로 우리를 데려간다. 목초지와 농가가 나무를 둘러싸고 있다. 이곳은 달팽이와 노래기 천지다. 옆집에 사는 소녀는 밤마다 케이폭나무 줄기와 우듬지에서 정령들이 새처럼 재잘거리는 소리를 듣는다고 말한다. 소녀는 겁에 질려 있다. "이따금 신께서 정령을 죽이려고 나무를 치기도 해요." 선교사, 석유 채굴업자, 신 — 이들은 한통속이다.

읍내에서는 케추아족 사람들이 양복을 입은 채 지방정부를 위해 일한다. "중앙정부는 어머니 나무인 케이폭나무를 해치고 죽여요. 조각조각 자르죠. 자연보전 사업조차도 사람들에게 나무를 베라고 해요. 우리는 약초와 사냥감을 잃고 있어요. 나라에서 주도하는 보전 계획 때문에 원주민 공동체가 무너져가요. 땅을 토착 공동체의 소유와 관리에 맡겨 보전하지 않으면 숲이 망가지고 공동체가 파괴돼요. 우리는 케이폭나무를 찾아가 나무를 끌어안고서 힘을 달라고 빌어요. 특히 석유화학 산업과 맞서기 전에는 꼭 나무를 찾아가죠. 숲의 소리는 방향을 일러주고 도움을 줘요. 행복을 줄 수도 있고 슬픔을 줄 수도 있죠. 여느 나무와 마찬가지로 케이폭나무도 자기만의 소리가 있어요. 커다란 케이폭나무를 어루만지고 나무의 노래를 들으면 좋은 기운이 전해진답니다."

또 다른 케추아족 남자는 1년 중 절반은 숲에 살고 절반은 동족의 땅을 파괴하는 산업에 맞서 전국적 정치투쟁에 종사한다. "나무 속에는 음악이 있습니다. 강은 살아서 노래합니다. 우리의 노래는 강에게 배운 것입니다. 나무가 노래한다고 하면 사람들은 우리가 미쳤다고 말합니다. 하지만 미친 것은 우리가 아니라 우리를 하찮게 여기는 그들입니다. 우리의 정치 전략은 이것입니다. 나무와 강에 음악이, 노래가, 삶이 있음을 보여주는 것, 이름뿐인 국립공원을 살아있는 숲으로 탈바꿈시키는 것, 우리의 땅에 정원을 가꿔 꽃피우고 노래하는 나무로 채우는 것. 이곳은 빈 땅이 아닙니다. 숲에서 수백만 년을 살아온 나무의 노래를 우리는 오래전부터 알고 있었습니다." 하지만 에콰도르의 '공터 및 식민화 법'은 이곳에 아무도 없다고 말한다.

숲의 생각들은 이끼처럼 날개가 돋아 날아다닐 수 있다. 식민주의자와 석유 수출업자가 케추아족 공동체를 침탈한 사라야쿠에서는 카를로스 비테리 괄링가Carlos Viteri Gualinga와 동료들이 전단을 만들어 숲에서 날려 보낸다. 자신의 공동체를 겨냥한 많은 공격에 맞서, 그들은 자신들이 이해한 것을 번역하고 정치적 사안으로 다듬어 학술지와 정치 소책자에 발표한다. 그들은 저개발국에서 선진국으로의 직선적 발전이라는 개념, 물질적 부의 축적이라는 잣대를 거부하며, 바람직하고 조화로운 삶을 뜻하는 '수막 카우사이, 알리 카우사이súmac káusai, alli káusai'가 "모든 인간 활동의 목표와 사명"이 되어야 한다고 믿는다. 이런 삶은 공동체 안에서와 공동체 사이에서 발휘되는 "호혜와 연대", 또한 인간을 포함하는 숲의 생물 다양성과 정령에서 비롯한다. 서구식 발전은 이런 관계를 파괴하고, "피와 불"을 앞세워 똑같은 발전을 강요한다.

아마존 나무들에 묶여 있던 사라야쿠 전단들이 하늘을 날아 안데스 키토에 내려앉는다. 출처는 알 수 없지만 이 말들은 (철자만 바로잡은 채) 에콰도르 헌법에도 안착했다. "우리는 다양성 속에서, 또한 자연과의 조화 속에서 평화롭게 공존하는 새로운 형식을 만들어낸다. 우리의 목표는 '부엔 비비르buen vivir', 좋은 삶, '수막 카우사이sumak kawsay'를 달성하는 것이다."

안데스의 산맥의 허공에서, 정부 청사에서, '수막 카우사이'는 자신의 모태가 된 관계를 잃는다. 태어난 곳에서 추방당한 채 사회주의, 지속가능성, 산업경제 같은 외부의 사상을 위해 동원된다. 아마존의 '수막 카우사이'는 국가적 '부엔 비비르', 즉 좋은 삶이 된다. 발전은 '부엔 비비르'다, 석유를 채굴하면 모든 국민이 '수막 카우사이'를 누릴 수 있다—이런 식이다. 숲의 생각들은 산으로, 에콰도르의 정치적 심장부로 날아갔다.

이 생각들은 사람들에게서, 케이폭나무에게서, 강에게서, 흙에게서 음악으로 남았다. 이 생각들은 굴착기의 진동이 되어, 자갈길을 달리는 타이어의 굉음이 되어 숲으로 돌아온다.

숲의 생존 법칙인 호혜와 연대가 시험대에 올랐다. 이젠 숲 자체의 생존이 경각에 달렸다. 공격의 규모가 크고 싸움이 격렬할수록 더 깊은 협력이 필요하다. 그리하여 예전에는 갈등하고 심지어 서로 죽이는 관계를 맺던 문화들이 협력망을 이룬다. 마찰이 사라지진 않았지만—이곳은 문화적 자율성이 강하다—에콰도르원주민민족연맹Confederation of Indigenous Nationalities of Ecuador은 정치 담론의 논조와 내용을 수정할 만큼 융통성을 발휘한다. 이제 연결은 국경선을 넘어 뻗어 나간다. 원주민 공원 경비원들이 국경을 사이에 두고 대화한다. 중앙아메리카와 남아메리카 전역의 판사들이 미주인권재판소에 모여 사라야쿠 주민들이 정부와 석유 회사를 상대로 제기한 소송에 귀를 기울인다. 판사들은 사라야쿠에 우호적인 판결을 내린다.

에콰도르 정부는 어떤 움직임은 받아들이지만 대부분의 움직임에 대해서는 반격한다. 국가의 적극적인, 심지어 폭력적인 반응은 역설적으로 연합의 힘을 보여준다.

아마존에서는 싸움의 기술과 전법이 최고조에 도달하고 있다. 이것이 유일한 노래라면 숲은 절멸의 소용돌이에 빠질 것이다. 비아 아우카에서는 그렇게만 보인다. 하지만 이곳에서도 생명 공동체의 수막 카우사이가 모습을 드러낸다. 갈등에 내재하는 긴장은 잦아들지 않지만, 이들의 기운은 창조적으로 발현된다. 이끼, 개구리, 심지어 숲의 생각까지도 공중으로 띄워 올릴 만큼.

발삼전나무

온타리오 주 북서부 카카베카
48°23′45.7″ N, 89°37′17.2″ W

나는 바위 절벽 위에 서 있다. 아래쪽 골짜기는 전나무 바늘잎의 청록색 음영, 아스펜aspen과 백자작나무white birch의 잎이 바람을 맞아 떨릴 때 생기는 반짝거림, 가문비나무의 뾰족뾰족한 우듬지, 늪지의 왜소한 나무들 위로 드리운 어둑어둑한 숲지붕 틈새, 늙은 나무가 바람에 쓰러진 자리에 새로 들어선 어린 늘푸른나무 덤불에 이르기까지 북부 숲의 질감과 색조로 가득하다. 나는 이런 덤불 중 하나의 가장자리에 있는 오솔길 위에 서 있다. 덤불이 하도 빽빽해서 통과하려다가는 살갗이 심하게 벗겨질 것 같다. 발삼전나무는 어린나무 무리 위로 우뚝 솟았다. 키는 8미터, 수령은 30년가량이다. 오솔길에서는 전나무의 줄기가 전부 보인다. 나무가 서 있는 절벽 위로 산들바람이 분다. 덕분에 여름이면 나의 포유류 피를 포식하려고 모여드는 모기 수백 마리로부터 이따금씩이나마 벗어날 수 있다.

발삼전나무 꼭대기에서는 섬세한 금속에서 나는 듯한 소리가 난다. 땡땡. 쓱쓱. 리벳 두드리는 소리, 거친 가장자리 대패질하는 소리. 새들이 나무 꼭대기를 두른 전나무방울을 뒤진다. 망치질은 그칠 줄 모른다. 녀석들은 무리를 통솔하고 어디에 씨앗이 가장 많은지 알려준다. 새들이 일하는 동안 전나무 가지 사이로 대팻밥이 떨어진다. 공기만큼 가벼운 비늘조각이 바늘잎을 스치며 똑딱 소리를 낸다.

여름에는 회청색 방울이 꽉 닫혀 있었다. 나뭇진이 줄줄 흘러 새와 다람쥐의 접근을 막았다. 이제 10월이 되자 방울은 갈색으로 변하고 말라붙은 나뭇진은 떨어져 나갔다. 비늘조각이 벌어져 얇고 반투명한 날개 뭉치가 드러난다. 바람이 휙 하고 불며 방울을 슥 치고 지나가면 종이 연이 바람을 타고 날아가는데, 어떤 것은 높이 올라가고 어떤 것은 빙글빙글 돌며 땅에 내려앉는다. 연의 밑동마다 여행자가 하나씩 달려 있다. 이 발삼전나무 씨앗의 두께는 자신을 날라주는 날개보다 별로 두껍지 않다. 씨앗은 작지만 에너지로 가득하다. 이 에너지원에 이끌린 새들이 바람에 합류하여 부리로 방울을 훑는다. 그리하여 솔방울에 격리되었던 햇빛이 수백 조각으로 나뉜다. 이끼 낀 둔덕은 전나무 씨눈에 들어 있는 에너지를 받아들이고, 소나무방울새*pine siskin는 옆구리 살을 찌우고, 동고비nuthatch는 나무껍질 틈새에서 겨울 양식을 조달한다.

발삼전나무에서 일하는 새 중에서 가장 소란스러운 녀석은 검은머리박새*black-capped chickadee다. 이곳의 숲은 전나무, 가문비나무, 소나무가 빼곡하여 시야가 1~2미터에 불과하다. 하지만 검은머리박새는 야단법석을 떨며 수십 미터 떨어진 곳에서도 자신의 위치를 광고한다. 몸이 분주하게 움직이듯 소리도 흔들리고 통통 튀면서 음과 리듬을 자유자재로 넘나든다. 후두음 '디어 디어'로 공기를 두드리더니 옥타브를 올려 유리를 힘차게 문지르듯 소리를 떨며 두 음으로 끽끽거린다. 새된 소리가 이음줄로 이어지다가 '치커 듀듀' 하는 쉰 소리로 뚝 떨어진다. 박새의 영어 이름이 '치커디chickadee'인 것은 이 때문이다.

발삼전나무를 만나러 가면 어느 계절에든 박새를 볼 수 있다. 나를 뜯어보는 건지, 인사를 하는 건지, 그냥 지나가고 있는 건지는 모르겠다. 눈초리가 매섭다. 한 녀석이 다가와 부름소리의 음역을 높이자 대여섯 마리가 내 주위로 몰려든다. 나는 얼어붙는다. 녀석들이 내 얼굴에서 몇 센티미터 떨어진 전나무 잔가지에 앉아 들썩거린다. 고개를 앞뒤로 옆으로 끄덕거리며 새까만 눈동자를 내게 향한다. 쉰 소리를 내며 내 얼굴의 이쪽을 보다 저쪽을 보다 한다. 나는 녀석들이 서로를 보는 것처럼 녀석들을 본다. 먼 우듬지의 어렴풋한 윤곽이 아니라 눈앞의 구체적인 존재로. 어깨의 회색 깃털 장식, 날카로운 날개깃, 곱게 빗질한 듯한 빰의 펠트를 본다. 이따금 다른 새들이 다가온다. 박새의 청각적 뉴스 알림 신호에서 변화를 감지한 탓이리라. 아메리카솔새northern parula warbler가 맨 먼저 찾아오고 목련솔새*magnolia warbler와 붉은배동고비*red-breasted nuthatch가 뒤따른다. 이 녀석들은 흘끔 쳐다보다가 훌쩍 사라진다. 박새는 내가 궁금한지 몇 분가량 서성이다가 전나무 바늘잎에서 곤충을 잡아먹거나 방울을 쫀다. 녀석들에게는 깜짝 방문이겠지만, 이 박새들은 지금껏 만난 어떤 새와 비교해도 훨씬 대담하고 호기심이 많다. 가장 놀라운 것은 녀석들이 재잘거리는 소리를 가까이서 들을 때 비로소 알 수 있는 음조와 음색의 섬세한 변화다. 이렇게 가까운 거리에서는 한 조류의 부름소리—디어—인 줄 알았던 것이 여러 음향적 변이형으로 나뉜다.

영어는 26개의 기하학적 형태로 글자를 만들었는데, 박새 무리에게 몇 분간만 귀를 기울이면 그만한 개수의 자소字素를 들을 수 있다. 녀석들이 이 소리들로 세상 경험을 어떻게 엮어내는지는 막연하게 추측만 할 수 있을 뿐이다. 어떤 부름소리는 번식과 연관성이 크며 둥지 근처에서 들린다. 어떤 소리는 위험을 알린다. 조그만 청각적 변화를 이용하여 저마다 다른 포식자의 위협에 대한 정보를 부호화하는 것이다. 동고비는 이 신호를 엿들어 어느 종의 포식성 올빼미가 숲에 있는지 알아낸다. 박새는 서로 소통할 때에도 다양한 소리를 이용하는데, 친밀감과 다툼을 미묘하게 표현하는 듯하다. 인간의 언어와 의사소통이 여러 면에서 특이한 것은 사실이지만, 자세히 들어보면 청각적 풍부함에서는 새소리와 별반 다르지 않다.

나를 관찰하는 저 새들은 사회적 종이다. 녀석들의 지능은 개체 내부와 사회적 관계 내부에 두루 존재한다. 따라서 박새는 자아와 그물망이라는 이중적 세계에서 살아간다. 녀석들은 숲의 자연에 존재하는 포괄적 이중성의 한 예에 불과하다. 이 이중성은 생물학적 세계에 스며 있으며 어쩌면 생명의 기원으로 거슬러 올라가는지도 모른다. 박새의 삶은 발삼전나무와 숲의 기이한 세계, 생물 그물망의 창조적 모호성을 반영한다.

두개골 안을 들여다보자. 가을이면 녀석들의 신경 능력이 정교해진다. 나무껍질과 지의류 아래에 숨겨둔 씨앗과 곤충의 위치를 기억해야 하기 때문에 공간 정보를 저장하는 뇌 부위가 커지고 복잡해진다. 전나무 우듬지에서 우는 새들의 비상한 기억력은 늦가을과 겨울의 보릿고개를 대비한 신경학적 대비책이다. 북부 숲에 서식하는 박새의 뇌는 공간 기억을 관장하는 부위가 유난히 크고 촘촘하다. 자연선택은 겨울을 활용하여 녀석들의 머리를 진화시켰다. 먹이가 부족하더라도 살아남을 수 있도록 뇌를 빚어낸 것이다.

박새의 기억력은 사회적 관계에서도 발휘된다. 녀석들은 동료를 꼼꼼히 관찰한다. 한 녀석이 먹이를 찾거나 저장하는 기발한 방법을 찾아내면 나머지도 보고 배운다. 이렇게 습득한 기억은 개체의 삶에 국한되지 않고 사회망 속에서 살아가며 세대를 거쳐 이어진다. 검은머리박새가 유럽의 친척 박새와 비슷하다면 지역적 전통이 이 문화적 지식에 색깔을 입힐 것이다. 숲의 특정 지역에 사는 녀석들은 방울을 벌리거나 곤충을 잡는 특정한 방식을 선호할지도 모른다. 이 방식은 조상의 우연한 깨달음에서 비롯하여 지금껏 전수되었을 것이다.

수 세대 전에 숲 서부 지역에 서식하는 박새 한 마리가 전나무 씨앗을 더 빨리 꺼내는 방법을 발견했다고 가정해보자. 동부 지역에 사는 박새도 (녀석과 약간 다르긴 하지만) 방울 쪼개는 기법을 새로 발명했다. 이제 혁신은 정착되었지만 서부와 동부는 여전히 다르다. 두 방법 다 효과적이긴 하지만 말이다. 전통은 개성에 우선한다. 녀석들은 다른 지역의 방법을 시도하여 성공했더라도 자기네 방법을 고수한다.

새의 행동은 발삼전나무에 무척 중요하다. 발삼전나무의 씨앗은 대부분 바람에 날려 퍼지지만, 그러려면 새가 방울을 쳐서 비늘조각을 날려 보내야 하는 경우가 많다. 새의 굶주림은 나무의 미래에 두 가지 상반된 영향을 미친다. 먹이를 찾는 새들은 발삼전나무의 번식 노력을 방해한다. 이것은 나무에게는 손실이다.

새들은 씨앗을 먹음으로써 나무가 자식에게 공급할 에너지를 가로챈다. 나무에 저장된 에너지는 새의 위장으로 흘러들어 날개의 화려한 잿빛 불꽃을 유지하는 데 쓰인다. 이 도둑질은 나무에게 엄청난 부담이다. 전나무가 씨앗을 온전히 맺으려면 2년 동안 에너지를 모아야 하기 때문이다. 하지만 검은머리박새를 비롯한 새들은 훔친 식량을 숲 여기저기에 숨기기 위해 썩어가는 통나무를 비롯한 최상의 모종판에 전나무 씨앗을 보관한다. 겨울이 되면 상당수 씨앗을 꺼내어 먹지만 일부는 잊어버린다. 따라서 새의 기억은 나무에게는 미래의 꿈이다. 보이지 않는 꿈이 현실이 되는 곳은 아마존만이 아니다. 발삼전나무가 보기에 검은머리박새의 기억은 다른 종의 마음과 문화에 신경학적으로 추상화된 대상이지만 흙, 비, 햇빛 못지않게 중요하다.

검은머리박새가 지식을 '마음속'에 — 개체와 그물망에 — 저장하는 두 가지 방법에서 발삼전나무의 지능과 행동에 담긴 원칙을 엿볼 수 있다. 발삼전나무는 신경계가 없지만 세포에 가득한 호르몬, 단백질, 신호전달분자를 활용하여 주변 환경을 감지하고 이에 반응한다.

어떤 반응은 빛을 향해 가지를 뻗거나 기름진 흙에 뿌리를 내리는 것처럼 오랜 시간이 걸린다. 식물의 구조는 우연의 산물이 아니라 여건의 변화에 따른 끊임없는 판단과 조정의 결과물이다. 잔가지는 현재 위치의 광도光度를 감지하여 그에 따라 생장한다. 그늘에 있는 바늘잎은 찔끔찔끔 비치는 햇볕을 최대한 받으려고 부채처럼 넓게 자라지만, 햇볕이 강한 곳에서는 빛을 쬐면서도 아래쪽 바늘잎에 그늘을 드리우지 않으려고 위로 구부러진다. 가지는 주변 가지와 수직으로 뻗어 그늘을 피하고 햇빛을 향해 몸을 뒤튼다.

그런가 하면 몇 분간만 지속되는 반응도 있다. 전나무 바늘잎의 위쪽 표면은 왁스를 칠한 바닥 같아서 매끄러운 초록색 광택이 나고 아래쪽은 잎 길이를 따라 은색 선이 두 줄 나 있다. 돋보기로 들여다보면 뿌연 은색 선은 사실 여남은 개의 가는 선으로 이루어졌다. 가는 선들은 밀 이삭처럼 새하얀 점 수백 개를 초록색 배경 위에 곧게 흩뿌린 모양이다. 이 점들은 숨구멍으로, 하나하나가 두 개의 구부러진 세포 사이의 틈으로 이루어졌다. 세포는 바늘잎 내부 상태에 대한 정보를 취합하여 숨구멍을 열고 닫으면서 기체를 흡수하거나 수증기를 내보낸다. 바늘잎 안에 있는 모든 세포가 비슷한 판단과 결정을 하고, 신호를 보내고 받으며, 환경을 학습하고 그에 반응하면서 행동을 조절한다.

이런 과정이 동물의 신경에서 진행되면 우리는 '행동'과 '생각'이라고 부른다. 이 정의를 확장하여 신경의 소유라는 자의적 조건을 내려놓으면 발삼전나무는 행동하고 생각하는 생물이다. 우리 척추동물에게서 신경 활동을 위해 전기적 기울기를 만드는 단백질은 식물 세포에서 비슷한 전기 자극을 일으키는 단백질과 밀접하게 연관되어 있다. 전기 자극을 받았을 때 식물 세포가 발생시키는 신호는 느릿느릿하지만—잎의 끝에서 끝까지 이동하는 데 1분 이상이 걸리는데, 사람 팔다리의 신경자극보다 2000배 느린 셈이다—전하 맥동을 이용하여 식물의 한 부위가 다른 부위와 소통한다는 점에서는 동물의 신경과 비슷한 기능을 한다. 식물은 이 신호들을 조율할 뇌가 없기 때문에, 식물의 생각은 분산되어 있으며 모든 세포의 연결에 위치한다.

발삼전나무도 기억력이 있다. 털애벌레나 말코손바닥사슴이 바늘잎을 먹으면 나무의 화학 조성이 달라지는데, 이는 검은머리박새가 포식자를 가까스로 피했을 때 신경세포에서 일어나는 변화와 비슷하다. 나무가 공격을 당한 뒤에 생장하는 부위는 맛없는 나뭇진으로 보호받는데, 이는 박새가 매에게 죽을 뻔한 뒤에 조심성이 많아지는 것과 비슷하다. 발삼전나무는 거의 1년 전까지의 기온을 기억한다. 이 덕에 언제 세포에 방한 준비를 해야 할지 안다. 식물의 기억은 세대를 이어 계승되기도 한다. 부모가 스트레스를 받으면 자식은 (좋은 여건에 처하더라도) 유전적으로 다양하게 번식하는 능력을 물려받는다. 어떻게 식물이 이런 기억을 간직하는지는 완전히 밝혀지지 않았다. 갓류 식물에 대한 실험에 따르면 DNA를 감싼 단백질의 변화가 부분적으로 영향을 미친다고 한다. 식물은 DNA 고리를 촘촘하게 하거나 헐겁게 함으로써 어느 유전자가 미래에 가장 유용하게 쓰일지에 대한 정보를 저장할 수 있다. 이렇듯 식물의 기억은 생화학적 구조로 표현된다.

뿌리와 잔가지는 빛, 중력, 열, 무기물을 기억한다. 다윈은 어린 콩의 뿌리를 회전시켰을 때 이전 방향을 몇 시간 동안 기억하는 것을 관찰하고서 이런 능력을 일부 발견했다. 다윈은 뿌리의 행동을 머리 없는 동물의 행동에 비유하여 기억이 몸 전체에 퍼져 있다고 주장했다. 발삼전나무가 콩 및 갓류와 정확히 똑같은 능력을 가졌는지는 알려지지 않았지만, 내부의 화학적 그물망과 세포 그물망은 실험실에서 재배한 두 종과 동일하다.

식물 지능의 일부는 체내가 아니라 다른 종과의 관계 속에 존재한다. 특히 뿌리골무는 생명 공동체의 여러 종과, 그중에서도 세균 및 균류와 대화한다. 이러한 화학적 교환을 통한 의사결정은 어느 한 종이 아닌 생태 공동체 안에서 이루어진다. 세균은 신호 역할을 하는 작은 분자를 만들어내어 세포가 집단적 결정을 할 수 있도록 한다. 이 분자들은 뿌리 세포에 스며들어 식물의 화학물질과 결합함으로써 생장을 촉진하고 뿌리의 구조를 조절한다. 뿌리도 세균에게 신호를 보낸다. 뿌리가 공급하는 당은 세균에게 영양소를 제공하는 동시에 세균의 유전자를 켜고 끈다. 뿌리가 공급하는 먹이와 화학적 신호에 이끌린 세균은 뿌리 주위에 젤처럼 생긴 층을 이루어 뭉친다. 이렇게 확립된 세균층은 뿌리를 공격으로부터 방어하고, 염도 변화에 대해 완충 작용을 하며, 생장을 촉진한다.

뿌리가 균류와 대화하는 수단은 토양을 통해 전달되는 화학적 신호다. 공생 균류는 이 신호를 받으면 뿌리 쪽으로 자라며 자신도 화학적 분비물을 내보내어 응답한다. 그 뒤에 뿌리와 균류는 더 친밀한 접촉을 위해 세포막 표면을 변화시킨다. 화학적 신호와 세포 생장이 올바른 순서로 일어나면 뿌리와 균류는 서로 엉켜 당과 무기물을 교환하기 시작한다. 이러한 뿌리 키메라는 균류와 서로 먹이를 교환할 뿐 아니라 균류를 통해 이동하는 화학적 신호의 형태로 정보를 이 식물에서 저 식물로 전달한다. 이 화학적 신호 분자는 곤충이 공격하거나 흙이 마르는 등 식물에게 고통스러운 현상이 일어났음을 알린다. 따라서 흙은 장터와 비슷하다. 뿌리는 모여서 식량을 교환하며, 그 와중에 주변 소식도 나눈다.

식물 종의 90퍼센트 가까이가 균류와 땅속 연합을 이룬다. 따라서 숲이나 프레리, 울창한 도심 공원을 바라볼 때 우리의 눈은 절반의 진실만 보는 셈이다. 우리가 바라보는 식물의 초록 부위는 식물 공동체를 존재하게 하는 그물망의 일부에 불과하다. 많은 나무, 특히 발삼전나무처럼 차갑고 산성인 토양에서 자라는 나무는 균류·뿌리 관계가 유난히 잘 발달하여 뿌리마다 균류 조직이 뿌리집*sheath을 이루고 있다.

한대림 토양의 가혹한 환경에서 균류와 식물이 승승장구하는 것은 더불어 살기 때문이다. 이 소통망에는 잎도 한몫한다. 잎의 세포는 공기를 흡수하여 주변 환경이 건강한지 감지할 뿐 아니라 냄새를 퍼뜨려 털애벌레의 천적인 익충을 유인한다. 이 소통에는 소리도 동원된다. 털애벌레가 턱을 움직이는 진동이 감지되면 잎은 화학적 방어 태세를 갖춘다. 따라서 잎 세포는 화학적 단서와 청각적 단서를 조합하여 주변 환경을 감지하고 그에 반응한다.

그런데 잎은 식물 세포로만 이루어진 것이 아니다. 잎의 매끄러운 표면에는 균류 세포가 흩뿌려져 있으며 잎의 내부에는 수십 종의 균류가 들어와 산다. 뿌리의 균류와 마찬가지로 잎의 균류는 세포의 크기가 식물보다 작으며 광합성 색소가 없다. 균류는 먹이를 햇빛에서 얻는 것이 아니라 몸속으로 흡수한다는 점에서 식물보다는 동물에 가깝다. 이는 식물·균류의 친밀한 관계가 보편적이고 성공적인 이유를 암시한다. 두 동반자는 사뭇 다르기 때문에 상대방에게 없는 재능을 발휘하여 상생할 수 있다. 이 연합은 생명의 계통수에서 서로 다른 두 부분을 섞어 잎에서나 뿌리에서나 날렵하면서도 다재다능한 생리적 기능을 발휘하게 한다.

균류가 사는 잎은 식물 세포로만 이루어진 잎에 비해 초식동물을 퇴치하고 병원성 균류를 죽이고 극단적 기온 변화를 이겨내는 능력이 뛰어나다. 식물의 잎에 사는 (내생endophytic) 균류는 100만 종에 이르는 것으로 추정되어 지구상의 생물 중에서 가장 다양한 축에 든다.

버지니아 울프는 "진정한 삶"이란 "개인으로 살아가는 각자의 짧은 인생이 아니"라 "공동의 생활"이라고 썼다. 그녀가 포착한 진실은 인간 형제자매와 더불어 나무와 하늘을 아우른다. 나무의 성질에 대한 우리의 지식은 울프의 생각이 비유로서가 아니라 구체적 현실로서 참임을 입증한다. 케이폭나무 아래의 가위개미, 균류, 세균의 연합과 마찬가지로 나무의 뿌리·균류·세균 복합체는 "각자의 짧은" 생명으로 나눌 수 없다. 숲에서는 울프가 말하는 "공동의 생활"이 유일한 삶이다.

실험실을 나서면 나무와 그 밖의 종이 이루는 관계가 몇 배로 복잡해진다. 이 그물망에서는 판단의 바탕이 되는 정보 흐름에 수천 종이 관여한다. 이에 비하면 검은머리박새의 문화가 단순해 보일 정도다. 따라서 발삼전나무만 생각하는 게 아니다. 숲이 생각한다. 공동의 생명에는 마음이 있다. 숲이 '생각'한다는 주장은 의인화가 아니다. 숲의 생각은 인간을 닮은 뇌에서가 아니라 관계의 살아있는 그물망에서 생겨난다. 이 관계는 전나무 바늘잎 안의 세포, 뿌리골무에 모인 세균, 식물의 화학물질을 냄새 맡는 곤충의 더듬이, 먹이 저장고를 기억하는 동물, 주변의 화학적 환경을 감지하는 균류로 이루어졌다. 이 관계의 성격이 다양하다는 사실에서 숲의 생각이 우리와 사뭇 다른 박자, 질감, 양식을 가졌음을 알 수 있다. 하지만 인간과 검은머리박새를 비롯하여 신경을 가진 그 밖의 생물도 숲의 일원이다. 따라서 숲의 지능은 많은 종류의 상호 연결된 생각 집합에서 생겨난다. 신경과 뇌는 숲의 마음을 이루는 한 부분이지만, '한' 부분일 뿐이다.

먹이를 찾는 새들의 소리가 발삼전나무 꼭대기에서 들려오는데, 문득 땅에서 부스럭 소리가 난다. 목도리뇌조ruffed grouse가 발삼전나무 덤불과 가문비나무 묘목에서 우쭐거리며 나타난다. 썩어가는 바늘잎을 밟을 때는 여우처럼 조용하더니 오솔길을 디딜 때는 탁탁 소리를 낸다. 내 발소리는 유리가 깨져 널브러진 인도를 걸을 때처럼 지직거리고 쿵쾅거린다. 나무뿌리도 소리를 낸다. 뿌리가 생장하여 부풀면 바윗조각에서 딱 소리가 나는데, 음량이 무척 작은데다 흙이 흡음재 역할을 하기에 소리 탐지기를 땅에 대고서야 알아차릴 수 있었다. 뿌리에 닿은 바위의 딱 소리에 비하면 탐지기 끝의 솔이 내는 소리는 굉음에 가깝다. 어떤 식물학자들은 뿌리가 내는 조용한 소리가 식물 생장을 촉진한다고 주장하지만 논란의 여지가 있다. 흙의 재잘거림에 귀 기울인 사람이 너무 적으며 실험 증거는 모호하기 때문이다. 따라서 지금은 이 소리가 생장의 사소한 부작용인지, (뿌리 사이에 전달되는 화학적 신호와 비슷한) 의미 있는 대화인지 알 수 없다.

발삼전나무 주위에서 끼익 소리를 내는 땅은 딱딱하고 푸석푸석한 돌인데, 검은색 처트(석영 알갱이로 이루어진 치밀하고 단단한 퇴적암_옮긴이)와 산화철이 번갈아 층을 이룬다. 몇몇 층은 연필심만큼 얇지만 대부분은 사람 손가락만큼 두껍다. 처트는 거의 이산화규소로만 이루어진 광물로, 만지면 유리 같은 감촉이 느껴지며 부러뜨리면 매끈한 조각으로 쪼개지는데 가장자리가 살을 벨 만큼 날카롭다. 손재주가 좋은 사람이라면 이 조각을 가지고 칼과 긁개를 만들 수 있다. 검은색과 붉은색의 뚜렷한 띠를 이루는 이런 연장은 이 땅에 최초로 정착한 고古인디언이 남긴 유일한 실물 증거다. 그 뒤의 인디언 문화는 처트의 날카로운 끝을 활용하여 자귀, 바늘, 끌처럼 더 정교한 연장을 만들었다. 훗날 유럽인들은 새로운 쓰임새를 들여왔다. 처트를 쪼갠 가장자리로 쇠를 긁으면 불꽃이 튄다. 초기 라이플총은 처트와 철을 이용한 '부싯돌'을 가지고 기폭약(약간의 충격이나 마찰, 감전으로 쉽게 발화하여 작약이나 폭파약을 폭발시키는 데 쓰이는 화약_옮긴이)을 점화했다. 이 소량의 화약에서 일어난 불꽃은 좁은 구멍을 따라 총 내부의 작약炸藥을 점화한다. 발삼전나무 뿌리의 미는 힘으로 형성된 지질 구조에는 옛 총기의 이름이 붙었다. 이 건플린트층Gunflint Formation은 미네소타 북중부에서 서부 온타리오에 걸쳐 있다.

발삼전나무는 선더베이 시에서 서쪽으로 30킬로미터 떨어진 지층 중심부 근처에서 자란다. 처트 사이에는 철이 얇은 판으로 들어 있어서 비탈에 비가 내리면 더러운 개울을 이루어 흘러내린다. 산사태 지역이나 침식된 길을 따라 최근에 바위가 노출된 곳은 바위 더미에서 철이 배어나 마치 녹슨 돌을 야적한 것처럼 보인다. 하류로 내려가면 바위에서 배어난 철과 숲 토양에서 흘러나온 타닌에 강물이 물들어 진하게 우린 차 색깔이 난다.

이 바위들은 거의 20억 년 전에 바다 밑바닥에 자리 잡았다. 당시에는 산소 농도가 높아서 바다에 떠다니던 철이 산화되었는데, 이렇게 산화된 철은 녹슨 채 물 밖에 나와 두터운 지층으로 쌓였다. 이 과정을 통해 전 세계에서 '호상철광층縞狀鐵鑛層'(15퍼센트 이상의 퇴적 기원의 철과 처트·옥수·벽옥·석영의 층으로 이루어지며, 얇은 띠 모양 또는 엽층으로 나타나는 화학 침전물층_옮긴이)이 형성되었다. 이 지층은 지구 역사에서 이 시기를 나타내는 지질학적 지표다. 바위에 함유된 철이 하도 많아서 지금은 이 지층에서 철광석을 채굴한다. 건플린트층 전역에 대형 철광이 산재해 있다.

산화철 사이의 처트 층을 자세히 살펴보면 산소가 어디서 왔는지, 철이 퇴적된 원인이 무엇인지 알 수 있다. 처트의 고운 규산염 결정에는 선과 구球가 새겨져 있는데, 이는 오래전에 죽은 세포의 흔적이다.

호주에서 더 오래된 바위가 발견되기 전까지만 해도 알려진 최초의 흔적화석이었다. 이 세포들은 대부분 광합성을 했기에 햇빛을 이용하여 탄소를 당으로 결합하고 자신의 용접토치에서 산소를 내뿜었다. 발삼전나무의 뿌리, 목도리뇌조의 발, 나의 발은 모두 심원한 생물학적 역사를 소리로 표현하고 있었다. 최초의 생명을 위한 무명의 지질학적 기념물이 내는 소리.

다윈은 이런 화석에 대해 아무것도 몰랐다. 그의 시대에 알려진 화석 기록은 약 6억 년 전인 캄브리아기로 거슬러 올라간다. 캄브리아기의 크고 복잡한 동물 형태에 앞선 조상 화석이 하나도 발견되지 않은 것은 다윈에게 '불가사의한' 수수께끼였다. 다윈은 이것이 자신의 진화론을 반박하는 '유효한 논거'라고 생각했다. 건플린트 화석이 발견된 것은 1950년대 들어서였다. 이 발견으로 지구상에서 생명의 시대가 세 배 이상 늘었다. 호주에서 발견된 화석은 여기에 10억 년 이상을 더했다. 생명은 적어도 35억 년 전에 출현했으며, 다윈의 짐작만큼 오래된 것이 사실이었다.

건플린트 화석은 위장술의 명수다. 처트는 탄소가 깊숙이 스며 있어 흑단만큼 새까맣다. 이 탄소는 생명의 잔해가 바위 안에 들어 있음을 알려주는 실마리다. 화석 세포의 크기는 맨눈으로 볼 수 있는 척도의 50분의 1이다. 고생물학자들은 뚜렷한 상을 얻기 위해 전자현미경의 강력한 빔을 바위에 쏜 뒤에 반사되는 에너지를 컴퓨터 소프트웨어로 처리하여 3차원 영상을 만들어낸다. 이 현대적 현미경술로 얻은 영상이 공개되면서, 인터넷만 이용할 수 있으면 누구나 지구의 고대 세포를—게다가 다윈과 동시대인들이 동물 뼈와 인간 척도 화석을 본 것과 같은 정확도로—볼 수 있게 되었다.

이 화석 공동체는 자신의 잔해 위에서 자라는 숲과 비교하면 소수의 종으로 이루어졌다. 기껏해야 스무남은 종에 불과하다. 다세포 생물은 하나도 없었다. 많은 세포는 현대 광합성 세균의 사상체filament와 놀랍도록 닮았으며, 어떤 것은 단순한 공 모양이고, 몇몇은 끈처럼 생긴 팔이나 두꺼운 주머니가 달렸다. 크기, 다양성, 형태는 보잘것없지만 건플린트 공동체는 그 뒤에 진화할 복잡한 종의 가장 중요한 관계와 생명 과정을 미리 보여주었다. 인간의 음악과 미술처럼 생명도 자신의 모티프와 관계를 일찌감치 확립한 것이다.

흰목독수리griffon-vulture 뼈로 만든 구석기 피리—알려진 최초의 제작 악기—는 이후의 많은 전통 음악에서 이용한 것과 같은 5음 음계에 맞춰 조율되어 있었다. 같은 시기에 라스코 동굴 벽을 뛰어다니는 짐승을 그린 화가들은 (피카소에 따르면) "모든 것을 발명했"다. 음악이나 미술과 마찬가지로 생물학 또한 맹아적 테마를 변주하고 다듬는 과정이다. 건플린트에서의 테마는 '긴장'이다. 개체와 공동체 사이의, 원자와 그물망 사이의 창조적 긴장이라는 테마는 그 뒤로 생명을 지배했다.

몇몇 건플린트 세포는 플랑크톤이 되어 물 위를 떠다녔다. 아래의 진흙 바닥은 여러 종이 뒤섞인 점액질 깔개로 덮여 있었다. 생명은 이미 공동체로 분화하여 다양한 종이 다양한 삶의 방식을 채택했다. 어떤 종들은 개별적이었고 어떤 종들은 신체적으로 얽혔다. 건플린트 처트에서 가장 흔한 흔적화석들은 단순히 얽힌 게 아니라 융합했다. 이 사실은 현미경 없이도 알 수 있다. 위에서 내려다보면 이 화석은 지름이 몇 센티미터에서 1미터 이상에 이르는 타일 모자이크 안에 놓여 있다. 각 타일은 크기가 같은 또 다른 타일 위에 얹혀 있어서, 눈에 보이는 모자이크는 최대 1미터에 이르는 타일 기둥의 표면일 뿐이다. 이 기둥 하나하나가 스트로마톨라이트다. 살았을 적의 스트로마톨라이트는 촘촘히 엮인 미생물로 덮여 있었다. 이 미생물들은 앞 세대가 남긴 퇴적물에 새 층을 건설하며 도시처럼 성장했다. 초라한 마을에서 빽빽한 빌딩숲으로 바뀌는 데는 수백 년이 걸렸다.

스트로마톨라이트의 살아있는 조직은 위쪽 표면에 얹혀 햇볕을 쬈다. 살아있는 섬유의 대부분은 광합성 세균 건플린트균*Gunflintia*의 코일과 끈으로 이루어졌다. 다른 세균 종인 후로니오스포라Huroniospora의 커다란 구체와 코림보코쿠스Corymbococcus 군체는 이끼밭에서 솟아오르는 풀처럼 가닥들 안에서 살아갔다. 이 무성한 초록의 안에는 작은 공들이 묻혀 있었는데, 화학 조성으로 보건대 다른 종을 섭식하거나 분해하는 세균이었을 것이다. 그 밖에도 기능이 밝혀지지 않은 여남은 종류의 세포가 건플린트 스트로마톨라이트에 서식했다. 이 생명 형태의 흔적화석은 친밀한 생태학적 유대와 상호 의존을 보여준다.

멕시코와 호주의 따스한 석호는 현생 스트로마톨라이트의 보금자리다. 종은 달라졌지만 이를 통해 건플린트 공동체의 역학관계를 엿볼 수 있다. 살아있는 스트로마톨라이트의 층면은 마치 케이폭나무의 축소판처럼 1밀리미터의 조각마다 서로 다른 종이 산다. 공동체의 다양한 구성원은 이웃이 만들어내는 화학물질을 먹고 산다. 서로 다른 종의 상호의존적 관계는 공동체의 본질적 성격이다. 화학적 기울기와 전자 흐름은 살아있는 깔개에 생기를 불어넣는다. 스트로마톨라이트 공동체는 낮에는 햇빛을 흡수하다가 밤이 되면 내부 화학 조성을 바꿔 황을 처리한다. 건플린트 스트로마톨라이트가 현대 스트로마톨라이트와 닮은 점이 하나라도 있다면 그것은 악구가 각 음의 생명력을 좌우하는 생물학적 구성이다. 20억 년 전, 자아와 공동체의 경계는 이미 흐릿해져 있었다.

개체는 건플린트균의 세포 하나였을까, 그런 세포들이 모인 사상체 사슬이었을까, 스트로마톨라이트 판 전체였을까? 어쩌면 개체, 즉 생물학의 '단위'를 찾으려는 시도는 번지수가 틀렸는지도 모른다. 생명의 본질적 성격은 원자론적이 아니라 관계론적인지도 모른다. 건플린트 공동체의 핵심은 자아의 집합이 아니라 상호작용의 그물망이다. 이 물음들에 대한 어떤 하나의 답도 이 미생물 소우주의 현실을 제대로 포착하지 못한다. 이제 생명은 행성 전체를 스트로마톨라이트로 탈바꿈시켰다. 연결된 유기체의 얇은 막이 지구 암석 표면으로 퍼져 지난 시대의 잔해 위에 자리 잡았다.

처트에 뿌리 내린 발삼전나무는 행성 막의 사상체 한 가닥이다. 언뜻 보면 나무는 개별성의 본보기인 듯하다. 곧추선 줄기는 그물망의 반명제처럼 보인다. 실제로 나무는 씨앗 하나에 들어 있는 씨눈 하나에서 자라났으며 나무의 DNA는 고유한 유전적 정체성이 부호화된 것이다. 줄기가 쓰러지면 개별성은 사라진다.

생물학적 원자에는 시작과 끝이 있다. 하지만 여느 나무와 마찬가지로 발삼전나무의 독립은 고개를 한쪽으로 기울일 때만 보이는 환상이다. 바늘잎과 뿌리 하나하나는 식물, 세균, 균류 세포의 합성물이며 풀 수 없는 매듭이다. 발삼전나무 씨눈을 땅에 심은 새의 깃털에 흐르는 윤기는 세균의 것이고, 새의 내장은 미생물 공동체를 이루었으며, 새가 살아가는 환경은 나름의 문화를 가진 사회다. 나무의 씨앗이 벌어지고 싹트고 자랄 수 있었던 것은 말코손바닥사슴이 어린나무를 삼켜 네 개의 위를 거치면서 미생물 곤죽으로 만들지 않은 덕분이다. 말코손바닥사슴이 찾아오지 않은 것은 늑대, 인간 사냥꾼, 또는 선충과 바이러스 감염을 일으키는 모기 덕분이다. 현대의 스트로마톨라이트적 초록—발삼전나무가 자라는 숲—은 아마존과 마찬가지로 비를 불러 내리게 하고 하늘에 씨를 뿌린다. 공기의 화학 작용은 소나무, 가문비나무, 전나무의 향을 합쳐 입자를 만들고 여기에 안개를 끌어들여 물방울을 이룬다. 여기에 먼지, 연기, 미국 대기의 배기가스가 달라붙어 비로 내린다. 발삼전나무의 생명은 관계다.

원자에서 고개를 돌리면 생명은 단순히 그물망을 이룬 것이 아니라 그물망 자체인 것처럼 보인다. 원자와 그물망 사이의 긴장은 건플린트 시대보다 훨씬 이전으로 거슬러 올라간다. 처트에 보존된 스트로마톨라이트 공동체가 오래되긴 했지만, 그 세포들은 이미 10억 년 이상의 진화를 거친 뒤였다. 생명의 기원은 더더욱 깊이 묻혀 있다. 수십 년 동안 생물학자들은 생명을 '자기복제 과정'으로 정의했다. 따라서 생명의 첫 발걸음을 생화학적으로 설명하려면 자신을 신뢰성 있게 복제할 수 있는 안정된 분자를 찾아야 했다. 이런 분자가 몇 가지 있는데, 대표적인 것은 DNA의 화학적 친척인 RNA 중 일부다. 이 분자들은 생명이 있는 종이접기다. 스스로를 접어, 형태와 기능이 한 분자 안에 통합된 새로운 사본을 만들기 때문이다. 생명이 이렇게 시작되었다면 그야말로 개별성의 승리였을 것이다. 하지만 화학적 그물망에서 생명의 기원에 대한 대안적 모형을 찾을 수 있다. 이 그물망은 관계의 집합으로, 일단 확립되면 특정 개체가 아니라 그물망을 재생산한다. 가장 간단한 예로 삼각복제triad가 있다. 분자 A가 자신을 복제하지 않고 분자 B를 생성하며 B는 분자 C를, C는 분자 A를 생성하는 식이다. 실험실 조건에서는 이 그물망이 기초적인 화학적 전구체에서 스스로를 조합하고 다윈주의적 경쟁에서 자기복제 분자를 이길 수 있다.

최초의 인조 세포는 그물망의 성격도 지니고 있다. 과학자들이 화학 반응을 작고 상호연결된 일련의 구획으로 조직화하면 단백질 생산 주기, 신호화학물질의 기울기, 안정된 내부 상태를 유지하는 능력 등 생명을 닮은 성질이 나타난다. 우리 몸의 세포 하나하나도 같은 일을 한다. 합성 세포에서 그물망의 기하학적 구조는 반응의 속도, 진동의 리듬, 신호가 발생하는 방식을 좌우한다. 그물망이 없으면 세포는 생명의 기미를 찾아볼 수 없는 균질한 화학적 곤죽이 된다.

생명공학 산업에서도 그물망에 대한 통찰이 나타나고 있다. DNA 공학 초창기에는 과학자들이 세포 하나를 조작하여 비교적 단순한 과제를 수행했다. 이를테면 인체 인슐린의 유전자 하나를 세균 균주에 삽입하는 식이었다. 이렇게 변형된 세균의 후손은 의약품 공장이 되어, 정교하게 관리되는 영양소 죽에서 살면서 끊임없이 인슐린을 만들어낸다. 하지만 더 복잡한 과제를 수행하기 위해서는 개체에 초점을 맞추는 것만으로는 미흡하다. 유전공학자들은 목재를 액체 생물연료로 전환하거나 뒤섞인 오염 물질을 제거하는 단일 세포주를 개발하지 못했다. 그런데 세포들이 서로 상호작용하도록 변형하여 협력망을 만들면 개별 세포가 하지 못하는 일을 해낼 수 있다. 실험실 바깥의 세상은 훨씬 복잡하다. 생명의 모든 생태와 진화는 연결된 관계망을 통해 생기를 얻는다.

화학적 관계가 화석으로 남는 경우는 거의 없으므로—처트는 사실 논란의 여지가 있다—생명이 정확히 어떻게 시작되었는지는 영영 알 수 없을지도 모른다. 하지만 그물망은 자아에 비해 진화적으로 튼튼하고 생산적인 듯하다. 그물망은 경쟁자를 물리치고 세포의 화학 조성에 생기를 불어넣고 시간이 지나도 살아남는다.

이렇게 확립된 그물망을 개체라고 부를 수도 있을 것이다. 하지만 이 개체의 성격을 결정하는 것은 특정한 분자 형태나 유전 부호가 안정적으로 존재하느냐 여부가 아니라 관계의 집합이다. 관계의 구체적 성격은 시간이 지남에 따라 바뀌지만—D로 이어지는 피드백 고리가 추가되어 A가 필요 없어질 수도 있다—그물망은 지속되며 이것이야말로 생명 형태의 본질이다. 그러므로 생명에는 모순적이고 창조적인 이중성이 있다. 생명은 원자이거나 그물망이다. 둘 다이거나 둘 다 아니다. 이것은 비유적 표현이 아니라 생명의 근본적 성격이다. 생명은 존재의 두 상태에 양다리를 걸치고 있으며, 그리하여 죽어 있던 우주에 생명을 불어넣는다.

생명의 기원이 된 화학적 곤죽에서 건플린트의 중세를 지나 현대의 숲에 이르는 과정에서 생명의 그물망은 유지되고 다양화되었을 뿐 아니라 이전의 가닥과 점보다 수천 배 큰 세포와 몸을 얻었다. 대부분의 현대 생물, 즉 생물계를 지배하는 미생물은 다세포의 길을 한 번도 걷지 않았다. 미생물은 조상이 그랬듯 끊임없이 변화하는 연합과 배반의 무정부적 공동체에서 살아간다. 하지만 소수의 사례에서 연방제가 도입되었다. 집단을 이루어 곤죽에서 벗어난 미생물은 무정부적 친척들을 여전히 몸에 붙인 채 헤엄치고 기고 걸어서 스트로마톨라이트를 떠나 거대화의 세상에 발을 디뎠다.

산소가 풍부한 바다는 이 새로운 생물들의 대사 작용을 유지하여 허기를 채울 물리적 조건을 공급했다. 물론 더 안정적이고 조율된 공동체로 생명을 조합해야 하는 거대한 과제는 산소의 몫이 아니었다. 발삼전나무에서 바늘잎, 뿌리, 껍질의 번식상 이해관계는 더 큰 세포 집합에 완전히 포섭되었다. 이것은 불안정한 관계다. 대집단의 이해관계와 집단 내 세포 소집단의 이해관계가 충돌하면 장기적 생존이 위협받기 때문이다.

고삐 풀린 세포 개별성의 결과인 암은 그물망을 안에서부터 파괴할 수 있으며 지금도 파괴하고 있다. 실험실에서는 세균이 모든 참여 세포에게 이로운 다세포 집합을 자발적으로 형성하는데, 이것이 세포나 동물 몸체의 초보적 형태다. 그러다 일부 세균 세포가 돌연변이를 일으켜 공동체의 유지에 필요한 투자를 하지 않으면서 공동체의 과실만

누린다. 이 무임승차자는 잠깐 동안 승승장구하지만 이내 개체 수가 너무 많아져 전체 집합이 붕괴한다. 그렇다면 발삼전나무나 검은머리 박새가 가능해질 만큼 단단하게 바느질하려면 어떻게 해야 할까.

매우 드물긴 하지만 돌연변이가 개체를 희생하고 집단에 이익을 가져다주는 경우가 있다. 이 돌연변이는 생물학적 집합을 더 단단히 결속하는 바늘땀이다. 특수화specialization—하나의 세포가 체내에서 하나의 역할을 맡는 것—는 대체로 효율성을 높이는 데 이로운 단계로 간주된다. 좋은 잎, 좋은 방울 비늘조각, 좋은 뿌리가 되는 일에 전념하는 세포는 팔방미인 세포를 앞설 수 있다. 그만큼 뚜렷하진 않지만 또 다른 이점은 세포의 특수화 증가가 세포 개별성의 문을 닫는다는 것이다. 외톨이 뿌리 세포는 살아갈 수 없다. 하지만 잎 세포와 연결된 뿌리 세포는 다원주의적 혁신의 성공 사례일지도 모른다. 단일 세포의 이기주의로 돌아갈 가능성을 차단했으니 말이다. 유전적으로 프로그래밍된 세포 사멸은 외톨이 세포의 진화적 가능성을 차단하고 집단에 유익을 주는 또 다른 돌연변이다. 우리의 신경계는 쓸모없어진 세포가 자기희생적으로 자살하여 솎아내기를 하지 않으면 오발의 난장판이 될 것이다. 손가락과 발가락 사이의 배아세포가 죽지 않으면 우리는 손가락과 발가락이 붙은 채 태어난다. 특수화, 프로그래밍된 조기 사멸 같은 세포적 변화는 풀 수 없는 매듭이다. 생명의 끈은 한 번 묶으면 빠져나갈 수 없다. 짜임은 더욱 단단해진다.

영하 40도에서는 추위가 살아 움직인다. 이제 추위는 단순한 감각이 아니라 존재다. 나의 경계를 침범하는 무지막지한 의식. 앉아도 서도 발삼전나무 옆을 걸어도 추위의 아귀힘은 커져만 간다. 타는 듯한 냉기가 얼굴, 등, 손을 스치고 지나간다. 두 시간 동안 앉아서 관찰한 뒤에는 걷거나 뛰거나 마을에서 휴식을 취하면서 추위의 손아귀를 느슨하게 한다.

추위는 인체를 압도할 뿐 아니라 소리도 구부린다. 숲은 역전층 아래 놓여 있다. 차가워진 공기가 따뜻한 뚜껑 아래 고여 있는 것이다. 차가운 공기는 당밀과 같아서 음파의 진행을 느리게 하여, 따뜻한 위쪽 공기를 지나는 음파보다 뒤처지게 한다. 이 속도 차이는 온도 기울기를 소리 렌즈로 바꾼다. 파장은 아래로 휘어진다. 소리 에너지는 3차원 돔에서 흩어지는 것이 아니라 2차원으로 펴져 나가 땅에 쏟아져 지표면에 힘을 집중한다. 먹먹하고 멀게 들렸을 소리가 보석 세공인의 얼음 루페에서 확대되어 훌쩍 다가온다.

화물열차의 경적이 귀청을 울린다. 철로는 눈길을 따라 한 시간 가까이 가야 하지만 오늘 아침은 디젤엔진과 쇠바퀴가 발치에서 달리는 듯하다. 캐나다 횡단 고속도로에서 경사로를 오르는 트럭의 엔진 소리, 타이어 고무가 얼음 위를 미끄러지는 소리, 설상차의 요란한 굉음은 모두 청서와 검은머리박새의 찍찍 짹짹 소리와 어우러진 채 발삼전나무 사이에서 울려퍼진다. 이곳에서 현대의 햇빛과 고대의 햇빛이 한대의 음경音景으로 나타난다. 발삼전나무 싹을 쏠아 먹는 청서, 숨은 씨앗과 곤충을 뒤지는 검은머리박새는 모두 지난여름의 광합성에서 에너지를 얻는다. 햇빛이 수천만 년 아니 수억 년 동안 압축되고 발효된 결과인 경유와 휘발유가 의기양양한 엔진음을 내며 마침내 공기 중으로 사라진다. 핵융합의 에너지가 나의 고막을 두드린다. 이것은 햇빛을 노래로 바꾸려는, 생명의 참을 수 없는 충동 덕이다.

기차는 동쪽을 향했다. 필시 캐나다 서부에서 곡식을 싣고 세계 최대의 곡물 항구 중 하나인 선더베이의 어마어마한 사일로 단지로 가고 있을 것이다. 이곳에서 화물선이 프레리의 종자를 싣고 슈피리어호를 건너 전 세계에 부린다. 선더베이 박물관의 세계 지도에 꽂은 색색의 리본은 아시아, 유럽, 아프리카, 아메리카의 연결 현황을 보여준다. 지구에 수놓기.

곡물 사일로 옆에는 통나무와 펄프가 비슷한 높이로 쌓여 있다. 이 목재는 펠릿 공장, 제재소, 제지 공장에 공급된다. 공기가 차가우면 거대한 제지 공장에서 뿜어내는 연기가 도시 남쪽의 능선만큼 높이 솟아올라 스카이라인을 덮는다. 색깔, 질감, 형태가 끊임없이 변하는, 화가의 꿈. 가까이 다가가면 소리도 풍경 못지않게 다채롭다. 컨베이어 벨트의 강철 심장이 규칙적으로 박동하고 가스 파이프가 씩씩거리며 한숨을 내뱉고 캐나다·태평양 열차의 엔진이 하역을 기다리며 피스톤 손가락을 두드린다.

철판 벽 뒤에서는 콸콸 웅웅 소리가 난다. 나무에서 펄프를 뽑아낸 다음 납작하게 압착한다. 여느 제지 공장처럼 소리보다 냄새가 훨씬 먼저 찾아온다. 분쇄된 목재의 뜨거운 적갈색 냄새에는 질척질척한 황화수소가 스며 있다. 서부에서 싣고 온 곡물처럼 한대림의 목재도 이 항구를 거쳐 지구 곳곳으로 운반된다. 캐나다는 세계 제일의 제재목 생산국이며 목재 펄프 생산은 미국에 이어 2위다. 전 세계적으로 제재목과 목재 펄프의 10퍼센트가량이 캐나다의 숲에서 나온다.

발삼전나무가 서 있는 한대림 가장자리에서는 인간이 만들어낸 물질 흐름이 유난히 거세다. 오늘날 연료, 곡물, 목재는 가장 활발하게 이동하는 생물 에너지 형태다. 200년 전에는 모피와 담배가 화폐 역할을 했다. 여름이면 캐나다 중부와 북부 전역에서 올무꾼들이 모여 펠트를 꼬인 담뱃잎과 교환했다. 발삼전나무가 서 있는 길은 옛 교역로 중 하나로, 높이 40미터의 카카베카 폭포를 지난다. 일꾼들이 녹빛 건플린트 도로를 묵묵히 걸어간다. 각자 40킬로그램짜리 짐을 두 개씩 짊어지고 내륙 수로인 카미니스티키아강의 카누를 향해 간다. 일꾼들은 버지니아의 담뱃잎을 숲으로 나르고 펠트 수십만 장을 유럽으로 운반했다. 비버는 속 털로 펠트 모자를 만들 수 있어서 귀하지만, 사향뒤쥐, 여우, 수달, 곰, 구즈리, 심지어 북극의 물범까지 북부 지방의 온갖 모피가 실려 왔다. 모피 무역은 금세 무너졌으며 지역 경제는 광산과 목재 수출로 방향을 틀었다. 이것은 인류의 오래된 연결로 거슬러 올라간다. 식민지 이전 시대에는 인도의 구리가 이 지역에서 남아메리카로 운반되었으며 도자기 제작 기술이 북쪽으로 흘러들었다. 이러한 교환이 이루어질 수 있었던 것은 발삼전나무의 나뭇진으로 자작나무 껍질 카누의 솔기를 메우고 방수했기 때문이다. 무역과 지식을 나른

것은 향기 나는 나뭇진이었다.

모피, 원광석, 목재를 따라 사람들이 들어왔다. 처음에는 교역로를 따라, 다음에는 식민지 토지 수탈을 통해, 최근에는 제조업 일자리를 찾는 장거리 이민을 통해 인구 이동이 이루어졌다. 곡물 수송로를 나타내는 색색의 리본이 지구적 연결을 나타내듯 이 무역 중심지의 문화적 다양성에서도 그러한 연결을 확인할 수 있다. 제지 공장 옆에는 포트 윌리엄 원주민 거주지가 있다. 이곳은 오지브와 섬으로, 식민주의자들이 점령한 땅에서 범람한 물로 둘러싸였다. 프랑스와 영국 식민주의자들의 막사와 요새는 사라졌지만, 식민주의자들은 교역로인 강을 따라 인근에 묻혀 있다. 현대식 타운의 핀란드 식당에서 절인 생선을 먹고 있으면 은퇴자들의 수다에서 핀란드식 영어를 들을 수 있다. 길을 따라 내려가면 이탈리아 문화원과 성 가시미로 성당이 있다. 성당에서는 폴란드어로 미사를 진행한다. 여름이면 인도 축제가 열린다. 부둣가에서는 독일과 홍콩의 화물선을 배경으로 박티 춤 공연이 펼쳐진다. 그레이슬랜드(엘비스 프레슬리의 저택_옮긴이)를 본떠 장식한 식당에서 엘비스가 〈퍼니 하우 타임 슬립스 어웨이Funny How Time Slips Away〉를 부른다. 전부 다 철도, 목재 야적장, 선착장에서 멀지 않은 곳에 있다.

이 연결과 이동은 태양에서 에너지를 얻고 호모 사피엔스의 활동으로 매개되는 그물망의 확장이다. 우리는 흐름, 소통, 상호 의존, 기체 순환 같은 건플린트 공동체의 패턴을 이어가고 있으며, 인간 활동이 엄청난 세기와 규모로 세계의 그물망을 새로 짜고 있음에도 이러한 심오한 변화는 전혀 새로운 것이 아니다. 스트로마톨라이트는 한 가지 혁명을 가져왔다. 건플린트균이 발생시킨 산소는 새로운 화학물질이었으며 방어책이 없는 미생물은 전부 죽었다. 그러면서 스트로마톨라이트의 후손은 조상을 능가하여 그들을 질식시켜 죽이고 세균 공동체의 층에서 뜯어냈다. 그 결과 스트로마톨라이트는 경쟁이 거의 없는 후미의 석호 몇 곳에서만 명맥을 유지하고 있다. 최초로 진화한 나무도 빛이 줄기 없는 식물에게 도달하기 전에 가로챔으로써 선배들을 디디고 일어섰다. 이 고대 숲에서 발산한 여분의 산소는 날벌레와 대형 동물의 진화를 촉진했다.

이 모든 변형은 파괴적이었으며 예외 없이 관계 변화에서 비롯했다. 디젤 기관차가 종자 실은 열차를 끌고 트럭이 철광석을 싣고 달리면서 나의 동상 걸린 귀에 옛 테마의 변주곡을 울린다.

생물 그물망은 오랫동안 잠잠히 있지 않는다. 약탈과 혁명이 벌어지고 창조와 파괴가 일어난다. 생각과 질감과 리듬은 죽는다. 이것은 친숙한 선율을 사랑하는 사람들에게는 고통스러운 손실이다. 낯설고 삐걱거리는 소리에서 우리는 불협화음을 듣지만, 이것이 새로운 화음으로 이어지기도 한다.

1972년에 신新점성술의 경이로운 결실인 트럭 크기의 랜드샛Landsat 위성이 궤도에 안착했다. 더는 미래의 징조를 알기 위해 별들의 움직임을 관찰할 필요가 없어졌다. 우리의 별이 생겼으니까. 랜드샛 사업은 지구의 식생과 지형을 우주에서 연구하는 최장기 사업으로, 2013년에 랜드샛 8호가 발사되었다. 랜드샛 위성들은 100분마다 지구를 한 바퀴 돌면서 전자 센서로 지표면을 기록한다. 콤바인이 밀밭을 오가듯 랜드샛 궤도의 경로는 지구라는 밭을 빠짐없이 누비게 되어 있다. 지난 수십 년간의 추세를 토대로 우리는 위성의 어두운 유리를 통해 미래를 어렴풋이 내다본다.

눈꺼풀 없는 눈이 새로 움트는 초록과 그루터기 밭을 두루 본다. 맨땅이 새로운 생장을 앞지른다. 지구 전체로 보면 숲으로 덮인 면적이 급감하고 있다. 2000년대의 첫 10년간 숲 230만 제곱킬로미터가 사라졌으나 새로 조성된 면적은 30만 제곱킬로미터에 불과하다. 한대 지방에서는 산불과 벌목 때문에 유실된 숲이 새로 생긴 숲의 면적보다 두 배 이상 넓다. 정부 통계는 어린나무가 자랄 가능성만 있으면 실제로는 나무가 한 그루도 없어도 '숲'으로 집계하기 때문에 실상을 파악하기 힘들지만, 랜드샛의 사진은 분식회계의 필터를 거치지 않는다. 한대림은 분명히 후퇴하고 있다.

랜드샛 영상은 해상도가 30미터로, 뭉툭한 붓으로 그림을 그리는 것과 같다. 하지만 숲 공동체는 가장 가는 세필로 그린 세밀화다. 위성을 이해하려면 땅으로 내려와야 한다. 나는 여름에 발삼전나무를 보러 돌아갔는데, 밤을 제외하면 서늘한 공기가 고이고 소리 렌즈가 돌아오는 것은 기차와 트럭이 숲을 떠난 뒤다.

그 대신 바람이 나무의 합창을 지휘한다. 아스펜 잎은 바람이 느리게 움직이면 약하게 떨리다 강풍이 불면 어지러이 부대낀다. 자작나무 잎은 좀 더 차분하고 건조해서 바람의 세기에 따라 톡톡 소리나 솨 소리를 낸다. 발삼전나무의 바스락 소리는 이 활엽수들에 묻혀 거의 들리지 않는다. 발삼전나무의 빳빳한 바늘잎은 서로 떨어져 있다. 이 살아있는 빗살은 가장 거센 바람이 불 때 말고는 잠잠하다. 하지만 가지에서 떨어져 살아있는 잎에 붙들린 채 갈색으로 바랜 바늘잎은 가지마다 달랑달랑 매달린 수염틸란드시아horsehair lichen, 사슴뿔지의*antler lichen, 로제트지의*rosette lichen의 굵은 털에 쓸린다. 잔가지가 까딱거리고 줄기가 기우뚱하면 바늘잎 빗이 엉킨 털을 빗는다. 죽은 바늘잎과 방울 비늘조각이 아래쪽 이끼에 틱 하고 떨어진다. 바람이 세찰수록 마찰이 심해진다. 나무는 수세미로 탁자를 닦을 때처럼 쓱쓱 소리를 낸다. 강하고 날카롭지만 부드럽게 가는 듯한 소리다.

발삼전나무의 여름 노래는 숲 그물망의 하찮은 일원으로 보이는 이끼와 지의류의 사체에서 흘러나온다. 인간의 감각, 즉 우리가 중요하게 여기는 것은 바늘잎 낙엽과 이끼나 지의류의 타래가 내는 속삭임보다는 더 큰 물체에 맞춰져 있다. 하지만 이따금 독수리, 다람쥐, 아스펜에서 고개를 돌려 숲의 사소한 것들을 관찰하지 않는 것은 자신을 속이는 일이다. 숲 공동체의 숨은 구성원을 연구하면 숲의 변화가 에너지와 물질의 지구적 순환과 어떻게 연결되는지 알 수 있다. 랜드샛 데이터의 의미는 한대림의 흙과 '미천한' 생물에게서 찾을 수 있다.

한대림의 흙은 나무줄기, 가지, 지의류, 지상의 모든 생물을 합친 것보다 세 배나 많은 탄소를 함유하고 있다. 따라서 뿌리, 미생물, 썩어가는 유기물은 거대한 탄소 저장고다. 구체적인 집계 방법에 따라 다르지만, 한대림 토양은 세계 최대의 육지 탄소 창고로, 울창한 열대림과 1, 2위를 다툰다. 전 세계적으로 토양은 대기보다 세 배 많은 탄소를 함유하므로, 기후의 미래는 쉿쉿 쓱쓱 소리를 내는 발삼전나무 바늘잎의 운명에 달렸다. 이 바늘잎 낙엽에 갇힌 탄소가 흙에 묻히지 않고 하늘로 올라가면, 지구 온난화를 일으키는 이산화탄소 담요는 두텁고 후끈후끈한 이불로 바뀔 것이다.

한대림에 어마어마한 탄소가 매장되어 있는 한 가지 이유는 숲 자체가 어마어마하기 때문이다. 전 세계에 남아 있는 숲의 3분의 1이 한대림에서 자란다. 하지만 이러한 규모를 제쳐놓더라도 한대림은 압도적으로 풍부한 탄소를 자랑한다. 차가운 포화대飽和帶(지하에서 물이 공극空隙을 채우고, 대기압보다 높은 압력하에 있는 지대_옮긴이)에서는 바늘잎 낙엽과 이끼의 분해가 느릿느릿 진행되며 죽은 물질이 금세 쌓인다. 이곳의 땅은 연중 대부분의 기간 동안 얼어 있어서 고형물을 이산화탄소 기체로 바꾸는 미생물의 활동이 억제된다. 짧고 보잘것없는 여름 더위가 돌아오면 미생물의 활동이 다시 느려지는데, 이번에는 질척한 산성酸性의 조건 때문이다. 발삼전나무 옆에 서면 무지갯빛 날개의 모기 수백 마리가 부드럽게 붕붕 날갯짓을 하며 구름처럼 나를 감싸는데, 이것만 봐도 기후가 얼마나 습한지 알 수 있다.

겨울과 여름의 조건이 어우러져 토양에 탄소가 누적된다. 마지막 빙기 이후 수천 년이 지나는 동안 적어도 500페타그램(5000억 톤)의 탄소가 한대림 토양과 이탄지에 쌓였다. 할인점 원예 코너에 가면 이 탄소를 볼 수 있는데, 천장까지 쌓인 '피트모스peat moss' 펠릿은 한대림 토양에서 채취하여 남쪽으로 운반한 한대·극지대 탄소의 부스러기다.

한대림은 지구상의 나머지 지역보다 훨씬 빨리 더워지고 있다. 최근의 숲 유실은 대부분 잦아진 산불 때문이다. 산불이 나면 토양의 탄소가 연소될 뿐 아니라, 불길이 식물 덮개를 파괴한 뒤에는 나머지 흙이 무방비로 노출된다. 산불로 인해 탄소가 대기 중에 방출되면 한대림은 탄소를 흡수하고 저장하는 '흡수원sink'에서 토양에서의 유입량보다 대기로의 유출량이 더 많은 '발생원source'으로 바뀐다. 대기 중 탄소는 온실가스이기 때문에, 한대림이 탄소 흡수원에서 탄소 발생원으로 바뀌는 것은 대기 이불에 솜을 더 채워 넣는 격이다.

산불만큼 눈에 띄지는 않지만 그에 못지않게 중요한 요인으로 흙의 관계망 변화가 있다. 온도가 높아지면 토양 미생물은 광란의 도가니에 빠진다. 흙의 온도가 증가함에 따라 미생물의 활동이 기하급수적으로 증가한다. 더위가 며칠이나 몇 주간 계속되면 공동체의 구성이 달라져 추위에 적응한 미생물이 더위를 좋아하는 미생물로 대체되면서 미생물 활동이 더욱 가속화된다. 이 변화의 결과로 부패가 더욱 빨라진다. 죽은 바늘잎, 뿌리, 균류, 미생물은 흙에 사는 공동체를 통해 처리되며 잔해는 하늘로 올라간다. 생물학적 산불은 연기가 나지 않지만, 사방에서 일어나고 있기에 탄소의 지구적 흐름이라는 점에서는 불길의 드라마보다 더 중요하다.

질소 공급도 분해 속도에 영향을 미친다. 질소가 부족하면 미생물의 활동이 느려져 탄소가 흙에 쌓인다. 가벼운 질소 기아nitrogen starvation(토양 중에서 유기물 분해 미생물과 고등식물 사이에 질소 양분에 대한 경쟁이 일어나는데 유기물 분해 초기에는 미생물이 주로 질소 양분을 이용하기 때문에 일시적으로 식물은 질소 결핍 상태에 있게 된다_옮긴이) 상태는 대부분의 한대림에서 미생물이 정상적으로 처해 있는 조건이다. 한대림 표면을 모조리 덮은 지의류와 이끼의 꺼풀이 비와 먼지의 질소를 가로채어 흙 속의 미생물에게까지 가지 못하도록 하기 때문이다. 하지만 산불이 나거나 산림 관리를 위해 제초제를 뿌려 지의류 공동체와 이끼 공동체가 사라지면 질소가 토양 미생물에게 마구잡이로 흘러들어 마치 카페인 음료처럼 분해 과정을 촉진한다.

뿌리, 균류, 미생물의 관계도 질소의 효과에 관여한다. 한대림에서는 대부분의 뿌리가 토양에서 질소를 빨아들이는 균류와 융합되어 있다. 이런 식으로 나무는 탄소 공급원을 얻고 균류는 나무에게 당을 선물로 받는다. 하지만 뿌리와 더불어 살지 않는 토양 미생물은 손해를 본다. 뿌리와 균류가 합작하여 질소를 거둬들이면 미생물이 사체를 썩게 할 에너지원이 사라지기 때문이다. 이런 뿌리·균류 공생 관계가 흥한 곳에서는 미생물이 맥을 못 추기에 탄소가 흙에 쌓인다. 한대림이 바로 그런 곳이다. 남쪽으로 내려가면 나무뿌리에 붙어 사는 균류의 종류가 달라서 흙에 저장된 질소를 흡수하지 않는다. 기온이 올라감에 따라 이 남쪽 나무들이 북쪽으로 밀고 올라오면서 이미 한대림에 침투하고 있다. 이 추세가 계속되면 한대림의 토양에서 대기 중으로 방출되는 탄소가 더 많아질 것이다.

발삼전나무 아래로 이끼와 처트에 앉아 있으면 숲의 행동을 여러 면에서—방울 비늘조각 떨어지는 소리와 기차의 굉음에서, 뿌리 사회나 검은머리박새의 문화적 기억에서, 탄소 예산의 개념이나 랜드샛 사진에서—감지할 수 있다. 이 모든 현상에서 건플린트의 오래된 그물망, 살아있는 생각의 그물망이 유지되고 정교해지는 것을 느낀다. 이 생각이 어떻게 숲으로 들어오는가는 바늘잎, 뿌리, 미생물, 균류, 인간의 관계가 어떤가에 따라 달라질 것이다.

한대림에서는 우리가 인간의 역할을 신중하게 이끌어 나가리라는 희망을 찾아볼 수 있다. 오랫동안 법정에서 싸우던 사람들이 지난 20년에 걸쳐 한대림에서의 보전, 임업, 산업을 위한 대륙 규모의 계획을 추진하고자 한데 뭉쳤다. 목재 회사, 산업계, 보전 단체, 환경 운동가, (캐나다 원주민 정부를 포함한) 정부가 대화를 시작했다. 대화는 합의, 기구, 방안, 회의, 위원회 등 여러 형태로 이루어진다. 이러한 인간의 대화는 숲이라는 더 폭넓은 생각 체계의 일부이며 살아있는 그물망이 (귀를 기울이고 적응할 능력이 있는 분산된 대화라는) 일관성의 기준을 충족하는 한 가지 방법이다. 현재 여러 나라를 합친 규모의 거대한 한대림이—면적이 수십만 제곱킬로미터로, 캐나다 한대림의 10퍼센트를 넘는다—보전, 탄소를 감안한 벌목, 멸종 위기종 보호, 지속가능한 목재 생산을 추구하는 지역으로 지정되었다. 일부 지역에서는 협상 당사자 간의 관계가 갈등을 겪고 있다. 우림에서 보았듯 갈등은 그물망의 일부다. 하지만 보호 구역 지정이나 합의의 세부 사항보다 (어쩌면) 더 중요한 것은 사람들 사이의 연결이 증가하는 것이다. 인간 공동체의 경험이 다양해지고 이를 통해 생태계에 대한 이해의 폭이 넓어지는 것은 한대림에도 이로운 일이다.

절벽 밑동, 발삼전나무 아래에서 검은머리박새가 딱딱거리고 쉭쉭거린다. 덜 자란 흰머리독수리bald eagle가 괴성을 지른다. 녀석은 날아오르면서 날개로 서툴게 우듬지를 건드린다. 볼썽사나운 어린 독수리를 엿보던 도래까마귀들이 천적의 주위로 올라갔다 내려갔다 방향을 틀었다 빙빙 돌았다 한다.

독수리의 묵직한 날갯짓은 도래까마귀의 날렵함을 따라가지 못하지만, 추격자들은 공격이 아니라 유희에 만족하는 듯 끝까지 따라가진 않는다. 독수리가 꼭대기에 이를 때까지 뒤쫓다가 발삼전나무 근처 언덕으로 돌아와 가지에 앉는다. 깍깍 소리가 수십 번은 들린다.

검은 처트에서 화학의 그물망, 생물학의 그물망, (이제는) 문화의 그물망이 생겨났다. 도래까마귀들이 밀고 당기기를 하면서 지능이 공기를 흔든다. 씨앗이 검은머리박새를 발삼전나무와 연결하면서 기억이 구불구불 얽힌다. 나의 펜이 또 다른 잔뿌리인 펄프 종이를 긁으면서 숲을 생각한다.

사발야자나무

조지아 주 세인트캐서린스 섬
31°35′40.4″ N, 81°09′02.2″ W

뉴턴의 구球들이 허공을 휘돈다. 지구와 달이 태양 주위를 돌면서 지상에 낮과 밤의 리듬을 만들어낸다. 달은 회전하는 지구 주위를 돌면서, 서로의 하늘에 호를 그린다. 중력의 끈이 모든 질량을—그 질량이 별이든, 달의 티끌이든, 대양의 물방울이든—서로 연결하지 않으면 구들은 튕겨져 나갈 것이다.

지구에서 달의 움직임을 좇아 물이 팽창한다. 땅도 달을 향한 중력의 끌림을 느끼지만 바위가 단단하게 버티고 있어 꿈쩍하지 못한다. 바다는 육지보다 순응적이어서 달의 인력과 지구의 회전에 반응하여 조석潮汐을 일으킨다. 어느 해안에 가도, 맞물린 궤도의 고리가 밀물과 썰물로 나타난다. 인류가 동력과 지력을 모조리 동원해도 이만한 부피의 물을 움직일 수는 없다. 육중한 바다를 들어 올릴 수는 없다. 하지만 회전하는 구는 그 무엇도 아닌 오로지 관계로부터 고요히 힘을 발생시킨다.

구들이 회전하다 같은 축을 따라 정렬하면 태양과 달의 중력이 합쳐져 지구의 물이 가장 높이 올라가고 가장 낮게 내려가는 한사리가 일어난다. 며칠이 지나 달과 태양이 맞서면 중력이 약화되어 완만한 작은사리가 일어난다.

천체기하학의 추상적 차원에서 상상한 물의 움직임은 질서정연하며 수학적 엄밀함으로 가득 차 있다. 불규칙한 해안선과 수심의 영향을 감안하더라도 모든 것이 조화로워 보인다. 지구와 대양을 다스리는 것은 꾸준하고 예측 가능한 하늘의 손이다.

해가 없으면 달도 없다. 폭풍우가 앞바다를 때린다. 들리는 것은 물의 폭력뿐. 파도는 몇 차례 씩씩대기도 하지만 대부분은 깊숙한 울분을 토하며 해안을 덮친다. 만과 곶이 파도의 공격을 방해하고 굴절시켜 맞부딪치게 한다. 파도의 손뼉 소리가 어찌나 요란한지 심장이 울린다. 몇 초마다 번개가 어둠을 가른다. 바닷가에 널브러진 참나무 거목이 파도를 가른다. 만신창이가 되어 흐느적거리는 우듬지를 파편상쇄파(해파가 일정 거리에 걸쳐 조금씩 깨지면서 해안 쪽으로 물이 솟아오르는 기파_옮긴이)가 뛰어넘는다. 짙은 물보라에 번갯불마저 은빛을 발한다. 이윽고 어둠. 발치의 단단한 땅에서 전율이 인다. 해변의 최상층부인 무륜 높이의 단애斷崖를 파도가 후려친다. 몸통만 한 흙덩이가 쪼개진다. 흙을 붙들고 있던 뿌리는 속수무책이다. 달이 물을 땅에 어찌나 꽉 밀어붙이는지, 뭍으로 올라온 파도는 돌아갈 공간이 없이 다음 파도를 기다린다. 시계를 보니 지금이 만조다. 밀물은 금세 가라앉겠지만 나의 온몸이 내게 말한다. "다음은 네 차례다." 천상의 화음은 간데없고 무조無調의 공포, 감각의 격동이 모든 것을 휩쓴다. 이것은 뉴턴적 우아함이 아니라 프로스페로의 거친 마법과 요란한 전쟁이다.

보름날에 해안에 밀려든 이 한사리는 지난 2년 반 동안 내가 몇 달마다 찾아온 사발야자나무를 쓰러뜨렸다. 나무가 쓰러진 것은 오늘 밤 발견했다. 뽑혀나간 뿌리덩어리*root-ball(분형근盆形根)는 파도에 휩쓸리고, 며칠 전만 해도 9미터의 무성하고 기운찬 줄기 꼭대기에 서 있던 부챗잎*frond은 바닷물에 잠겼다. 바스락거리고 탁탁거리던 수다쟁이 부챗잎이었는데. 이젠 땅과 바다가 다투는 폭음과 함성밖에 들리지 않는다.

나는 세인트캐서린스 섬 해변에서 대서양을 마주보고 서 있다. 이곳은 미국 조지아 주 앞바다에 있는 평행사도barrier island로, 6500킬로미터 너머에 모로코 서해안이 있다. 섬은 노스캐롤라이나에서 플로리다까지 굴곡져 뻗은 남동부 해안인 조지아만의 한가운데에 있다. 이곳은 수심이 얕아서 바다를 향한 북쪽 끝에서 밀물이 몰아친다. 뭍의 오목한 부분이 좁고 얕아지면서 물의 선두가 점점 부풀어 오른다. 세인트캐서린스 섬에서는 간만의 차가 3미터에 이른다. 반면에 조지아만 남부의 마이애미에서는 1미터가 채 안 된다.

따라서 섬은 대서양에서 오는 조수와 파도의 증폭된 힘을 받아내야 한다. 밀물에다 겨울철 노리스터nor'easter(시속 121킬로미터 이상의 속도를 가진, 북아메리카 동해안에 영향을 주는 사이클론_옮긴이)나 늦여름 열대폭풍tropical storm의 해일이 겹치면 훨씬 넓은 땅덩어리가 물에 잠긴다. 파도 하나가 절벽이나 사구를 통째로 집어삼킬 수도 있다.

오늘 밤의 밀물에 살해당한 생물은 사발야자나무만이 아니다. 바닷물은 해초와 사구를 지나 가장 먼 사구열ridge 너머로 퍼져 나간다. 나무에게 돌아가려고 톱야자*saw palmetto 덤불을 헤치고 나아가면서 이 뾰족뾰족한 식물의 이름이 왜 '톱야자'인지 새삼 깨달았다. 평소에는 해변에서 20미터 떨어진 곳이었는데도 파도가 신발을 밀고 잡아당겼다. 수위가 낮아지면 민물 석호, 참나무·작은야자palmetto 숲, 무궁화속*Hibiscus* 초원이던 곳이 모래로 덮이고 흙은 소금기에 푹 젖는다. 바닷물이 한 번만 침범해도 물길이 열려 수 헥타르의 습지가 사멸하거나 넓은 잡목림이 질식당한다. 밀물의 99퍼센트는 이렇게 높이 올라오지 않지만, 나머지 1퍼센트가 뭍의 가장자리를 할퀴고 소금을 뱉으면 모든 것이 수포로 돌아간다. 밀물이 여기까지 올라오면 뭍 공동체는 금세 해변으로, 다시 바닷물로 바뀔 것이다. 지난 150년간 이곳에서는 뭍이 (장소에 따라 다르지만) 해마다 2~8미터씩 후퇴했다.

뭍을 밀어내는 것은 한사리와 폭풍만이 아니다. 사발야자나무를 처음 만난 2년 반 전에 녀석은 사구 뒤로 몇 미터 떨어진 곳에 뿌리박고 있었다. 옆으로 사발야자나무 대여섯 그루와 나란히 서 있었는데, 바닥에는 톱야자가 삐뚤빼뚤 울타리를 이루고 있었다. 그 뒤로 작은야자 덤불이 바람에 시달린 채 살아가는 참나무 숲과 뒤엉켰다. 어떤 나무는 줄기의 지름이 1미터를 넘었다. 사구의 바다 쪽 가장자리는 잘려나간 채 내 키만큼 높은 단애를 형성했다. 이 가파른 비탈의 발치에서 해변이 시작된다. 범람한 파도의 뒤처진 흔적이 이따금 사구 가까이 밀려오기도 했지만, 사발야자나무는 밀물에서 여남은 미터 뒤에 있었으며 (사구가 해안보다 낮았기에) 그곳의 땅은 해안보다 1미터 이상 높았다. 사발야자나무는 성벽 뒤에서 안전한 것처럼 보였다. 고요한 여름날 해변에 앉아 소리를 듣고 풍경을 보고 있자니 이 안전이 터무니없는 착각임을 깨달았다. 바람 한 점 없는 썰물 때에도, 수없이 많은 작은 손실이 누적되어 사구는 조금씩 뒤로 물러나고 있었다.

당시에 사구의 바다 쪽 가장자리에 있던 모래는 급경사 언덕을 이룬 채 꼭대기 바로 아래에서 해변까지 쭉 이어졌다. 다가가 앉자 사구의 표면이 속삭이는 소리가 들렸다. 머뭇머뭇 쉭쉭 하는 소리. 머나먼 잔파도의 부글거리는 소리가 몇 분간 잠잠할 때만 들을 수 있었다. 소리는 물에 풀어진 모래에서 나왔다. 난데없이 점착력을 잃고 떨어져 나와 고체 입자에서 액체가 되어버린 비탈 조각. 모래는 좁은 물길을 따라 비탈을 내려오며 쉭쉭 소리를 냈다. 해변에 닿은 모래는 씩씩거리며 사방으로 퍼졌다. 어떤 개울은 불과 몇 센티미터 흐르다 마찰력에 붙들렸지만, 대부분은 완주했다. 대략 1분에 하나씩 물길이 생겼다. 비탈은 일정하고 단단해 보였으나, 중력의 생각은 달랐다. 모래 알갱이를 한 덩이 한 덩이 떼어내며 어떤 이유나 패턴도 없이 사구 표면 곳곳에 힘을 가했다. 딱정벌레 한 마리가 비탈을 올라가려고 안간힘을 쓰다 수십 곳을 파헤쳤다. 사초莎草의 날이 달랑거리며 호를 새기면 아래쪽 모래가 죄다 무너져 내렸다. 이날 오후, 딱정벌레의 발짓, 풀잎, 모래알갱이의 변덕 때문에 북아메리카 대륙은 2미터의 해변을 따라 땅 한 삽을 잃었다. 해안의 사구 표면을 모두 감안하면 덤프트럭 무리가 모래를 바다로 실어 나르는 셈이었다.

폭풍과 딱정벌레 발이 사구를 없애는 데는 1년이 걸렸다. 사발야자나무는 이제 해변 꼭대기에 서 있었다. 하지만 동쪽 끝에 있는 뿌리 몇 가닥이 드러났을 뿐 동료들과 함께 여전히 단단히 뿌리박고 있었다. 만조의 파도가 밀려왔다 남긴 얕고 느린 물이 뿌리를 건드렸지만 막무가내로 밀어붙이지는 않았다. 밀물이 지나간 자리의 모래는 매끈하고 밋밋했다. 날카로운 선이 해변의 가장자리를 표시했다. 선 너머 사발야자나무 줄기 둘레에는 뿌리를 덮은 잎, 모래, 풀뿌리, 땅의 모양과 냄새를 가진 흙이 어지러이 널려 있었다. 두꺼비, 사슴, 도마뱀은 낙엽을 뒤지면서도 소금기 있는 해변에는 결코 발을 디디지 않았다.

파도가 해안에 접근하면 밑바닥이 솟으면서 파도의 높이도 높아진다. 파도의 맨 아랫부분은 모래를 끌어야 하지만 위쪽은 아무런 저항을 받지 않은 채 밀려온다. 물결은 마침내 뒤집혀 쇄파가 되어 자신의 에너지를 모래밭에 때려 박는다. 해변은 완만한 오르막이어서 이 에너지의 일부는 물의 판을 뭍으로 발사하는데, 거품으로 가득한 이 물은 진행 과정에서 속력이 줄어 마침내 멈추고는 추적추적 바다로 돌아간다. 가장 높이 올라온 물은 깊이가 사람 발을 적실 만큼밖에 되지 않는다. 지금 내 발가락 사이에서 부드럽게 빠져나가고 있다.

수중청음기hydrophone—일종의 마이크인데, 물이 들어가지 않도록 달걀 모양의 고무로 감싼다—를 대면 모래 알갱이와 야자나무 뿌리를 색다르게 경험할 수 있다. 내 발에서 은은한 콧노래 같던 소리는 물속에서 들으니 떠들썩한 아우성이었다. 그저 철벅거릴 거라고만 예상했는데, 수중청음기를 물속에 넣고서 귀청이 터지는 줄 알았다. 들통으로 벽에 물을 들이붓듯 바닷물이 밀려왔다. 당장 녹음기 음량을 줄였다. 바닷물은 대패로 나무를 깎듯 모래를 가로질렀다. 모래 알갱이의 속도가 빨라지면서 음량이 비명 소리 수준으로 올라갔다.

물이 물러나면서 모래 알갱이를 끌고 가느라 와글와글 소리가 났다. 바다의 어루만짐, 가장 부드러운 물의 움직임을 이길 수 있는 모래는 없다. 알갱이는 구르고 뜬다. 진흙이나 낙엽 조각 같은 가벼운 입자는 쓸려 내려간다. 흙을 붙잡고 있던 뿌리는 말끔하게 씻겼다. 물의 우월한 힘이 해변을 평평하게 고른다.

나의 맨감각이 한사리 폭풍 때 느끼던 것을 모래 알갱이는 가장 잔잔한 날씨에서도 느낀다. 딱정벌레 발과 중력이 사구 표면을 긁듯 잔파도는 모래를 갉아 해안선의 모양을 바꾼다. 폭풍의 아가리와 달리 물의 입질은 1년 내내 밤낮으로 계속된다.

인류가 적응한 풍경은 평생 안정을 유지하는 풍경이다. 우리는 땅에서나 집에서나 견고성과 내구성에 이끌린다. 현명한 사람은 반석 위에 집을 짓고 어리석은 사람은 모래 위에 주춧돌을 놓는다. 인간은 콘크리트, 강철 들보, 판유리 같은 발명품을 땅에 시공해놓고서 세상이 변하지 않는다는 환상을 키운다. 불안정은 불안하다. 쓰러진 기념물, 허물어지는 집, 폐허가 된 숲은 비애를 자아낸다. 반면에 천 년 된 석조 사원이나 레드우드 고목古木처럼 영원하거나 오래가는 것은 우리의 영혼을 고양한다.

사발야자나무는 또 다른 우화를 들려준다. 평생의 거처를 모래에 마련하여 성경의 바보 배역을 맡음으로써 사발야자나무는 영원을 포기하여 존속한다. 곧잘 한 세기를 넘는 사발야자나무의 생애 동안 나무가 뿌리 내린 곳의 지형은 나무가 죽을 때쯤 달라져 있다. 이것은 비극이 아니라 모래톱의 방식일 뿐이다. 처음에는 깨닫지 못했지만, 파도의 힘과 움직이는 모래의 힘은 줄기에서 열매, 초기의 생장, 잎에 들어 있는 세포의 화학 작용에 이르기까지 사발야자나무의 존재를 이루는 모든 요소를 빚어냈다. 어쩌면 나무의 이름에조차 모래의 흔적이 남아 있는지도 모른다. 프랑스의 식물학자 미셸 아당송Michel Adanson은 1763년에 '사발sabal'이라는 명칭을 떠올린 이유를 글로 남기지 않았지만, 아마도 프랑스어와 크레올어에서 모래를 뜻하는 '사블sable' 또는 '사브sab'를 염두에 두었을 것이다.

지금은 조지아 주의 해안이 된 장소에 있는 사발야자나무는 모래의 방식으로 생생한 진화론 수업을 들었다. 지난 100만 년 동안 빙기와 온난한 간빙기가 번갈아 찾아오면서 해수면이 여러 차례 올라갔다 내려갔다 했다. 빙기의 주기는 조수만큼 규칙적이지는 않지만, 빙기의 냉각 효과와 온난화 효과는 달이 지구에 미치는 영향과 마찬가지로 천체 궤도의 규칙적 변화에서 비롯하는 듯하다. 이 우주적 힘에다 지구 대기에서 기체가 일으키는 기후 변화가 겹쳐진다.

빙기가 절정일 때는 물이 빙상과 빙하의 형태로 육지에 갇힌다. 이 양이 어찌나 큰지 바다가 부분적으로 빌 정도다. 지구가 더워지면 얼음은 전부 아니면 대부분 녹아 바다로 돌아간다. 여기에다 데워진 물이 팽창하면 바다가 메워지고 해수면이 상승한다. 이런 빙기가 여남은 번 오고 갔다. 마지막 빙기는 2만 년 전에 절정에 도달했는데, 당시의 해수면은 오늘날보다 120미터 낮았다. 얕은 조지아만에서는 해수면이 낮아지면서 해안선이 100킬로미터 동쪽으로 이동했다. 육상 동물은 원하기만 한다면 지금의 대륙붕까지도 발을 적시지 않고 누빌 수 있었다.

마지막 빙기가 끝난 뒤로 해수면이 상승하고 해안선이 처음에는 빠르게 다음에는 천천히 서쪽으로 밀려났다. 사취, 사주, 섬은 바다의 가장자리를 따라 이동했으며 딱정벌레의 발과 파도에 깎여 끊임없이 서쪽으로 밀려갔다. 침식이 활발할 때는 섬의 해변이나 사주가 통째로 들려 섬 뒤쪽으로 운반되기도 했다. 모래가 이동하면서 평행사도는 상승하는 바다의 최전선으로부터 점차 멀어졌다. 사발야자나무가 자라는 모래는 북동쪽에 인접해 있다가 지난 5000년 이내에 사라진 왈리 섬의 잔해다. 왈리 섬의 모래가 세인트캐서린스 섬에 부딪혀 쌓이자 습지이던 곳에 사구가 생겼다. 그런데 해변이 계속 침식되면서, 모래가 사라진 곳에서 옛 습지의 진흙이 나타난다. 쓰러진 사발야자나무 바로 앞 해변도 그렇게 진흙이 드러났다. 이 검고 찐득찐득한 땅은 파도를 거부하며, 사라져가는 해변 위로 튀어나와 있다. 물이 계속 밀려오면 진흙 바닥은 결국 해저가 될 것이다.

빙기와 빙기 사이에는 해수면이 상승했다. 오늘날보다 적어도 6미터, 어쩌면 13미터까지 높았을 것이다. 간빙기에는 지구 대부분의 지역에서 기온이 지금보다 0.5도 높았으며 극지방은 온도 차이가 5도에 달했다. 기온과 해안선의 불안정한 변동은 오래된 패턴의 연장이다. 지난 500만 년의 해수면 높이를 그래프로 그리면 들쭉날쭉한 파도의 단면처럼 보인다. 7000만 년 전으로 거슬러 올라가면 이 파도의 높이가 어마어마했다. 플로리다 전부와 조지아 절반은 섬들이 점점이 박힌 얕은 바다였다. 사발야자나무의 조상들은 이 해변과 섬의 모래에서 자랐을 것이며 공룡이 열매를 따 먹었을 것이다.

수천 년의 척도로 보면 모래는 물처럼 행동한다. 사구는 잔물결이고 섬은 물마루가 생기는 파도다. 모래물은 바다와 바람의 힘을 받아 구르고 휘돌고 흐른다. 사발야자나무는 이 파도를 타는 서퍼다. 권파가 솟구쳤다가 무너지면 다음 너울로 이동하여 몸을 일으키고 파도의 표면을 탄다. 인간 서퍼와 달리 스스로 파도를 만들기도 하는데, 사구가 생기는 원인은 물과 공기의 물리적 힘을 가진 식물 수십 종이 벌이는 생물학적 행동들의 관계다. 매끈한 해변에서는 물에 씻긴 부챗잎, 뿌리, 줄기가 바람에 날리던 모래를 붙들어 떨어뜨린다. 이렇게 쌓인 모래가 바람을 교란시켜 더 많은 모래를 떨어뜨림으로써 초기 사구가 형성된다. 풀이 모래와 해초 무더기에 자리 잡으면 뿌리가 덩어리를 단단히 붙들어 사구를 만드는데, 수십 년, 수백 년을 가기도 한다.

죽은 풀과 야자나무에서 생긴 해변의 부스러기는 사구의 핵이 된다. 살아있는 야자나무가 이곳에 당도하는 것은 씨앗이 해안에 떠내려오거나 새가 씨앗을 떨어뜨리기 때문이다. 새로운 사발야자나무 서식지가 띄엄띄엄 분포하고 부모 나무와도 멀리 떨어져 있기에 야자열매가 무척 많이 열린다. 열매 하나하나는 생존 가능성이 희박하지만, 엄청난 개수로 희박한 가능성을 이겨낸다. 열매의 크기와 색깔은 블루베리와 비슷하다. 몇 달 동안 바다 위를 출렁거리다 해안에 밀려 올라오면 씨앗이 발아하는데, 소금물에 잠겨 있어도 멀쩡하다. 사발야자나무의 최북단 서식지인 캐롤라이나에서는 씨앗이 유난히 소금기에 강한데, 이는 이 나무들의 조상이 바다에서 왔음을 시사한다. 미국 남해안과 카리브해 너머까지 씨앗을 퍼뜨리는 것은 새와 포유류 몫이다. 울새는 해안을 따라 북아메리카를 1년에 두 번씩 오르내리는데, 녀석의 부리와 위장은 야자열매를 실어 나르는 날개 달린 화물차다. 섬의 텃새들도 사발야자나무 숲을 정기적으로 찾아가 씨앗을 나른다.

박새와 딱따구리가 가지를 쏘다니면서 열매가 툭툭 떨어지는 광경은 섬을 방문할 때마다 볼 수 있었다. 사발야자나무는 싹을 틔운 뒤에 어떤 식물도 이겨내지 못할 고난을 겪어야 한다. 우리가 상상하는 야자나무의 이미지와는 딴판이다. 휴가철에 야자나무 그늘 아래 의자를 펴고 일광욕을 즐기며 시름을 잊는 광경이 떠오른다고? 사발야자나무와는 무관한 광경이다. 해변은 생리적 고통의 장소다. 소금은 뿌리와 잎에서 물을 빼앗고, 더위와 가뭄이 지나갔다 싶으면 열대폭풍과 만조로 해안이 범람한다. 바람에 날려 오거나 물에 떠내려온 모래는 수령 수십 년인 어린나무를 몇 분 만에 묻어버릴 수 있다. 번개도 잦아서 식물이 곧잘 불에 그을린다. 하지만 모래 서퍼 사발야자나무는 파도를 떠나지 않는다.

사발야자나무가 끈질긴 한 가지 이유는 잎의 소리를 들어보면 알 수 있다. 쓰러진 부챗잎을 밟으며 걸으면 섬유소가 충격을 주고받는 소리가 들린다. 수백 곳의 딱딱한 결합부가 딱 하고 부러지는 소리다. 내 학생들이 마른 부챗잎을 집어 딸깍딸깍 흔들어댄다. 빗방울이 우듬지를 때리면 돌멩이로 함석지붕 때리는 소리가 난다. 이 소리들은 부챗잎에 들어 있는 뻣뻣한 이산화규소 받침대에서 난다. 이산화규소를 분비하는 세포가 잎의 섬유를 따라 늘어서 있는데, 이는 식물 조직의 짜임을 떠받치는 현미경적 부목이다. 이산화규소는 모래다. 따라서 사발야자나무 부챗잎의 일부는 돌이다. 부챗잎을 떠받치는 또 다른 요소는 세포의 두툼한 표층과 목질소lignin다. 목질소는 식물성 강화 분자로, 복잡하게 얽힌 구조로 되어 있다. 식물학자들은 사발야자나무 부챗잎을 현미경으로 관찰하기 위해 얇게 저미려다 낙담하기 일쑤다. 부챗잎의 거친 조직이 값비싼 칼과 마이크로톰microtome(세포를 광학현미경으로 관찰하기 위해 얇게 자르는 장치_옮긴이)을 상하게 하기 때문이다.

각각의 부챗잎을 떠받치는 것은 1미터 길이의 가벼운 잎대인데, 훨씬 무거운 목재 지지대만큼 억세다. 잎대는 두 가닥의 끈으로 줄기 둘레에 고정되어 있다. 점점 가늘어지는 잎대에는 100여 개의 쪽잎이 아치 모양으로 달려 있는데, 길이와 너비가 거의 사람만 하다. 각각의 쪽잎은 잎 중간의 작은 골에서 뻗어 나온다. 멀리서 보면 이 잎들은 줄기 끝에서 제멋대로 피어오르는 연기 같지만, 우듬지에서 돋아난 잎대는 로제트를 이루며 각 밑동은 해바라기 꽃잎처럼 규칙적으로 배열되어 있다.

사발야자나무 부챗잎은 사막 식물 못지않게 물을 애지중지한다. 이중 밀랍 층은 염분을 차단한다. 이 밀랍 뚜껑은 잎의 아래쪽 표면에 있는데, 그 아래에 우물이 있고 그 속에 숨구멍이 뚫려 있다. 잎대의 밑동은 물관을 압박하여 흐름을 억제한다. 이렇게 방어했는데도 바닷물이 내부에 침투하면 세포들이 염분을 격리한다. 세포 안의 방에 염분을 펌프질한 다음, 염분의 친수성親水性을 활용한 화학물질로 방 바깥을 적신다. 사발야자나무 부챗잎의 쩌억, 달그락 소리는 소금과 가뭄의 공격에 적응한 잎의 식물학적 솜씨를 나타낸다.

해변을 따라 생겨난 사구와 숲이 늘 소금기 있는 사막은 아니다. 비가 내리면 잎에서 염분이 쓸려 나가고 흙에서 씻겨 나간다. 하지만 모래는 물을 오래 붙들어두지 못하기에 사발야자나무 스스로 민물을 붙잡아야 한다. 줄기 밑동의 팽창한 엉덩이에서는 볼펜 굵기의 뿌리 수천 가닥이 사방으로 뻗어 있다. 이 뿌리들은 목질소 섬유와 뿌리집 덕에 부챗잎처럼 튼튼하다. 굵기는 가늘지만, 해변에 쓰러진 사발야자나무의 드러난 뿌리는 아무리 세게 잡아당겨도 끊어지지 않는다. 굴을 파는 뱀 무리처럼 무성한 뿌리는 나무를 지탱하는 동시에 물을 사로잡는 역할을 한다. 민물은 뿌리를 타고 올라가 가지로 흘러든다. 여느 나무의 줄기는 죽은 조직의 기둥이 살아있는 표피로 둘러싸여 있지만, 사발야자나무 줄기는 전부 살아있는 세포다. 비가 오면 세포들이 물로 부풀어 줄기는 원통형 물탱크가 된다. 줄기는 너비가 약 0.5미터로, 길이 1미터마다 물 25리터를 저장할 수 있다. 건기에는 부챗잎 잎대의 좁은 통로로 물을 찔끔찔끔 내보내어 잎이 간신히 기능을 유지할 정도로만 수분을 공급한다. 덩치가 큰 사발야자나무는 줄기에 저장된 물로 몇 달을 버틸 수 있으며, 심지어 아예 뽑아버려도 살 수 있다. 숲에 불이 나면 사발야자나무 우듬지가 터지고 불타 없어지는데, 대신 그 물 덕에 줄기는 살아남는다. 화재 현장을 본 사람들은 불타는 사발야자나무 숲에서 폭발의 폴리리듬을 들었다고 말했다. 하지만 나머지 나무 종은 모두 죽었는데도 사발야자나무만 며칠이 지나지 않아 새까만 우듬지에서 새 부챗잎을 틔웠으며 줄기 안에 묻힌 살아있는 조직으로 부활했다. 늙은 사발야자나무는 물에 잠긴 소금밭에서 파도를 타며 수십 년을 살아간다. 그동안 계속해서 꽃 피우고 열매 맺고 동물을 먹이고 소금기 어린 바다의 잔해를 향해 씨앗을 퍼뜨린다.

씨앗은 처음 싹트면 위로 자라지 않고 모래 속으로 파고들어 생장점을 1미터 아래로 내려보낸다. 첫 하강 뒤에 생장점은 방향을 틀어 위를 향한다. 땅속에 묻힌 갈고리에서 부챗잎이 위로 자라 굴 파는 줄기의 표면으로 고개를 내민다. 이 색소폰 모양의 초기 생장 형태는 평균 60년간 유지된다. 이 시기의 사발야자나무는 에너지 저장고를 짓고 불과 소금물을 막을 대책을 마련하고 우듬지 크기를 키운다. 이런 꾸준한 팽창은 꼭 필요한 준비 작업이다. 줄기가 땅 위로 올라오면 더는 둘레가 증가하지 않는다. 사발야자나무의 살아있는 조직은 여느 나무와 달리 위로만 솟을 뿐 옆으로 퍼지지 않는다. 이런 독특한 생장 방식 덕에 사발야자나무는 딴 나무들이 못 자라는 곳에서도 자랄 수 있으나, 그 대신 청소년기에 오랜 시간을 투자하면서 일단 성체의 몸 둘레를 갖춘 뒤에야 길어지기 시작한다. 사발야자나무 입장에서는 이런 제약마저도 유리하게 작용한다. 참나무, 도금양myrtle, 다른 야자나무의 숲밑에서 수십 년을 기다릴 수 있기 때문이다. 산불이 나거나 폭풍이 몰아쳐 위쪽의 나무들이 쓰러지면 사발야자나무는 풍족한 베이스캠프에서 비로소 발걸음을 내디딘다.

해수면 높이가 달라지면서 해안에 대한 사발야자나무의 이해가 정교해졌다. 이 이해는 나무의 유전자에, 또한 물리적·생물학적 동료들과의 관계에 부호화되었다. 무사히 싹을 틔워 줄기를 뻗는 씨앗은 얼마 안 되지만, 이 단계에 이른 사발야자나무의 수명은 한 세기를 넘는 경우가 많다. 하지만 사발야자나무가 정확히 얼마나 오랫동안 살 수 있는가는 알려져 있지 않다. 죽은 조직이 쌓여 만들어지는 '나이테'가 없기 때문이다. 최대한 정확히 추정컨대 세인트캐서린스 사구의 사발야자나무는 빙기 말에 지금의 해안에서 동쪽으로 100킬로미터 떨어진 해안에서 자라던 사발야자나무와 약 100세대 차이가 난다.

사구가 무너진 이듬해 여름, 바닷물이 닿는 해변 꼭대기 바로 뒤에 사발야자나무가 서 있었는데 붉은바다거북loggerhead turtle 한 마리가 나무를 찾아와 그늘에 둥지를 팠다. 녀석은 밤에 와서 껍데기 아랫부분으로 모래밭을 긁어 평평한 길을 냈다. 양쪽으로 지느러미발의 노 자국이 번갈아 나 있었다. 이 흔적은 해변을 곧장 거슬러 올라가 사발야자나무 아래에서 방향을 틀어 바다 쪽으로 구불구불 이어졌다. 내가 학생들과 도착했을 때는 거북 보호 운동가들이 이미 작업을 시작한 뒤였다. 그들은 모래 표면을 솔질하여 알이 묻힌 곳으로 향하는 길을 발굴하고 있었다. 아무도 거북을 보지 못했지만, 지느러미발 자국이 있다는 것은 둥지가 근처에 있다는 뜻이었다. 거북은 알을 다 낳은 뒤에 모래를 끼얹어 구멍을 메우고는 제자리에서 맴돌고 땅을 휘저어 흔적을 지움으로써 알이 있는 곳을 숨겼다. 해변의 모래층을 조심조심 얇게 벗겨야만 모래를 휘저어 (매몰된 둥지로 통하는) 굴 입구를 막은 동그라미를 찾을 수 있다. 포식성 돼지와 아메리카너구리는 코를 이용하지만, 사람들은 모래에 다양한 질감으로 남은 단서를 가지고 추리해야 한다.

단서를 찾으면 사람들은 둥지를 발굴한다. 앞바다의 새우잡이 저인망 어선에서 영차 소리가 들린다. 사람들은 하얗게 윤기 나는 첫 번째 알이 보일 때까지 금속제 삽으로 젖은 모래를 벗겨냈다. 그 다음 손가락을 동원하는데, 팔을 최대한 깊이 모래밭에 박고서 여린 알을 모래 둥지에서 꺼낸다. 반 시간 뒤에 반탐닭bantam chicken의 알만 한 진주

알 120개가 플라스틱 들통에 고이 담겼다. 한 시간이 지나기 전에 알은 다른 해변에 다시 묻는다. 인간의 개입 덕에 알의 생존 확률이 커진다. 거북이 둥지를 판 해변은 야생 돼지가 출몰하는 곳이다. 나는 모래와 진흙을 파헤치는 돼지를 수십 마리는 보았다. 땅속에 묻힌 거북알 100개는 약탈당할 가능성이 크다. 해변이 빠르게 침식되는 것은 또 다른 위험 요인이다. 알이 성숙하여 부화하기까지의 두 달 동안 해변은 몇 센티미터, 어쩌면 그 이상 내륙으로 이동할 것이다. 심지어 해안선이 이동하지 않아도, 침식으로 평평해진 해변에 만조가 들면 거북 둥지가 물에 잠길 수 있다. 환경 운동가들이 알을 옮겨놓은 해변은 돼지가 없으며 섬의 해변 중에서 모래가 증가하는 유일한 곳이다. 이렇게 알을 돌보면 세인트캐서린스에 알을 낳는 붉은바다거북에게 시간을 벌어줄 수 있다. 20년 전에는 해안선의 4분의 1이 거북 둥지에 적합했으나, 이제는 침식으로 인해 그 면적이 절반 이상 줄었다.

해안에 대한 바다거북의 유전적 기억은 사발야자나무보다 훨씬 길다. 녀석들은 1억 년 이전부터 해변을 기고, 알 낳을 굴을 팠다. 하지만 지금은 현존하는 바다거북 일곱 종이 모두 위험에 처해 있다. 성체 거북은 선박과 그물에 죽임을 당하며 침식과 개발로 번식지가 줄었다. 남은 해변에는 (정력제로 이름난 날 거북 알을 찾는 사람들을 비롯한) 포식자들이 득시글거린다. 따라서 세인트캐서린스 섬에서와 같은 거북 보전 계획은 거북이 뭍에서 사는 짧은 시기를 거북 역사상 어느 때보다 (논란의 여지가 있지만) 생존에 부적합한 해변으로부터 보호한다.

거북을 위해 일하는 사람들의 귀에는 갓 부화한 새끼들이 둥지에서 바다로 질주하면서 자그마한 지느러미발이 모래를 긁는 소리야말로 사발야자나무 부챗잎 아래에서 들을 수 있는 가장 달콤한 소리일 것이다.

그보다 시원섭섭한 소리는 녀석들이 첨벙첨벙, 꾸르륵 하면서 대서양을 향해 헤엄치는 소리다. 갈매기들이 앞바다를 맴돌면서 새끼 거북 무리의 일부를 잡아챌 기회를 엿본다. 포식성 바닷새의 공격에서 벗어난 새끼 거북은 바다에서 30년을 보낸 뒤에 번식을 위해 처음으로 뭍을 찾을 것이다. 어린 거북 중 상당수는 대서양 환류를 따라 아이슬란드, 북유럽, 아조레스 제도를 지나 조지아만 바로 앞의 사르가소해에 도착하여 성적으로 성숙할 때까지 기다린다. 대서양의 소용돌이를 피해 사르가소해로 직행하는 녀석들도 있다. 번식에 성공하는 것은 천 마리 중 한 마리다. 성숙한 암컷은 해안으로 돌아와 알을 낳지만, 수컷은 다시는 뭍에 발을 디디지 않는다. 사발야자나무와 마찬가지로, 거북의 삶을 관찰하다보면 바다와 해안의 미래를 상상하게 된다.

밀물은 사발야자나무 뿌리에서 물러나면서 바다 거품의 뗏목을 남긴다. 이 거품들은 무릎 높이보다 높은 경우가 거의 없지만 길이는 작은 보트만 할 때도 있다. 거품 뗏목은 놀랄 만큼 튼튼하고 오래간다. 바람은 바닷가 표면에서 뗏목을 들어 올려 몇 미터 떨어진 곳에 고스란히 내려놓는다. 수막이 해변을 덮은 곳에서는 뗏목이 뱀처럼 기어가는데, 산들바람만 불어도 매끈한 표면 위를 움직인다. 손으로 거품을 뜨면 수천 개의 거품 표면이 터지면서 프라이팬에서 생선 구울 때처럼 자글자글 소리가 난다. 냄새는 바닷물을 증류한 듯, 부서지는 파도 속으로 잠수했다가 물보라에 머리카락을 적신 채 숨을 들이쉴 때와 같다.

거품은 조류와 미생물의 잔해가 부스러진 가루로 이루어졌다. 이 세포들은 바다의 격동에 산산이 부서지면서 단백질과 지방을 물속으로 내보낸다. 이 화학물질은 목욕물의 비누처럼 물의 표면장력을 변화시킨다. 손으로 목욕물 거품을 젓듯 바람이 물의 표면을 들쑤시면 부글부글 거품이 인다. 바다 거품은 바다의 생물에 대한 기억이 뭍으로 밀려온 것이다. 바닷물은 단순한 물이 아니라 살아있는 공동체다. 거북은 이 조합에서 남달리 뚜렷하고 두드러진 구성원이기는 하지만, 바다 생물의 대다수를 대표하지는 않는다. 바닷물 한 방울에는 미생물 세포가 수십만에서 수천만 개 들어 있다.

이 공동체의 생명은 케이폭나무나 발삼전나무 뿌리의 그물망을 닮았지만, 뭍의 정적인 삶이라는 제약에서 해방되었다. 바다 미생물은 자유로이 섞이며, 물속에 있기에 복잡하게 결합되거나 부착되지 않고서도 세포끼리 화학물질을 교환할 수 있다. 물은 원자론을 더 철저히 분해하여 바다 미생물의 DNA 차원까지 도달한다. 발삼전나무 뿌리도 주변에 있는 다른 종의 DNA와 소통하지만, 나머지 모든 대화 참여자와 마찬가지로 자신의 유전자를 유지한다. 하지만 바다에서는 미생물이 상호 의존의 발걸음을 한 발짝 더 내디딘다.

바다의 각 미생물은 햇빛을 모으거나 유기물 분자를 재생하는 등의 특수 임무를 띠고 있으며 그 밖의 임무는 대부분 공동체에 위임한다. 진화는 이 종들의 DNA를 솎아내어 각 종에서 특수 임무에 필요한 유전자만을 남겼다. 다른 임무는, 심지어 세포의 생존에 중요하더라도 다른 미생물이 대신한다. 낱낱의 종이 필수 임무에 필요한 유전자를 잃고 공동체에 의존하는 이 '간소화'가 가능한 것은 미생물이 서로 가까이 떠다니면서 이 세포에서 저 세포로 화학물질을 손쉽게 주고받을 수 있기 때문이다. 어떤 세포는 먹이뿐 아니라 정보까지 교환한다. 분자들이 필요 사항과 자신의 정체를 신호로 보내기 때문에, 바다의 아수라장에서도 세포 간의 교환이 구체적으로 이루어진다. 많은 세포는 공동체에서 분리되면 죽는다. 자신의 DNA만으로는 기본적 필요를 충족하지 못하기 때문이다.

따라서 바다 미생물의 가장 작은 유전적 생존 단위는 그물망을 이룬 공동체다. 이 방식은 효율적이어서 그물망의 각 부분이 자신의 장기長技에 집중할 수 있지만, 소통이 두절되면 피해를 입기 쉽다. 원유가 누출되거나 합성 화학물질이 배출되거나 바닷물의 산도酸度가 달라져 세포들의 관계가 깨지면 미생물 공동체가 변화하는데, 이로 인한 영향은 미생물에 국한되지 않는다. 대기와 대양의 화학 조성은 이 그물망에 의존한다. 전 세계 광합성의 절반을 바다 미생물과 플랑크톤이 맡고 있기 때문이다. 따라서 바다 생물에게서 들려오는 수십억의 속삭임은 전 세계 물과 공기의 화학적 상태를 좌우한다.

바다의 변화가 세포 간의 정보 교환을 어떻게 망치는지는 알려져 있지 않다. 바다가 그물망을 통해 유전적 간소화를 이룬다는 사실이 발견된 것도 10년이 채 되지 않았다. 하지만 바다를 장기간 조사했더니 지난 100년간 플랑크톤 개체 수가 해마다 평균 1퍼센트씩 감소했다. 어류 개체 수도 여러 곳에서 급감하고 있다. 바다의 화학적 성질도 요동치고 있다. 이산화탄소가 물에 녹으면서 산도가 높아지고 있으며, 인간이 만든 새로운 화학물질이 하류로 떠내려와 바닷물 한 방울 한 방울 속에 떠다닌다. 어떤 화학물질은 인체 세포 간의 소통을 방해하거나 단절시키는데, 바다의 세포 그물망에서도 같은 현상이 일어날 수 있다.

사발야자나무가 쓰러진 지 몇 시간 지나지 않아 바람을 타고 온 거품이 새로운 물건을 가져왔다. 흰 플라스틱 조각이었다. 플라스틱은 나무가 쓰러지기 전까지 도마뱀, 개구리, 개미의 보금자리이던 부챗잎 밑동에 들어가 박혔다. 나무 주위에는 이 플라스틱 말고도 수만 개의 파편이 널브러져 있다. 플라스틱 병이 바닷가를 통통 튀는 소리, 나뭇가지에 플라스틱 판이 탁탁거리는 소리는 사발야자나무의 음향 환경을 이루는 일상적 요소가 되었다. 나는 학생들과 나무 주위를 돌며 바닷물에 밀려온 쓰레기를 조사했다. 표준화된 길이의 선형 조사법을 이용하여 해초선*wrack line(만조선 위의 해안으로 바닷말이 모래를 덮은 곳_옮긴이)에서 눈에 띄는 모든 조각을 측정했다. 우리의 표본이 섬을 대표한다면, 해변 10킬로미터 구간에 눈에 띄는 플라스틱 조각이 50만 개가까이 버려져 있는 셈이다. 해변 표면을 파지는 않았기에, 플라스틱의 실제 개수는 더 많을 것이다. 큰 조각보다는 작은 조각이 훨씬 많다. 우리가 수집한 조각의 절반은 너비가 2센티미터 이하였다. 다른 해변에 대한 연구는 이 추세가 현미경 척도에서도 계속되고 있음을 보여준다. 조각의 크기가 작을수록 개수가 많다. 살아있는 플랑크톤이 감소한 자리를 플랑크톤 같은 플라스틱이 메우고 있다.

소로도 해변에서 발견한 "인간 기술의 쓰레기와 잔해"를 기록으로 남겼다. 그와 내 학생들의 수집 행위는 원原고고학으로, 이로부터 두 시대의 문화적 인공물을 엿볼 수 있다.

1849년, 1850년, 1855년에 코드곶을 거닐다 발견한 것들

뭍에서 떠내려온 통나무(많음)

난파한 배의 재목과 돛대(아주 많음)

벽돌 조각(조금)

카스티야 비누(세지 않음)

모래로 채워진 장갑(한 짝)

넝마와 헝겊 조각(세지 않음)

화살촉(하나)

젖은 육두구(배에 가득)

물고기 위장에서 찾은 물건: 코담뱃갑, 주머니칼, 교회 신도증, "병, 보석, 요나"

상자 또는 통(하나)

밧줄, 부표, 후릿그물 조각(하나)

"아직도 향나무 향이 나"는 에일이 반쯤 담긴 병(하나)

사과가 담긴 통(스물, 2차 보고)

시신(적어도 스물아홉 구)

2013~2014년에 세인트캐서린스 섬 해초선 160제곱미터를 조사한 결과

떠다니는 발포플라스틱 덩어리(163개)

플라스틱 음료수 병(12개)

플라스틱 약병(1개)

바람이 빠져 쪼글쪼글해진 생일 축하용 비닐 풍선(2개)

공기가 차 있는 '신혼이에요' 고무풍선(1개)

공기가 찬 채 야자나무 줄기 아래 낀 라텍스 장갑(1개)

따개비 75마리가 붙어 있는 7.5리터들이 플라스틱 주스 통(1개)

네덜란드어로 "축수 엄금, 가스 흡입 금지Verwijderd houden, Gas niet inademen"라는 문구가 붙은 파랑색 플라스틱 들통(1개)

"T1 화물차용 엔진오일"이라는 문구가 붙은 검은색 플라스틱 들통(1개)

플라스틱 병뚜껑(2개)

자주색 비닐 리본(1개)

흰색 플라스틱 빨래통(1개)

짝이 맞지 않는 플라스틱 쪼리(2개)

내용물이 반쯤 차 있고 유화된 식물성 기름 "냄새가 여전히 나"는 플라스틱 마요네즈 통(1개)

플라스틱 타구唾具 병, 냄새는 확인하지 않음(1개)

밧줄이 달린 어로용 플라스틱 부표(1개)

빨간색 플라스틱 산탄총 탄알(1개)

놋쇠로 된 소총 탄피(1개)

여러 색깔과 모양의 딱딱한 플라스틱 조각(42개)

피복이 벗겨져 고무만 남은 테니스공(1개)

프로펠러에 맞거나 굶어 죽어 해변에 떠내려온 거북을 해부하여 위장에서 찾아낸 물건: 금속 낚시, 해파리 크기의 투명 비닐 가방(2개)

비닐 밧줄(3개)

가압식 방부 처리한 널빤지(5장)

유리병(2개)

녹슬었지만 쓸 만한 선박 사다리(1개)

'에센스 오브 맨' 향수 금속 스프레이 캔(1개)

고고학자들은 발굴한 유물을 가지고 풍습, 생산 형태, 종교 등을 추론한다. 사발야자나무 뿌리에서 우리는, 처음에는 나무와 유리를 남겼다가 몇십 년 만에 플라스틱 혁명을 겪은 문명의 증거를 발견했다. 플라스틱의 제조와 이동은 우리 시대 바다 쓰레기를 대표한다. 창의적인 고고학자라면 표류물에서 종교적 의미를 끌어낼지도 모른다. 어떤 인공물은 식량과 담배 제물이며, 결혼식과 성년식의 중심에 플라스틱이 있음을 보여주는 문헌 증거는 확고하다.

떠다니는 플라스틱은 바다의 살아있는 그물망을 바꿔놓는다. 거북, 새, 바다벌레의 창자가 '플라스티플랑크톤plasti-plankton'에 막히거나 찢어지거나 느려진다. 이보다는 덜 뚜렷하지만 바다의 에너지, 생명, 물질 순환에 더 중요한 영향을 미치는 것은 수십억 개의 현미경적 플라스틱 조각이다. 바다 미생물의 생장 속도와 생장 양식을 좌우하는 것은 부동성浮動性 세포 사이의 화학물질 교환이다. 안개처럼 깔린 플라스틱 입자는 전에 없던 현상으로, 미생물들의 이러한 관계를 바꾼다. 플라스틱 입자의 딱딱한 표면에서는 예전에 바다에서 마주칠 일이 거의 없던 세포들이 모여 공동체를 이룬다. 미생물 중에는 단단한 표면에서만 자라는 것도 있는데, 예전에는 이런 미생물을 대양에서 보기 힘들었으나 지금은 어디서나 볼 수 있다. 플라스틱 조각은 섬 역할을 하여 좀처럼 서로 만나지 않던 희귀종이 가까이 지내도록 한다.

몇몇 정착성colonizing 미생물은 소화성消化性 화학물질로 플라스틱 표면에 구멍을 뚫는다. 구멍이 커지면 플라스틱이 쪼개진다. 부피가 작아진 플라스틱은 다닥다닥 달라붙은 미생물의 무게를 이기지 못하여 가라앉는다. 이 과정이 아직 제대로 밝혀지진 않았지만, 미생물이 플라스틱을 해수면에서 옮기는 듯하다. 어떤 조각은 가라앉고 어떤 조각은 원래의 화학 조성으로 돌아간다. 현생 미생물은 조상이 하던 일을 이어받아 불완전하게나마 완수하고 있는지도 모른다. 석유가 생성되는 이유는 미생물이 조류藻類와 식물의 죽은 잔해를 완전히 소화하지 못하기 때문이다. 그러면 지질학적 현상이 임무를 이어받아 죽은 식물을 액체 화석으로 바꾼다. 이 화석은 인간의 손에서 플라스틱으로 전환되고 있는데, 병이나 들통으로 한 번 쓰이고는 매립지나 바다에 버려진다. 미생물이 순환의 고리를 닫을지도 모르지만, 거북과 바다벌레를 구하기에는 처리 속도가 느리다.

플라스틱이 바다의 삶을 재편하는 동안에도 해안선의 이동은 계속된다. 19세기에는 전 세계 연간 해수면 상승폭이 해마다 평균 1밀리미터에 불과했다. 하지만 지난 20년 동안 연간 상승폭이 3밀리미터로 증가했다.

지난 몇십 년 동안 우리가 지구에 가한 추가적 열의 90퍼센트는 바다에 흡수되어 깊숙이 가라앉았다. 이렇게 데워진 물은 온도계의 수은처럼 공간을 더 많이 차지한다. 향후 몇십 년을 예측컨대 바다에 버려지는 열은 틀림없이 더 증가할 것이다. 또한 빙상과 빙하가 녹으면서 바닷물의 양이 늘고 있는데, 이 같은 얼음 손실이 가속화되고 있다. 열팽창과 해빙이 어느 규모로 일어날지 정확히 예측할 수는 없지만, 몇몇 탄탄한 연구에 따르면 2100년에는 해수면이 1.5~2미터 상승할 수도 있다고 한다. 더 높이 상승하리라 예측하는 연구도 있다.

사발야자나무나 바다거북의 관점에서 보면 이것은 가까운 조상이 틀림없이 경험했을 온건한 변화다.

하지만 출렁거리는 모래 파도의 시절은 일시적으로 중단되었다. 사구는 습지를 가로질러 흐르지 못하며 섬은 뭍으로 떠내려와 새로운 모래 파도를 형성하지 못한다. 이런 지질학적 과정은 벽을 만난다. 우리는 어린 나무를 돌보는 해안림을 없애고 도로와 도시를 건설했다. 만조는 뭍에서 가져온 잡석 더미에 밀려와 부딪치고 빌딩과 아스팔트를 지키는 돌들을 희롱한다. 예전에는 강에서 바다로 흘러들던 모래가 이젠 상류로 쓸려 가 댐 앞에 쌓인다. 해변에 모래를 보충하던 연안류에서 모래가 사라지는 바람에, 침식은 계속되지만 퇴적은 중단되었다. 숨을 내쉬기만 할 뿐 들이쉬지는 않는 꼴이다. 해변은 시들어간다. 결국 바다가 이 모든 인공 풍경을 묻어버리고, 불변을 추구하는 인류의 시도를 지워버릴 테지만, 그동안 해안의 동식물은 일찍이 겪어보지 못한 위험을 맞닥뜨리고 있다.

해수면 상승 추정치가 정확하다면—지금껏 바다는 기후 모형의 과거 예측을 능가해왔다—인류는 재난을 맞을 것이다. 육지가 바다에 잠겨 전 세계 인구의 2퍼센트가 집을 잃을지도 모른다. 폭풍해일이 몰려오고 해안이 무너지면 해발 10미터 이내에 거주하는 6억 명이 피해를 입을 것이다. 앞으로 두 세대 안에 많은 사람들이 바닷물을 피해 이주해야 할 수도 있다.

소로가 바닷가를 거닐다 떠내려온 시신을 발견한 사건은 지금의 미국 해안에서는 상상하기 힘들다. 소로가 코드곶에 도착하기 이틀 전인 1849년 10월 7일에 아일랜드 골웨이를 출항한 브리그 범선이 폭풍우에 닻을 내리다 난파하여 많은 이주민이 익사했다. 소로는 서글픈 장면을 앞에 두고 희희낙락했다. “차라리 바람과 파도에 공감했”으며 아일랜드인이 “더 새로운 신대륙에 이주했”다고 믿었다. 그들이 육신을 출렁거리는 파도에 버려둔 채 환희에 차 내세의 해안에 입맞춤했으리라 생각했다. 현대인의 관점에서 소로는 냉혈한으로 보인다. 그는 아일랜드인의 가치에 대해 이중적 견해를 가졌기에 그들의 운명에 무심했을 것이다.

당시의 이민 규모와 난파 횟수도 한몫했다. 아일랜드 대기근이 일어났을 때 100만 명 이상이 미국으로 피신했는데, 1850년에 미국 인구는 2000만 명을 갓 넘은 상태였다. 소로의 시대에는 폭풍이 몰아치는 겨울 코드곶에서 두 주일에 한 척꼴로 난파 사고가 일어났다. 소로는 이렇게 묻는다. "경외심이나 동정심에 왜 시간을 낭비하는가."

플라스틱 때문에 죽은 거북이나 새가 이따금 해안으로 떠내려오기는 했지만, 사발야자나무 아래서 사람의 시신을 찾지는 못했다. 우리 해안은 소로의 해안과 동떨어진 것처럼 보인다. 하지만 실제로는 그렇지 않다. 현재의 난민 수를 급증시키는 요인은 심술궂은 감자 병과 19세기 영국 정치인이 아니라 해수면 상승 등의 새로운 이유로 인한 거주지 상실이다. 숫자에는 논란의 여지가 있다. 기후 변화로 인한 이주민 수를 정확히 조사한 적은 없기 때문이다. 하지만 대부분의 추정에 따르면 지금까지 수천만 명이 해안선 이동, 척박해진 토양, 민물 부족 등으로 거주지를 잃었으며 앞으로 이주민 수가 수억 명에 달할 것이다. 조지아만에서는 이런 현상을 거의 실감할 수 없지만, 지중해, 아덴만, 안다만해, 카나리아 제도의 해안에서는 관광객들이 이주민의 시신을 발견하고 있으며 난파 생존자들이 해변의 일광욕 의자 사이로 기어간다. 21세기 영국 정치인들은 조상의 태도를 되풀이한다. "우리는 지중해에서의 조직적 수색과 구조를 지원하지 않습니다. 이는 의도하지 않은 유인誘因을 발생시켜 더 많은 이민을 부추긴다고 믿습니다." 소로가 목격한 대량 이주와 난파의 세계가 돌아왔다.

태양, 지구, 달의 궤도를 연결하는 중력처럼, 물의 온도와 성질을 연결하는 물리 법칙은 타협을 불허한다. 남극 얼음 100리터가 녹을 때마다 물 91리터가 바다에 흘러든다. 기온이 1도 높아지면 열대 바다의 수량水量이 0.03퍼센트 증가한다. 사발야자나무는 물리 법칙에 맞서지 않았다. 오히려 모래, 염분, 조수에 작용하는 뉴턴적 힘의 틈새에서 살아갈 창의적 방법을 진화시켰다.

우리는 사발야자나무가 아니다. 파도를 타고 씨앗을 퍼뜨려 해변을 옮겨 다니지 못한다. 하지만 바다가 옛 인간 질서를 교란하는 지금이야말로 나무에 주목해야 할 때인지도 모른다. 이것은 나무를 흉내 내는 것이 아니라 해변에서의 삶을 더 깊이 이해하는 것이다. 사발야자나무는 변화에 적응하는 법을 배웠다. 내륙의 산과 들판에 적응한 나무는 사발야자나무의 상대가 되지 못한다. 사발야자나무는 모래를 붙잡고 파도의 작용에 저항하고 사구를 제자리에 붙들어 두면서 생애의 대부분을 보낸다. 세포의 염분을 제거하고 민물을 최대한 많이 저장하려 한다. 폭풍우와 산불이 닥치면 자리를 차지하여 숲을 재건한다. 하지만 탱탱하던 부챗잎과 뿌리도 결국 파도에 휩쓸리고 바닷물에 잠긴다. 그러면 사발야자나무는 해변에 목재의 묘지를 남겨두고 이동한다.

성경의 우화는 이렇게 고쳐 쓸 수 있다. 어리석은 사람은 모래 위에 집을 짓는 사람이 아니다. 잘못은 모래가 반석 같으리라고 믿는 것이다. 콘크리트를 아무리 쏟아부어도 해안을 돌로 바꿀 수는 없다. 현명한 사람은 모래 위에 집을 짓되 창의적 저항과 물러날 능력이 필요함을 아는 사람이다. 인간 사회는 지금껏 저항을 강조했지만, 선택이나 불운에 의해 두 번째 길을 택해야 하는 이들에게 도움의 손길을 내밀지 않았다. "경외심이나 동정심에 왜 시간을 낭비하는가." 이 물음에 대한 우리의 대답은 사발야자나무에게 없는 것—상호부조의 그물망—에서 찾아야 하는지도 모른다.

붉은물푸레나무

테네시 컴벌랜드 고원 셰이커래그 분지
35°12′52.1″ N, 85°54′29.3″ W

죽음 뒤에도 삶이 있지만, 이 삶은 영생이 아니다. 나무의 그물망적 속성은 죽음으로 인해 끝나지 않는다. 나무가 썩으면서, 죽은 줄기와 가지, 뿌리는 수천 가지 관계의 초점이 된다. 숲에 서식하는 생물 종의 절반 이상이 쓰러진 나무에서 먹이와 보금자리를 찾는다.

열대지방의 무른 나무는 세균, 균류, 곤충이 일으키는 빠르고 연기 없는 불길에 자신의 몸을 화장한다. 쓰러진 나무는 10년을 넘기는 일이 드물다. 잎이 무성하고 줄기가 무거워도 기껏해야 반세기를 버틸 뿐이다. 반면에 북극 근처 습지의 산성 토양과 추운 기후에서는 부패 과정이 훨씬 오래 걸린다. 그곳에 서식하는 나무는 자신의 몸을 미생물에 내어주면서 수천 년에 걸쳐 내세의 강을 건넌다. 열대지방과 극지방의 두 극단 사이에 위치한 중간 위도로 가면, 온대림에서 쓰러진 나무는 살았던 기간만큼 죽음 과정을 겪는다.

쓰러지기 전의 나무는 자신의 몸 속과 주위에서 대화를 중개하고 조절한다. 나무가 죽으면 이와 같은 적극적 중개 행위는 중단된다. 뿌리 세포는 더는 세균의 DNA에 신호를 보내지 않고, 잎은 곤충과 화학적 수다를 떨지 않으며, 균류는 숙주로부터 아무 전갈도 받지 못한다. 하지만 나무는 이 연결을 온전히 통제한 적이 없었다. 살아있을 때의 나무는 그물망의 한 부분에 불과했다. 죽음은 나무의 삶을 중심에서 밀어내지만 끝장내지는 않는다.

테네시에서는 봄철에 북극의 공기가 멕시코만의 따뜻한 습기를 밀어붙이는 거품과 부딪친다. 그 결과는 폭풍이다. 하늘에서 발생한 돌풍과 강풍이 줄기나 뿌리의 약점을 사정없이 공격한다. 이렇듯 바람에 시달리던 어느 날 숲이 우거진 바위산을 거닐다가 갓 쓰러진 거대한 붉은물푸레나무를 만났다.

3월

발소리 하나하나가 마른 소리 파편이다. 6000개의 키틴질 발이 나무껍질을 뒤적거리며 공기에 전율을 일으킨다. 곤충들은 씨름하고 짝짓기한다. 몸을 뒤틀다 뒤엉킨 채 낙엽 위로 떨어진다. 땅에서도 계속 실랑이를 벌이다가 서로 떨어져 징징 날갯짓으로 호를 그리며 나무로 날아오른다. 큰벌*wasp처럼 검은색과 노란색 줄무늬와 덩굴손 모양 더듬이가 난 이 녀석들은 내가 다가가도 겁먹지 않는다. 변장은 보호 수단이다. 이 곤충들은 사실 딱정벌레이지만, 몸의 색깔과 자신감 넘치는 행동, 날개 소리는 영락없는 말벌이다.

녀석들은 줄무늬잿빛나무좀*banded ash borer beetle이다. 이곳에서는 하루만 머문다. 짝짓기를 한 뒤에는 붉은물푸레나무 껍질에 알을 낳는다. 오늘 아침에는 나처럼 코가 둔한 사람조차 바람에 쓰러진 나무를 찾을 수 있었다. 참나무처럼 시고 칙칙한 탄닌산 내음과 갈색 설탕 냄새가 났기 때문이다. 쓰러진 지 몇 시간이 지난 지금은 상한 나무껍질 잔해의 톡 쏘는 향만 남았다. 딱정벌레들은 찢긴 나무에서 나는 이 냄새로 살아간다. 갓 쓰러진 붉은물푸레나무가 녀석들의 탁아소다. 애벌레는 껍질 밑에 틀어박힌 채 날이 돌출된 입으로 봄과 여름 내내 나무에 구멍을 뚫는다. 고운 톱밥을 삼켜 소화관으로 보내는데, 그곳에는 공생 미생물이 살고 있다. 목질을 소화하는 동료가 없다면 딱정벌레는 먹지 못한다.

통나무에 귀를 대자 푹신푹신한 나무껍질 밑에서 탁탁, 쓱쓱 소리가 들린다.

4월

칠엽수buckeye 어린나무는 붉은물푸레나무 밑동에서 자라고 있었다. 붉은물푸레나무가 바람에 쓰러지자 기회를 놓치지 않고 좌우로 1미터를 움직여 줄기를 90도 틀었다. 이제 칠엽수는 지난여름 이후로 닫혀 있던 싹을 틔우고 비늘을 벗고는 수직의 세상에 눈뜬다. 이 싹들에게는 중력이 옆으로 작용한다.

올해에 잎이 될 원기原基(구조의 기원이 같은 배세포의 원시 세포나 첫 축적물_옮긴이)가 싹 안에서 부풀어 오르고 세포 혹들이 부채꼴로 펴져 잎의 축소판을 드러낸다. 열리는 싹의 세포 안에서는 고세균의 후손이 중력 방향의 변화를 감지한다. 이제는 주머니처럼 생긴 녹말체amyloplast로 탈바꿈한 이 세균들은 15억 년 전에 식물 세포 안으로 들어왔다. 녹말체는 식물 세포의 저장고 노릇을 하며 녹말을 저장한다. 중력이 이동하면 이 녹말 만두가 구르고 늘어져 녹말체 막을 잡아당김으로써 잎의 나머지 구성원에게 신호를 보낸다. "줄기 아래의 세포: 길어질 것. 위의 세포: 가만있을 것." 줄기는 몸을 똑바로 세워 손가락 모양 잎들이 해를 향해 뻗도록 한다.

칠엽수의 생장점은 이제 곧장 위를 향한다. 이런 완벽한 감각과 반응은 식물 세포를 구성하는 여러 생물의 신호에 달렸다. 녹말체에 이상이 생기거나 세포의 나머지 부분이 신호를 무시하면 줄기는 중력을 전혀 느끼지 못한다.

5월

뽑힌 뿌리에서 41미터 떨어진 곳에 붉은물푸레나무 우듬지가 어지러이 흐트러져 있다. 눈높이까지 올라온 잔가지가 찌르고 엉켜 지나갈 수가 없다. 하지만 줄기의 틈새와 엉킨 잔가지는 캐롤라이나굴뚝새*Carolina wren에게는 훌륭한 보금자리다. 나무가 쓰러진 뒤 어느 날 캘리포니아굴뚝새 한 쌍이 덤불로 돌진하여 그 속에서 노래를 반복했다. 이제 녀석들의 생활 터전은 이곳을 중심으로 삼는다. 내가 방문할 때마다 녀석들이 찍찍, 쓱쓱 하고 운다. 날갯짓하다 가지 아래로 다이빙하여 부리에 문 각다귀를 새끼에게 가져다준다. 숲 어딜 가든 쓰러진 나무의 우듬지에서 굴뚝새 부부의 적갈색 깃털이 얽히고설킨 가지 사이로 미끄러지듯 지나다닌다. 녀석들은 새 중의 포유류요, 구멍 사냥꾼이요, 고목枯木 추적자다. 쓰러진 나무의 가지 덤불이 녀석들을 지켜준다.

6월

나무가 쓰러지면서 생긴 햇빛 탑은 숲지붕 아래와 낙엽층을 데운다. 숲의 동물은 어디가 양달인지 안다. 낙엽층은 어디나 응달이지만 이곳만은 밝고 따뜻하다. 솔새가 노래하는 어느 아침, 나는 양달에 앉아 숲을 관찰하고 있다. 한 시간쯤 지났을 때 엄지손가락만 한 황갈색 곡선이 낙엽층에서 솟아 내 의식으로 들어온다. 눈이 확 뜨인다. 조각무늬, 장갑판이 보인다. 숨이 턱 막힌다. 방울뱀이다! 통나무에 앉은 채 주의를 게을리 한 바보에게서 두 발짝 떨어진 곳에서 방울뱀이 잠들어 있다. 녀석은 마른 잎에 앉은 매미 같은 경고음을 내지 않는다. 팔뚝만 한 몸통을 말고 머리와 꼬리가 키스하고 있다. 햇빛에 바랜 단풍나무 잎과 짙은 흙색 참나무가 섞인 모양의 방울뱀은 완벽한 위장 솜씨를 자랑한다.

자세히 들여다보니 녀석의 눈이 뿌옇다. 허물 벗을 준비를 하나보다. 뱀은 허물을 벗기 전에 눈이 뿌옇게 되는 것이 정상이다. 하지만 균류

감염 때문일 가능성도 있다. 모든 동물의 피부에는 균류가 사는데, 대부분은 무해한 공생 균류다. 하지만 미국 동부와 중서부 전역에 서식하는 방울뱀 피부의 균류 공동체가 지난 5년간 변화를 겪었다. 한 균류 종이 나머지를 압도하여 방울뱀을 병들게 하거나 죽였다. 왜 이런 변화가 일어났는가는 분명하지 않다. 겨울이 따뜻해지면서 특정 균류가 우세해졌을 수도 있고, 외래종 애완용 뱀이 공격적인 새 균류 계통을 들여왔는지도 모른다.

이유가 무엇이든 방울뱀 피부병이 퍼지고 있으며, 그 결과는 알 수 없다. 방울뱀은 숲의 많은 종과 직간접적으로 연결되어 있다. 먹이인 설치류는 씨앗과 견과류를 먹고 퍼뜨린다. 설치류 개체 수가 방울뱀 감소에 어떻게 반응하느냐에 따라 나무 씨앗의 운명이 달라질 수 있다. 어쩌면 대부분이 설치류의 입으로 사라질지도 모른다. 설치류는 진드기성 질병을 옮기는 주된 매개체이기도 하기 때문에, 뱀이 줄면 조류와 포유류의 혈액에 기생생물이 증가할지도 모른다. 사람도 예외가 아니다. 올빼미와 매는 방울뱀과 같은 먹이를 잡아먹는다. 여우와 코요테도 마찬가지다. 숲 그물망에 대한 우리의 이해가 일천하기에, 뱀 개체군에 질병이 퍼지면 나머지 포식자의 수와 행동이 어떻게 달라질지 예측하기란 쉬운 일이 아니다.

이튿날 돌아와보니 녀석은 여전히 똬리를 틀고 있다. 위치만 살짝 바뀌었을 뿐 눈은 여전히 뿌옇다. 이틀이 지나자 녀석은 간데없고 낙엽층에 손바닥 크기의 자국만 남았다.

8월

꽃등에 한 마리가 사사프라스나무sassafras 잎에 앉아 꽃가루 묻은 앞다리를 닦는다. 금빛 띠를 두른 이 곤충은 나를 보자 허공으로 튀어오른다. 다리가 잎을 박차자 잎이 파르르 떨린다. 너무 잽싸게 날아서 눈으로 좇을 수는 없지만 날갯짓 소리는 벌집 옆에 있는 것만큼 크게 들린다. 줄무늬잿빛나무좀과 마찬가지로 녀석도 침이 달린 곤충의 모습과 소리를 흉내 내어 자신을 보호한다.

"소식벌*news bee." 우리가 부르는 이름이다. 녀석이 내 얼굴을 찾아 코 앞에 자리를 잡고는 소식을 전해주는 듯 나와 눈을 맞춘다. 조금 흔들리면서 벌을 닮은 웅웅 소리가 떨린다. 그러다 내뺀다. 1초에 몇 미터를 날아가 단풍나무 줄기의 얼룩에 같은 소식을 전해주더니 산비탈을 가로질러 휙 날아간다. 소식벌은 활발하고 눈이 커다란 사냥꾼으로, 숲의 늦여름 꽃을 찾아다닌다. 내 얼굴과 단풍나무 줄기는 몇 초간 쳐다볼 만큼 흥미롭기는 하지만 꿀이 없어서 녀석의 시선을 오래 붙잡아두지는 못한다.

붉은물푸레나무 줄기의 갈라진 틈새에서 이 종을 본 적이 있다. 줄기 안쪽의 썩은 구멍에 물이 고여, 물을 채운 나무 카누처럼 보였다. 처음에는 물이 꿀 색깔이었다. 며칠 지나자 진하게 우린 차 색깔이 되더니 몇 주 뒤에는 걸쭉한 죽처럼 변했다. 이 죽 위에 각다귀 애벌레, 꿈틀거리는 장구벌레, 기어다니는 굼벵이 같은 곤충 애벌레들이 자리 잡고는 걸쭉한 먹이 위를 헤엄친다. 자라면서 몇몇은 숨관 끝만 수면에 내놓은 채 물속으로 들어간다. 숨관은 굵기가 머리카락만 하며 물속을 기어다니는 애벌레를 대기와 연결한다. 녀석은 금띠소식벌*gold-banded news teller 유충인 쥐꼬리구더기rat-tailed maggot였다. 줄기 웅덩이의 쓰레기 더미에서 구더기들이 먹이를 먹는다.

이 숲에는 연못이나 호수가 하나도 없지만, 나무의 구멍과 줄기 틈새가 열대 케이폭나무의 브로멜리아드처럼 물을 저장하여 수백 종을 먹여 살린다. 죽은 나무는 숲의 물살이 서식처aquatic habitat가 된다. '소식'은 이것이다. 옹이구멍, 쪼개진 통나무, 오래된 부엽토는 모두 웅덩이이거나 습지라는 것. 각다귀에 굶주린 새끼 새, 꽃가루받이를 갈망하는 꽃, 모기에게 물린 모든 동물은 죽은 나무의 늪과 연결되어 있다.

10월

무언가가—1미터 굵기의 통나무에서 바라보는 광경인지, 발로 단단히 붙들 수 있는 나무껍질인지는 모르겠지만—포유류들을 산책길로 이끈다. 낮에는 통나무에 줄무늬다람쥐chipmunk나 다람쥐가 없을 때가 거의 없다. 밤이면 코요테, 다람쥐, 주머니쥐opossum, 우드척다람쥐woodchuck, 심지어 근육질의 아메리카스라소니bobcat까지 이 길을 이용한다. 포식자들은 앉아서 비탈을 내려다본다. 나머지는 진드기투성이 식물을 피해 활보한다. 밤마다 아메리카너구리 가족이 4열 종대로 물푸레나무 줄기를 끝에서 끝까지 오간다. 저녁에는 쓰러진 나무를 따라 우듬지에서 뿌리덩어리까지 이동하여 다시 경사를 올라가는데, 목적지는 반 시간 떨어진 마을의 쓰레기통일 것이다. 이때 밤에 돌아와 뿌리덩어리에서 우듬지로 갔다가 숲 비탈을 내려간다. 아래쪽 돌더미 어딘가에 있는 굴로 들어갔을 것이다.

짐승은 다니면서 똥을 남긴다. 통나무 꼭대기에 영역 표시를 하는 것이다. 똥 하나하나는 식단의 기록이며, 이를 통해 먹이그물을 짐작할 수 있다. 엄지손가락 크기의 축축한 똥을 살펴보니 귀뚜라미 다리, 큰벌 대가리, 잎의 펄프, 씨앗, 벌 복부, 내 손만큼 긴 유선형동물horsehair worm 한 마리가 뒤섞여 있다. 쓰러진 단풍나무의 잔가지로 즉석 집게를 만들어 여우 똥 하나를 검사한다. 소시지처럼 기다란 모양인데, 죄다 타르와 엉켜 붙은 머루 씨앗이다. 씨앗 두 개를 호주머니에 넣었다가 창턱 화분에 심는다. 싹이 트기에 잎 아래의 백랍白蠟 얼룩을 보니 이백포도pigeon grape다. 영어 이름 '비둘기포도'는 (지금은 멸종한) 나그네비둘기passenger pigeon에서 왔다. 이곳에 모인 나그네비둘기들은 온갖 종류의 식물 씨앗을 가져다 구아노 양탄자에 박았다. 발삼전나무와 마찬가지로 이곳의 식물은 후손의 전파를 동물에게 의탁한다. 이젠 배달부가 자취를 감췄다. 여우와 아메리카너구리가 나그네비둘기 수십억 마리의 몫을 해내야 한다.

똥 더미 사이로, 빛나는 주황색 조각들이 나무껍질 틈새에 놓여 있다. 골프공을 쏠고 남은 플라스틱 조각이다. 어떤 사람이 숲으로 날려 보냈으리라. 밝은 색의 이 구球는 숲에서 이빨이 날카로운 동물—아마도 장난꾸러기 새끼 코요테나 영문 모르는 다람쥐—의 치발기가 되었다.

통나무는 숲의 포유류를 한자리로 끌어들이는 동시에 숲의 미래도 자기 주위로 끌어당긴다. 씨앗이 거름 더미 속에 저장된다. 통나무가 썩으면 더 많은 영양 물질이 땅에 떨어져 싹 튼 식물을 덮어주고 양분을 공급한다. 사발야자나무 뿌리 주위의 바닷물에서처럼 플라스틱 조각이 통나무를 둘러싸고 있다. 숲의 산업 표류물인 셈이다.

11월

쪼개진 통나무 속의 진흙 물웅덩이에 기다란 스포이트를 담갔다 꺼낸다. 고무주머니를 눌러 통나무 액체 한 방울을 현미경 슬라이드에 떨어뜨리고 얇은 유리를 덮어 넓게 편다.

40배율에 맞추자 깔따구midge 다리와 나뭇조각이 보인다. 현미경의 깔쭉깔쭉한 링을 돌려 배율이 더 높은 렌즈로 갈아 끼운다. 100배율에서는 술 취한 빛의 바늘들이 시야를 왔다 갔다 한다. 물의 소용돌이에 붙들린 나뭇조각이다. 400배율로 올리니 접안경이 서로 밀치며 꿈틀거리는 세포로 가득하다. 물 한 방울에 들어 있는 생물의 수가 이 숲에 사는 나무보다 많다. 한 쌍의 공이 괘선을 따라 몸을 까딱거리며 앞뒤로 헤엄친다.

쉼표 모양 세포가 꿈틀꿈틀 순항한다. 젤리 인형이 회전한다. 슬리퍼 모양 세포가 기어다니고 그때마다 소용돌이가 인다. 거대한—반투명한 배腹 안에 들어 있는 먹이보다 50배나 큰—녀석이 휙 하고 시야에서 사라진다. 손잡이를 돌려 슬라이드를 렌즈 밑에서 꺼내 저 괴물을 직접 보려 한다. 알 모양 몸통 둘레로 물이 후광을 이루고, 빛이 꼬물거리는 털에 부딪쳐 휘어진다.

300년 전 판 레이우엔훅van Leeuwenhoek이 유리를 갈아 렌즈를 만들었다. 그는 렌즈 밑에서 '작은 동물animalcule'과 '새조개cockle'가 관찰되었다고 보고했다가 왕립학회에서 주정뱅이라고 놀림당했다. 이 현미경적 생물들은 지금도 다채로운 침묵의 어둠에서 살아간다. 이들의 대화를 엿듣는 사람은 별들의 수다를 엿듣는 사람보다 적다.

12월

나르케우스속*Narceus* 노래기가 나무껍질 사이를 쏘다니며, 기다랗게 쌓인 코르크 더미 사이로 무두질한 가죽 같은 몸통을 미끄러뜨린다. 녀석은 움직이는 동안 둥근 머리를 숙인 채 조류藻類 개울에서 먹이를 먹는다. 통나무가 노래기의 서식처이듯 노래기는 다른 생물들의 서식처다. 황갈색 진드기 두 마리가 노래기 등에 붙어 있다.

크기가 노래기 마디 너비의 10분의 1에 불과하다. 노래기가 통나무 껍질의 썩어가는 표면에서 먹이를 씹는 동안 진드기는 노래기의 외골격에서 나오는 삼출물을 홀짝홀짝 마신다. 이것은 진화적 계통으로 다져진 오래된 관계다. 이 분류군(헤테로체르코니다이Heterozerconidae)에 속한 진드기는 모두 노래기 위에서만 산다.

노래기와 진드기는 한살이를 서로 맞췄다. 늦여름에 노래기가 번식을 위해 통나무 밑으로 들어가면 진드기는 숙주에서 내려와 자기도 짝을 찾는다. 초가을이 되면 죽은 나무 밑에서 촉촉하게 젖어 있던 알에서 진드기와 노래기의 새끼가 부화한다. 보금자리 삼을 죽은 나무가 없으면 둘 다 숲에서 살아갈 수 없다.

1월

뽑혀나간 물푸레나무 뿌리덩어리가 내 머리만 하다. 잘린 뿌리가—사람 허벅지만큼 굵은 것도 있다—진흙 덩어리 위로 삐죽 솟았다. 겨울 서리가 바람에 날려 온 나무 씨앗을 이 헐벗은 흙에 붙들어두고서, 봄에 어떤 싹이 틀지 알려준다.

설탕단풍나무sugar maple 헬리콥터의 'V' 모양 날개는 몇 달간 바람과 비와 (이제는) 얼음에 찢기고 쓸린 탓에 털갈이하는 독수리처럼 너덜너덜하다. 붉은느릅나무*red elm 열매는 반쯤 썩은 종잇조각으로 렌즈콩lentil 처럼 생긴 씨앗을 감싼 모양이다. 단검처럼 생긴 튤립나무tulip tree 열매는 이번 주에 우듬지의 단단한 송이에서 떨어져 아직 조금도 썩지 않았다. 단검의 날마다 길게 홈이 파여 있는데, 위로 쳐든 끄트머리에 씨앗이 들어 있다. 이런 토종 식물 사이사이로, 가운데가 부푼 바삭바삭한 기둥 모양의 외래종 씨앗이 누워 있다. 가죽나무속*Ailanthus* 으로, 동아시아에서 왔다.

씨앗에서 뿌리가 나면 흙에 화학물질을 스며들게 하여 제 뿌리 이외의 모든 뿌리를 중독시킨다. 어린나무의 뿌리는 토종 나무가 모르는 언어로 토양 미생물과 대화하며, 흙에서 질소를 더 많이 짜내라고 세균을 부추긴다. 줄기는 무럭무럭 자라 경쟁자들에게 그늘을 드리운다. 가죽나무는 어떤 연결은 제거하고 어떤 연결은 강화하는 식으로 흙 공동체를 재편하여 미국 활엽수림의 빈자리를 잽싸게 차지했다.

2월

저녁 식사 광경

가르랑거리는 고양이　　솜털딱따구리downy woodpecker

취해서 인사불성인 악단 드러머　　큰솜털딱따구리hairy woodpecker

삼중주, 사중주 나팔 소리　　붉은배딱따구리red-bellied woodpecker

나무 자를 탕 하고 튕기면서 아무 데나 두드리기　　붉은배딱따구리

헐거운 널빤지에 한가로이 못을 박는 노인　　도가머리딱따구리 Pileated woodpecker

뛰는 가슴이 웅웅거리는 고동으로 잦아들다　　노란배즙빨기딱따구리*yellow-bellied sapsucker

1890년대 목재 전화 신호기　　쇠부리딱따구리*northern flicker

나무에 꽂히는 납 탄알　　흰가슴동고비*white-breasted nuthatch

가죽을 찌르는 집게　　캐롤라이나박새Carolina chickadee

가죽을 찌르는 십자드라이버　　댕기박새tufted titmouse

샤프심이 책 페이지를 찌르고 뒤틀고 넘겼다. 멈추지 않는 격렬한 편집　　갈색나무타기brown creeper

이상은 딱정벌레 유충, 왕개미carpenter ant, 호박달팽이*bark snail를 불안하게 하는 진동이다. 나는 나무줄기에 머리를 기대고 있다. 20미터 떨어진 곳에서 딱따구리가 구멍을 뚫는다. 내부를 통해 전해지는 소리가 마치 귀를 대고 있는 나무껍질 바로 밑에서 들리는 듯하다. 녀석이 일으키는 진동은 나무 전체에 울려 퍼져 모든 곤충에게 포식자의 존재를 알린다.

이 새들은 나무껍질 틈새의 전문가다. 날름 내미는 혀와 휙휙 찌르

는 부리로 나무 속 딱정벌레 유충의 보금자리를 유린한다. 다른 나무로 옮겨 가면 껍질 밑에 귀를 기울이고 곤충의 존재를 알리는 소리를 찾는다.

딱정벌레 유충과 새 둘 다 죽은 붉은물푸레나무에서 먹이를 구한다. 나무의 섬유소에 저장된 햇빛은 처음에는 딱정벌레 유충의 살에, 다음으로는 새의 모래주머니에 흘러든다. 알밴 목을 움직여 나무껍질을 두드리는 부리의 힘은 붉은물푸레나무의 에너지에서 비롯한다. 숲 속으로 길게 내쉬는 마지막 날숨.

첫돌

나무가 쓰러져 숲지붕이 찢기면 양달과 응달이 바뀐다. 광자光子를 1년 동안 넉넉히 받고 나자 조그만 풀이 덤불로 자랐다. 숲의 다른 지역에서는 노루삼baneberry, 꿩의다리아재비blue cohosh, 워터리프waterleaf가 그늘에 찔끔 비치는 햇빛을 마시며 내 발목을 간질인다. 이곳 식물은 뿌리와 줄기가 튼실해서 사이로 지나가려면 팔을 쳐들어야 한다. 초록색에 숨이 막힐 것 같다. 한 발짝 내디딜 때마다 짓이겨진 잎의 내음이 풍긴다. 식물이 무성하여 숲바닥이 보이지 않기에, 방울뱀을 떠올리며 조심조심 발을 움직인다.

어린나무와 떨기나무도 빛을 향해 솟구친다. 흰꼬리사슴white-tailed deer은 쓰러진 붉은물푸레나무 주변을 즐겨 찾는다. 벼락출세한 미국생강나무spicebush, 느릅나무, 가죽나무, 칠엽수 어린나무 사이가 녀석의 잠자리다. 식물들은 근사하게 위로 뻗은 가지를 뽐낸다. 나는 이제 이곳을 찾을 때마다 킁킁 콧소리를 내어 사슴을 먹이와 보금자리에서 쫓아낸다.

100미터 떨어진 곳에 너비가 커다란 문만 한 미국참나무white oak가 쓰러져 있다. 사정없이 무너지면서 털썩 소리가 났다. 뿌리는 20미터 밖까지 흙을 뿌리며 포탄 구덩이 같은 구멍을 남겼다. 또 다른 거목 설탕단풍나무도 같은 날 몰아친 봄 폭풍에 쓰러졌다. 온전한 뿌리에 붙은 밑동만 남기고 줄기가 대부분 아래로 꺾였다. 똑바로 선 조각들은 연필만큼 가늘지만 내 팔이 닿지 않을 만큼 높다. 쪼개진 나무를 손으로 문지르면서 튀어나온 부분을 뽑을 때마다 낮게 웅 소리가 난다.

붉은물푸레나무와 마찬가지로 두 고목高木도 쓰러지면서 숲지붕에 구멍을 냈다. 둘 다 폭풍에 통나무가 갈라졌다. 이제 숲의 뭇 생명이 들어가 잔치를 벌일 것이다. 높이서 내려다보면 이런 도목倒木은 숲에 무작위로 뿌려진 점처럼 보인다. 하나하나가 숲 생명의 고갱이다. 시간이 흐르면서 각 점의 생명이 점차 주변으로 퍼져 나간다.

숲 통계에 따르면 전 세계 숲에는 도목 73페타그램(73억 톤)이 있다고 한다. 이는 숲의 5분의 1에 해당한다. 더는 생전의 모습을 알아볼 수 없는 죽은 유기물이 되어 흙으로 돌아간 나무의 양은 살아있는 나무를 능가한다.

두 돌

이쑤시개만큼 길고 가는 돌기 수백 가닥이 붉은물푸레나무 표면에 다닥다닥 돋아 있다. 각 융기는 나무껍질 틈의 송곳 구멍에서 솟았다. 하나를 건드리자 담배에 붙은 재처럼 가루가 되어 흩어진다. 나무에 귀를 대어보지만 아무 소리도 들리지 않는다. 청진기와 마이크를 대어 봐도, 이 가느다란 톱밥 대롱이 만들어지는 목공실이 너무 깊숙하고 장인의 구기口器가 너무 작아서 소리가 나무껍질을 뚫지 못한다.

포슬포슬한 융기는 천공충穿孔蟲의 작품이다. 녀석은 양균천공충ambrosia beetle으로, 몸이 참깨 씨앗 반만 하다. 녀석들은 나무에 올 때 도우미를 데리고 왔다. 양균천공충은 가슴의 주머니에 균류와 세균 덩어리를 가지고 다닌다. 이 도우미들이 목질부를 녀석이 먹을 수 있는 음식으로 바꾼다.

물푸레나무천공충*bark ash borer을 비롯한 여느 나무좀bark beetle은 나무껍질과 목질부 사이의 연한 조직 층을 먹지만, 양균천공충은 통나무 깊숙이 구멍을 판다. 나뭇고갱이까지 곧장 바늘구멍을 뚫고 들어가면서 균류와 세균을 부려놓는다. 양균천공충은 농부다. 굴은 고랑이요, 균류와 세균은 염소, 양, 소다. 이 현미경적 가축은 목질부를 씹어 소화한 뒤에 영양소를 몸 안에 저장한다. 그러면 양균천공충이 돌아와 '고기'를 잡는다. 살찌운 균류와 세균은 대부분 먹어치우지만 일부는 통나무 해체 작업을 계속하도록 남겨둔다. 이 동굴 목장은 인간의 농장보다 6000만 년 오래되었다. 그 덕에 완벽한 상호 의존을 달성할 수 있었다.

이 관계가 끊어지면 암브로시아균류ambrosia fungus와 양균천공충은 죽는다. 다른 균류 종도 개척자 양균천공충을 따라 나무 속으로 들어갔다. 녀석들은 굴을 통해 안에서부터 통나무를 침공했다. 이번 주에 몇몇 균류가 통나무 밖으로 머리를 내밀고 껍질 밖으로 나왔다.

어슴푸레하게 모습을 드러낸 첫 번째 녀석은 촉촉한 갈색 갓에 가장자리가 크림색인 구름버섯turkey tail fungus이다. 또 다른 녀석은 버터 같은 노란색에 납작한 초승달 모양이다. 옆에는 황갈색, 호두색, 솜털 같은 하얀색이 줄무늬를 이룬 선반이 있다. 이 선반과 알은 나무 속으로 가지를 뻗은 균류 몸체가 밖으로 드러나 홀씨를 뿌리는 부위다. 홀씨 하나하나는 인체 세포 무게의 1000분의 1밖에 안 되어서, 돌풍이 불거나 곤충이 지나가거나 잔가지가 떨어지기만 해도 탈출 메커니즘이 작동한다. 그 뒤에 홀씨가 알맞은 목질 표면에 내려앉으면 번식체propagule(생물의 번식과 분포를 위해서 포자, 열매, 과일 혹은 식물과 미생물들이 취하고 있는 기능적 구조_옮긴이)가 깨어 굴을 판다. 생장하는 균류는 소화효소를 이용하여 목질부를 당질 화학 성분으로 쪼개면서 새집 속으로 파고든다.

몇 주 지나지 않아 붉은물푸레나무의 구름버섯 위로 다른 생물들이 기어다니며 먹이를 먹을 것이다. 곤충 수백 종의 새끼가 균류 선반과 썩어가는 나무 속에서 산다. 딱정벌레, 나방, 파리 중 일부는 썩은 나무의 균류만을 보금자리로 삼는다.

기억, 대화, 연결로 가득한 존재—사람, 나무, 박새—가 죽으면 생명의 그물망이 지능과 생명의 중심축을 잃는다. 망자와 밀접하게 연결된 이들에게는 이 손실이 뼈아프다. 숲에서는 비탄의 생태학적 형상이 펼쳐진다. 나무가 죽으면 그에 의존하던 생물은 자신에게 생명을 준 관계를 잃는다. 나무의 동반자와 적 모두 살아있는 나무를 새로 찾아야 한다. 그러지 못하면 죽는다. 이 관계에 간직된, 숲에 대한 이해도 대부분 사라진다. 나무가 숲의 한 자리에서 평생 습득한 지식—빛, 물, 바람, 살아있는 공동체의 성질—도 없어진다.

하지만 죽은 나무는 자신의 몸 속과 주위에서 새로운 생명의 촉매가 됨으로써 새로운 연결과, (그럼으로써) 새로운 생명을 만들어낸다. 이 창조 과정은 교훈적이거나 명령적이지 않다. 나무는 자신이 아는 것을 전수하여 새로운 버전을 재창조하지 않는다. 죽음은 나무 안팎에서 수천의 상호작용을 만들어내는데, 그 하나하나에서 생태적 기회가 열린다. 관리되지 않고 통제되지 않는 이 다수성에서 새로운 관계에 담긴 새로운 지식으로 이루어진 새로운 숲이 생겨난다. 죽은 나무는 피뢰침처럼 주변의 잠재력을 자신의 몸으로 끌어당기며 흩어진 것을 집중하고 강화한다. 하지만 이 벼락은 땅으로 흘러들어 사라지지 않는다. 뭇 생명은 죽은 나무의 밀접한 연결들을 통해 살아가며 활력과 표현의 다양성을 증가시킨다.

우리의 언어는 나무의 이러한 내세를 깨닫는 일에 서툴다. '부패, 분해, 고목枯木, 죽은 나무' 같은 헐거운 단어로는 이 생생한 과정을 묘사할 수 없다. 부패는 가능성의 폭발이다. 분해는 살아있는 공동체의 재구성이다. 고목은 새 생명의 용광로다. 죽은 나무는 활기찬 창조성이며 '자아'를 그물망에 내려놓음으로써 소생한다.

막간: 삼지닥나무

일본 에치젠
35°54′24.5″ N, 136°15′12.0″ E

언어 문제로 성지순례가 늦어졌다. 지도와 암기한 일본어 문구는 기차역의 택시 승차장에서 아무짝에도 쓸모가 없었다. 신사는 멀지 않았으나, 내가 '가미神'라고 말해도 기사는 어리둥절해 할 뿐이었다. 절에서 하듯 한 걸음 물러나 두 번 박수치고 절한 뒤에야 기사의 이마에서 주름이 펴지고 미소가 떠올랐다. 우리는 논을 가로질러 산을 향해 달렸다. 기사는 나를 비탈 기슭에 있는 지조신紙祖神의 집 문턱에 떨어뜨렸다. 이 마지막 여정의 값은 삼지닥나무ミツマタ 껍질과 마닐라삼abaca 잎의 섬유로 만든 펄프 석 장이었다. 종이 표면에는 세균학자의 초상화, 후지산, 벚꽃이 그려져 있다. 면과 아마포의 질긴 천으로 만들어 흐물흐물한 앤드루 잭슨Andrew Jackson 지폐와 달리 밝은 색의 일본 지폐는 여러 번 구부려도 빳빳하다.

도리이鳥居(신사의 입구_옮긴이)를 지나 금박 입힌 포석鋪石을 걸어 신전으로 향했다. 은행 껍질로 바닥이 부드러웠다. 하지만 지조신을 만나기 전에 찬물이 담긴 약수터에서 발을 멈췄다. 제지 공예도 같은 과정을 거친다. 종이를 만들려면 우선 찬물에 담가야 하기 때문이다. 신사마다 정화수가 있지만, 지조신 가와카미 고젠川上御前의 집인 이곳의 약수는 종이의 탄생과 지속을 위한 원천이다. 가와카미 고젠은 어디 출신이냐는 물음에 이렇게만 대답했다고 한다. "강 위쪽에서 왔어요." 도리이의 현판에 새겨진 두 신사의 이름(오타키·오카모토)에는 물과 산이 들어 있다. 오타키大瀧, 큰大 폭포瀧. 오카모토岡本, 언덕岡과 책本. 두 신사는 가와카미 고젠이 등장하기 전부터 있었으므로, 그녀의 이야기는 역사인지 전설인지 모호하다. 그녀의 지식도 오래된 이야기다. 제지술은 중국에서 한국을 거쳐 7세기 불교와 함께 일본에 전래되었다.

삼지닥나무 속껍질을 짓이겨 물에 넣으면 식물 세포에서 섬유 가닥이 떨어져 나와 떠다닌다. 섬유소 분자 하나하나는 당의 가닥으로, 최대 15,000개가 사슬로 연결되어 있다. 이 가닥은 물과 닥풀 뿌리 점액에 뜬 채 서로 엮이고 짜인다. 찬물은 발효를 방지하여 점성이 있는 현탁액을 만드는데, 여기서 최상의 종이가 나온다. 에치젠의 언덕들은 농사에는 알맞지 않을지 모르나, 가와카미 고젠은 산지山地에 맞는 공예술을 전해주었다. 나무조차 따뜻한 골짜기에 비해 섬유가 길어서 질기고 윤기 나는 종이를 만들 수 있다. 에치젠은 일본 제지업의 중심지가 되었으며 다이묘, 쇼군, 정부에 종이를 독점 공급했다. 물과 섬유가 담긴 이 통으로부터 일본은 문자 문화를 만들어냈다. 훗날 서양과 교역이 시작되자 종이는 유럽으로 전해졌다. 유럽의 제지술은 아시아보다 1000년 뒤처져 있었다. 렘브란트는 동판화를 찍을 때 일본 종이를 즐겨 썼다. 아마도 에치젠산이었을 것이다.

고운 체로 물을 뜨면 섬유소가 미로를 이루고 있는데, 이것을 펴면 엉킨 가닥들이 고정된다. 물에 담갔다 뺐다를 반복하여 종이 표면에 광택을 낸다. 살아있는 식물 세포 안에서 물을 붙잡아두는 모세관 작용이 식물 섬유를 빨아들이고 편다. 압착기로 누르면 물이 종이에서 빠져나온다. 젖은 종이는 수분을 잃으면서 질겨진다. 마지막으로, 물이 빠져나가면서 섬유소를 가까이 잡아당겨 식물의 원자가 다른 원자를 만나 원자 대 원자로 결합된다.

종이는 물이기도 하고 물의 없음이기도 하다. 물리적 존재로서는 증발해 사라졌지만 종이 속의 모든 전기화학적 연결에 남아 있기 때문이다. 종이를 붙들어두는 대전된 원자의 결합에는 수십억의 '가미'가 산다. 택시기사가 어리둥절할 만도 했다. 이곳은 제지공으로 가득한 마을이니 말이다. 신, かみ, 神. 종이, かみ, 紙. 둘 다 '가미'로 음이 같다. 우리의 혀와 귀에서 가와카미 고젠은 자신의 신적 속성을 드러낸다. 세속의 종이 한 장 한 장에는 성스러운 신사에 깃든 보이지 않는 에너지가 담겨 있다.

산꼭대기에 있는 위쪽 신전은 규모가 작으며, 1년 내내 보호용 천막으로 싸여 있다. 축제일에만 천막을 걷는다. 가와카미 고젠의 신상神像을 황금 가마에 태워 마을을 통과하는데, 며칠에 걸쳐 제지 공방을 들르며 축일을 기념한다. 아래쪽 신전은 마을과 산비탈이 만나는 곳에 있다. 배전拜殿 뒤에는 오직 신에게 예배드리기 위한 내실인 본전本殿이 있다. 신전 주위로는 벽으로 둘러싸이고 이끼가 깔린 뜰이 있다. 길가에 걸린 등을 따라 걸으면 도리이에 도착한다. 신사 주변에는 우림의 케이폭나무만큼 키 큰 삼나무Cryptomeria 고목古木이 자란다. 이 나무들을 보면 가와카미 고젠보다 몇백 년 전에 이곳에 살았던 오타키 승병의 창과 기개가 연상된다.

아래쪽 신전의 나무 벽에는 둥지를 튼 새, 용, 잎, 꽃, 도토리가 새겨져 있다. 나는 이 숲에서 몇 시간이고 눈을 떼지 못한다. 불전함에서 본전 후미까지 솟아오른 세 개의 지붕에서는 휘어진 널빤지와 나무껍질 지붕널이 파도치듯 출렁거린다. 이 숲속 건축물은 역설에 의존한다. 신전이 똑바로 서 있을 수 있는 것은 제지공이 파괴해야만 하는 바로 그 분자 덕이니 말이다. 목질소(받침대와 고리로 목재에 강도를 부여하는 딱딱한 분자)가 없으면 잔가지는 하늘하늘한 가닥에 불과할 것이고 줄기는 무게를 전혀 지탱하지 못할 것이다. 하지만 목질소는 물을 튕겨내고 분자를 접착하기 때문에, 종이를 만드는 데 방해가 된다. 전통 장인들은 잿물과 석회수를 이용하여 젖은 종이 펄프에서 목질소를 뽑아낸다. 현대의 제지 공장에서는 톡 쏘는 황으로 같은 일을 한다. 전 세계적으로 나무는 목욕재계한 뒤에야 지조신을 맞아들인다.

목조각에서는 나무의 내적 성질이 미술가의 외적 디자인과 만난다.

종이에서도 만남이 이루어지지만, 이것은 분자와 분자의 만남이다. 제지술의 관건은 섬유와 물을 이해하고 다루는 것이다. 나무와 미술가 둘 다 섬세한 자국을 남긴다. 몇몇 종이는 잎, 섬유 가닥, 비침무늬 같은 장식이 있어서 내적 성질을 표면으로 드러내지만, 대부분의 종이는 손가락 끝과 귀로만 그 성질을 알 수 있다.

위조지폐는 질감이 진폐와 다르다. 위폐범들은 나무 종과 물의 정확한 혼합 비율을 알아내기 힘들다. 은행원과 조폐공은 손가락으로 종이를 어루만지며 갈라지는 소리와 이어지는 소리로 지폐의 나이와 기원을 안다. 지폐 감정가가 듣는 것은 종이의 기원이다.

나는 면으로 만든 편지지를 귀에 대고 표면을 쓰다듬는다. 보송보송한 잎처럼, 뻣뻣한 잎몸에서 고운 모래를 갈퀴로 긁을 때처럼 부드러운 소리가 난다. 손가락을 재게 놀리자 금속 날로 얼음 지치는 소리가 난다.

야생 산닥나무Wikstroemia 덤불의 섬유로 만든 일본 종이 안피지雁皮紙는 종이의 '귀족'으로, 수작업으로 만들며 최상의 석판 인쇄나 가장 값비싼 창호지에 쓰인다. 매끈한 뼈대를 손가락으로 쓸어봐도 거의 소리가 나지 않으며, 그나마 들리는 소리는 높고 일정하다.

두 종류의 닥종이에서는 준비 과정의 차이가 소리로 나타난다. 첫 번째 닥종이는 섬유를 두드리지 않고 만들었다. 만지자 탁탁, 훽훽 소리가 난다.

구부러진 흰 섬유 수백 가닥이 나란히 들어 있어서 손가락 각도에 따라 소리 질감이 달라진다. 두 번째 닥종이는 섬유를 흠씬 두드려 만들었다. 이렇게 제작된 곱고 질긴 종이를 어루만지자 웅웅, 가르랑 소리가 난다. 고운 가루를 만지듯 마찰의 기미가 느껴진다.

화장지. 조용한 눈물. 섬유는 납작하고 개수가 적으며 결합이 쉽게 헐거워진다.

신문지는 건조한 날에는 빳빳하지만, 습한 공기가 침투하여 조직이 느슨해지면 축 처져 구겨지며, 아열대의 안개 속에 일주일을 놓아두면 소리를 잃어버린다.

종이 세계의 훈련 교관은 복사기와 프린터의 율동적인 장전음裝塡音에서 모습을 드러낸다. 종이는 건드리면 소리를 지르며 사방으로 질기다. 균일한 코팅은 내부의 섬유소를 안정시킨다.

인적 없는 거리를 걸어서 역으로 돌아갔다. 노인 몇이 집 뒤에 무를 널고 있었다. 한 남자가 닥나무 껍질을 외바퀴 손수레에 싣고 지나갔다. 언덕이 멀어져 희미하게 보일 때쯤에야 거리가 차량으로 북적였다. 나는 쇼핑센터와 고속도로를 지나 걸었다. 19세기에는 일본에 제지 공방이 7만 곳 가까이 있었으나 지금은 300곳도 채 남지 않았다. 종이 사용량은 전보다 많아졌지만 — 연간 4억 톤가량으로 1980년대의 두 배를 넘는다—종이의 시대는 우리의 의식에서 저물어간다. 산업 시대에는 종이가 표면에 잉크로 쓰인 메시지에 밀려 시야에서 사라지다시피 했다.

하지만 모두의 시야에서 사라진 것은 아니다.

미술가, 인쇄업자, 제지업자는 '가미'의 소리를 듣는다. 청첩장, 방명록, 출생 카드 같은 의례에도 지조신의 흔적이 남아 있다. 여기에 손으로 글씨를 쓰면서 우리는 종이의 의미를 듣고 느낀다.

수단과 보스니아를 탈출한 난민들은 도망치는 중에도 종이를 소중히 간직했다고 내게 말했다. 그들은 종이를 센티미터 단위로 아껴 썼다. 한 글자 한 글자가 표현의 기쁨이자 보물의 상실이었다.

에너지 잡아먹는 공장과 전자 기기 화면이 한물가면, 지금의 시대는 손으로 만든 화지和紙, 안피지, 면지棉紙, 닥종이에, 가와카미 고젠의 물과 섬유에 기록될 것이다.

2부

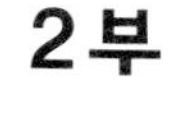

개암나무

스코틀랜드 사우스퀸스페리
55°59′27.4″ N, 3°25′09.3″ W

나무의 잔해는 비닐에 싸인 채 골판지 관에 들어 있다. 보관함에는 표본 이름과 위치 부호가 표시되어 있다. 안에는 숯, 뼈, 견과 껍데기의 이름표가 붙은 주머니가 순서대로 놓여 있다. 숯 주머니를 들어 지퍼를 연다. 커다란 주머니를 채운 것은 표본 번호대로 배치된 손바닥 크기의 투명 봉지다. 찐득찐득하고 쪼글쪼글해진 봉지를 꺼내자 부스럭 소리가 난다. 나무의 조각 수만 개가 수백 시간의 노동으로 분류되어 숫자와 이름 순서대로 담겨 있다.

많은 봉지 중에서 'Charcoal-302-130'을 집어 밀폐용 지퍼를 벌려 연다. 봉지를 유리판 위에 기울여 시키면 숯 덩어리를 떨어뜨린다. 덩어리는 풀썩 내려앉아 현미경의 쌍둥이 조명 아래로 무대에 홀로 선다. 맨눈으로 본 표본은 불규칙한 정육면체로, 각 변의 길이가 사람 손톱만 하다. 오래된 나뭇조각이긴 하지만, 몇 분 전에 꺼뜨린 모닥불 잔해만큼 신선하다. 현미경에 눈을 대자, 통짜 숯처럼 보이던 것이 규칙적 균열로 갈라진 절벽 지형으로 탈바꿈한다. 이 골은 목질부 안에 있는 세포의 고리가 타고 남은 것이다. 불은 얇은 벽의 목질부를 태우고 흑화된 박판을 남겼다. 골은 숯 몸통을 곡선으로 파 들어갔으며, 곡선이 많이 구부러진 것으로 보건대 작은 가지였을 것이다. 확대하여 밝은 빛을 비춰보니 은색 반점이 박혀 있다. 부석浮石처럼 검은 배경 위에 흩뿌려진 매끄러운 표면이 반사된 것이다.

철저히 조사 분석하려면 숯을 분쇄하거나 박리해야 하지만, 그러지 않는다. 슬라이드에 올릴 박편을 떼어내지 않고서도 나무 특유의 표시를 확인할 수 있다. 나이테는 잔물결을 이룬다. 숨구멍은 목질부 전체에 고르게 퍼져 있으며 봄과 여름에 생긴 세포들 사이의 각 고리 안에서는 뚜렷한 차이가 나지 않는다. 나이테와 수직을 이루는 방사조직(관다발 내에 방사방향으로 수평하게 뻗어 있는 가늘고 긴 조직_옮긴이)은 여러 개가 뭉쳐 굵은 줄을 이루었다. 이 표시는 서양개암나무European hazel의 나무 지문으로, DNA 검사나 잎의 해부 구조 조사만큼 정확하다. 불구덩이 잔해에서 이 표본을 파낸 고고학자들이 더 세밀하게 분석했더니 뚜렷한 특징들이 드러났는데, 각 관다발에 들어 있는 방사조직의 수, 물관 세포 끝에서 길게 늘어난 구멍, 이 구멍을 가로지르는 5~10개의 지지대 등은 이것이 개암나무임을 시사했다. 일부 숯에 남아 있는 균사체의 흔적은 나무가 타기 전에 썩기 시작했다는 증거다. 보관함에 들어 있는 숯 수천 개의 지문이 똑같다. 이 숯을 만들려고 불을 놓은 사람은 개암나무만 쓴 것이 틀림없다.

숯 봉지에는 조각이 한 개 아니면 대여섯 개 들어 있지만, 견과 껍데기 봉지에는 수백 개가 들어 있다. 'Nutshell-302-231' 봉지를 열어 기울이자 동전 항아리를 탁자에 붓듯 촬촬 소리가 난다. 견과의 정체는 현미경으로 보지 않아도 분명하다. 역시나 서양개암나무다. 납작한 꼭지 부분, 바닥이 뭉툭한 공 모양 껍데기, 매끄러운 깍정이. 깍정이가 불탄 자리는 가리비 모양 껍질에 골이 죽 파여 있다. 열매의 황갈색마저도, 그을리긴 했지만 여전히 남아 있다. 표본은 껍데기가 온전한 것이 하나도 없다. 모든 열매가 네 조각이나 여덟 조각으로 으깨졌다. 열매가 땅에 떨어지기 전에 누군가 일일이 손질했을 것이다.

나무는 해마다 이산화탄소 기체를 모아 자신의 몸을 만들기 때문에, 잔가지와 견과 껍데기에는 나무가 자라던 해의 지문이 찍혀 있다. 이 지문은 탄소 원자의 형태로 쓰여 있다. 견과 껍데기 속의 방사성 탄소-14는 예측 가능한 속도로 조금씩 붕괴하기 때문에 시계 대신 쓸 수 있다. 처음에 견과 껍데기에 들어 있던 탄소-14의 양은 여느 생물과 마찬가지로 대기 중의 양과 같다. 그러다 방사성 탄소가 질소로 바뀌면서, 모래시계에서 모래가 흘러내리듯 탄소-14의 양이 감소한다. 약 5만 년이 지나면 원래의 탄소-14가 모두 사라지고 모래시계가 텅 빈다. 그때까지는 방사성 탄소 연대 측정법이 죽은 생물의 시대를 알아내는 최선의 방법이다.

탄소 측정 연대를 알려진 시대의 나무 나이테로 보정하면 모래시계의 정확도를 높일 수 있다. 나이테의 너비에는 풍년과 흉년의 주기가 기록되어 있는데, 일반적으로 습한 해에는 넓고 가문 해에는 좁다. 나이테가 들려주는 이야기를 종합하면, 기후가 어떻게 변동했고 대기 중 탄소-14 함량이 어떻게 달라졌는지 알 수 있다. 식물학자들은 늪에 묻힌 고목枯木을 조사하여 수만 년 전까지 거슬러 올라가는 나이테 기록을 재구성할 수 있다. 핵물리학자가 측정한 탄소-14 양과 현미경 관찰을 조합하면 매우 정밀한 시계가 된다. 그리하여 내가 들고 있던 봉지 안의 견과 껍데기는 옥스퍼드 대학 실험실로 보내졌다. 그곳에서는 탄소 원자에 금속 세슘 이온으로 폭격을 퍼붓고는 250만 볼트의 에너지를 가한 가속실에서 가속했다. 이 정전기적 힘은 기화된 견과 껍데기를 빔으로 집중시켜 센서로 보낸다. 탄소 원자가 알려준 답을 나이테로 보정했더니 기원전 8354년, 즉 지금으로부터 10,369년 전으로 추정되었다. 오차 범위는 78년이다.

그날 도로가 밀리고 다리가 낡지만 않았다면, 내가 에든버러의 헤들랜드 고고학Headland Archaeology 사社 사무실에서 조사한 견과 껍데기와 잔가지는 스코틀랜드 사우스퀸스페리에 있는 교외 애견 공원에 여전히 묻혀 있었을 것이다. '퀸스페리Queensferry'라는 이름에서 이 지역의 교통이 심상치 않음을 짐작할 수 있다. 이곳은 원래 스코틀랜드 남부를 가르는 넓은 강어귀인 포스만을 북쪽으로 마주하고 있어 통행이 막혀 있었는데, 마르그레트 여왕이 북부의 수도원으로 순례를 떠나는 사람들을 위해 강어귀에서 너비가 가장 좁은 곳을 찾아 연락선 운항을 시작했다. 연락선은 여왕의 시대 이후로 1000년 가까이 노스퀸스페리와 사우스퀸스페리를 연결했다. 그 뒤에 포스만 철교가 1890년에 개통되었고 1964년에는 도로 교량이 건설되었다. 오늘날은 연락선이 다니지 않으며 교량은 미래의 하중을 견디기에 부적합하여 이용률이 예측을 훨씬 밑돈다. 새 다리가 필요하다. 그러려면 토대를 파야 한다.

21세기 스코틀랜드 최대의 토목 공사인 퀸스페리 크로싱 교량 건설 사업단에서는 교외 애견 공원에 불도저와 고고학자를 보냈다. 스코틀랜드에서는 도로 건설 공사를 할 때마다 초기 농경 정착지 유적, 중세 타운, 빅토리아 시대 공업 설비가 발굴된다. 그래서 도로 건설 계획을 세울 때 고고학 조사에 시간을 할애하는데, 운전자들에게는 짜증스러운 일이지만 과거를 탐구하고 배우고 싶은 사람들에게는 반가운 일이다. 퀸스페리에서의 발굴은 생산적이었다. 겉흙을 벗겨내자 포스만의 비탈진 강둑에서 스코틀랜드 최고最古의 인공 구조물 유적이 발견되었다. 빙기 끝무렵 중석기인들이 지은 것이었다.

1만 년이 지난 지금, 빙하는 사라진 지 오래지만 빙기가 바싹 다가온 듯하다. 화창한 여름날에 바람이 나무를 뒤흔들고 포스만에 흰 물결을 일으킨다. 교각 기초를 물 아래로 매립하는 공사 현장에서는 쿵쿵 소리가 규칙적으로 들린다. 아이더오리eider duck가 강기슭에서 그르렁그르렁 부리질을 하며 들판의 개울 하구에서 쉰다. 중석기인이 살았던 위쪽 비탈에서는 바람이 윙윙 비명을 지른다. 풀밭종다리meadow pipit의 높은 노랫소리가 반복적으로 바느질하듯 공기를 가른다. 돌풍은 나의 균형을 흐트러뜨릴 만큼 세차지만 녀석은 들판 위 10미터 높이에서 안정된 호를 그리며 노래 부른다. 겨울에는 북해에서 불어오는 진눈깨비 섞인 바람이 모자와 재킷에 한기를 불어넣는다. 기러기와 오리가 강풍에 맞서 포스강 상류로 날아간다. 녀석들은 북부의 새다. 풀밭종다리, 기러기, 아이더오리는 1만 년 전부터 이곳에 살았을 것이다. 하지만 오늘날은 중석기 시대보다 기후가 온난하다. 중석기 시대 스코틀랜드의 기후와 더 비슷한 것은 현대의 북부 스칸디나비아다. 그러니 이곳에 정착한 첫 인류의 집터가 튼튼한 피난처와 바람막이 둔덕으로 이루어진 것은 놀랄 일이 아니다.

굵은 통나무가 들어갈 만큼 커다랗고 안쪽으로 기울어진 구멍 아홉 개가 가장 큰 구조물의 타원형 벽을 이룬다. 벽의 흔적은 아무것도 남지 않았지만, 진흙이 쌓인 것으로 보건대 이곳 사람들은 진흙으로 욋가지 틈새를 막았을 것이다. 원형 기둥들의 내부 면적은 21제곱미터로, 현대식 주택의 중간치 방 크기다. 바닥은 지면보다 무릎 높이만큼 낮은데, 추위나 바람을 막으려고 파냈을 것이다. 실내 한 켠에는 강돌이 깔려 있으며 그 앞에 화덕이 있다. 구조물 한가운데에 고리를 이룬 작은 기둥들은 칸막이나 뼈대용일 것이다. 불 피우고 남은 쓰레기를 모아둘 구덩이가 곳곳이 파여 있다. 썩는 물건은 죄다 썩었다. 잔해 중에서 알아볼 수 있는 것은 흙구덩이, 돌연장, 타버린 생물학적 물질뿐이다. 표본 'Charcoal-302-130'과 'Nutshell-302-231'은 이 구조물에 있는 검은 실트질 모래 덩어리에서 고고학자들이 걸러낸 것들이다. 이 표본들이 수천 년을 가로질러 우리에게 올 수 있었던 것은 불에 타서 거의 순수한 탄소로 변했기 때문이다. 못 먹는 게 없는 미생물도 이런 잔해는 통 소화시키지 못한다.

처음 상상한 것은 이곳의 삶이 얼마나 고단했을까였다. 삶은 대체로 힘겨웠을 테지만, 이 유적지는 풍요로운 지역 중 하나였다. 바로 곁에 강어귀가 있었으며, 쓰레기 더미에서 물고기와 새의 뼈가 발견된 것으로 보건대 강변에서 식량을 구할 수 있었을 것이다. 해산물 잔해는 정체가 불분명한 포유류 뼈와 섞여 있다. 그러니 고기가 부족하지는 않았을 것이다. 하지만 온기의 전부와 식량의 대부분을 제공하고 수렵·채집인의 삶에서 쐐기돌 역할을 한 종이 하나 있었으니 그것은 바로 서양개암나무였다. 개암나무 가지는 땔감이었으며 개암은 주식이었다. 이곳 사람들이 나무를 태우고 개암을 구우면서 나뭇조각 몇 개가 뜻하지 않게 오랜 세월을 가로질러 고고학자의 봉지에 담겼다.

현대 스코틀랜드의 다양한 활엽수와 소나무 숲과 달리 1만 년 전의 식생을 지배한 것은 개암나무 관목림과 삼림지woodland였다. 자작나무, 느릅나무, 버드나무가 일부 섞이긴 했지만 이곳의 통치자는 개암나무였다. 춥고 습한 날씨를 잘 견디고 인간이 수확한 뒤에도 다시 싹을 틔울 수 있었기 때문일 것이다. 이 유적지의 모든 구조물에서 나온 땔나무 잔해는 개암나무이며 대부분 작은 가지와 잔가지다. 개암나무는 목질이 비교적 치밀하여 버드나무보다 뜨겁게 타고 자작나무보다 오래 탄다. 현지에 흔한 나무 종 중에서 개암나무야말로 땔나무로 으뜸이었다. 수백 년 뒤에 숲을 점령한 참나무와 물푸레나무만큼 좋지는 않았지만 당시에는 최선이었다. 따라서 삼림지는 땔감의 훌륭한 공급원이었으며 중석기인들은 요리하고 난방하는 데 필요한 모든 연료를 현지에서 조달할 수 있었다. 개암나무는 잘라도 금방 싹이 나기 때문에 1~2년이면 땔감용 가지를 새로 수확할 수 있다. 스코틀랜드 중석기 유적지에 개암나무가 흔하고 풍부한 것을 보고서 고고학자들은 개암나무 삼림지가 왜림coppice으로 관리되었으리라 추정한다. 이것은 품질 좋은 땔나무를 대량으로 생산하기 위해 나무를 일부러 반복적으로 베는 방법이다.

구조물에 개암이 얼마나 풍부하던지 발걸음을 디딜 때마다 껍데기 쪼개지는 소리가 날 정도였다. 개암에 들어 있는 영양소는 열매 한가운데 파묻혀 있는 작은 배아세포 덩어리에 공급하기 위해 최고만 뽑아낸 것으로, 갓 싹이 튼 개암에 필요한 단백질, 지방, 탄수화물, 비타민이 모두 들어 있다. 열매의 60퍼센트는 지방이며 나머지는 단백질과 탄수화물, 약간의 섬유질이다. 사람은 견과를 두세 줌만 먹으면 오전 일과에 필요한 에너지를 모두 충당할 수 있다. 개암은 보관이 쉬워서 기근을 대비한 보험으로 저장해둘 수 있다. 구운 개암은 몇 개월을 보관해도 영양소가 거의 줄지 않는다. 구우면 열매의 향도 진해진다. 중석기 식단에서 개암이 다른 음식과 어떻게 어우러졌는지는 아쉽게도 수수께끼다. 고고학 기록은 대부분 뒤죽박죽 쓰레기 더미에서 발굴한 것이어서 개별 식단을 구체적으로 밝혀내기엔 아직 역부족이다.

영국, 스칸디나비아, 북유럽 전역의 여러 유적지와 마찬가지로 이 중석기 마을에서는 개암이 주식이었다. 고고학자들은 인류사에서 이 시기를 '견과 시대nut age'라고 부르기도 한다. 훗날 기온이 올라가고 큰

나무가 등장하자 개암나무가 줄어 식량 공급이 부족해졌다. 신석기인이 땅을 갈아 매년 곡식을 재배하는 중노동을 해야 했던 것은 즐겨 이용하던 나무와 견과 수확이 감소한 탓일 수도 있다.

중석기 화덕의 역할은 요리와 난방에 국한되지 않았을 것이다. 사람들은 화덕 주위에서 교류하고 친목을 다졌다. 현존 수렵·채집인의 문화를 연구한 결과에 따르면 모닥불가에서는 대화의 성격도 달라진다. 낮 동안의 대화 주제는 먹고사는 문제, 불만, 농담이지만, 불가에서는 상상력이 꽃피고 이야기가 탄생한다. 사람들은 사귀고 헤어지는 일에 대해, 영적 세계에 대해, 결혼과 친족에 대해 이야기한다. 불은 공동체를 담금질하고 가닥들을 합치는 듯하다. 우리의 마음은 불 소리에 특별히 적응한 것처럼 보인다. 심리학 실험에서 피험자에게 나무가 타서 갈라지는 소리를 들려주었더니 혈압이 낮아지고 사회성이 증가했다. 불 소리를 듣지 않고 보기만 하는 것은 효과가 거의 없었다.

수천 년 뒤 신석기 농업혁명과 함께 등장한 밀과 귀리의 씨앗과 마찬가지로 퀸스페리 중석기인들은 식물이 후손에게 남기는 유산을 식량으로 삼았다. 이 후빙기(신생대 제4기 플라이스토세의 빙하 시대 이후 지금까지 이어지는 지질 시대_옮긴이) 정착민들은 개암을 먹으면서 다른 척추동물, 특히 어치 및 설치류와 똑같은 영향을 미쳤다. 이 동물들은—인간도 마찬가지였는데—나무를 수동적으로 따라다니기만 한 것이 아니라 발삼전나무의 검은머리박새나 사발야자나무 숲의 울새처럼 배달부 역할을 하며 나무를 여기저기로 날랐다. 따라서 이 숲에서 동물이 처한 운명과 식물이 처한 운명 사이에는 경계선을 그을 수 없다. 동물이 없었으면 대부분의 나무는 빙기에 살았던 지중해 해안을 따라 여전히 자라고 있을 것이며 식물이 없었으면 후빙기에 서식한 어치, 설치류, 인류의 수가 훨씬 적었을지도 모른다.

개암나무는 조류 및 포유류와 밀접한 유대관계를 맺은 덕에 다른 나무보다 훨씬 빨리 육지를 다시 차지할 수 있었다. 약 1만 년 전, 개암나무는 해마다 약 1.5킬로미터씩 지중해 북쪽으로 이동했는데, 이는 참나무보다 세 배 빠른 속도였다. 개암나무의 이동 속도가 빠르고 기후가 비교적 춥고 습했기에 수백 년 동안, 지역에 따라서는 수천 년 동안 개암나무는 북유럽의 지배적인 나무 종이었다. 스코틀랜드 서부처럼 더 춥고 습한 지역에서는 지금도 마치 빙기가 머물러 있는 듯 개암나무가 여전히 우점종이다. 조류와 포유류가 개암을 즐겨 먹은 것도 빠른 이동 속도에 유리하게 작용했다. 논란의 여지가 있긴 하지만 또 한 가지 가능성은 사람들이 새 땅에 개암나무를 심으려고 일부러 씨앗을 멀리까지 가져간 탓에 북쪽으로의 전파가 가속화되었으리라는 것이다. 스코틀랜드에서는 나무, 꽃가루, 인공 구조물의 잔해로 보건대 인간과 개암나무가 거의 동시에 도착했으리라 추측된다. 그렇다면 북유럽 숲은 빙하의 이동에서 생겨나 오늘날에 이르기까지 줄곧 인간과의 관계 속에서 살아왔다고 말할 수 있다. 이 숲들은 사람이 없는 원시림인 적이 한 번도 없었다. 따라서 이 지역의 현대적 임업은 숲 자체

만큼 오래된 상호작용의 연장이다.

개암나무가 대륙을 가로질러 퍼지는 데는 땅속의 도움도 작용했다. 개암나무가 습하고 차가운 토양을 비롯한 폭넓은 조건을 견딜 수 있었던 한 가지 비결은 뿌리와 균류의 연합이다. 나무와 균류가 수십 가지 유전자로 화학적 신호를 주고받으면 균류가 덮개로 뿌리를 감싼다. 발삼전나무의 뿌리집과 마찬가지로 이 덮개는 뿌리와 토양 사이의 중개자 역할을 하여 식물 세포를 병원균으로부터 보호하고 뿌리에 무기질을 공급한다. 그 대가로 뿌리는 잎에서 만든 당을 분비한다. 개암나무의 생태는 공동체적 문제이자 식물과 균류의 교차다. 송로truffle를 재배하는 농민은 이 관계를 잊지 않고서 버섯의 원목으로 개암나무를 즐겨 이용한다.

북부의 숲은 많은 종의 조상들이 맺은 합병에서 탄생했다. 나무들이 땅을 가로질러 이동한 것은 연결된 공동체 덕에 가능했으며 그 그물망의 중심부에는 인간이 있었다. 평화의 정신에 개암나무 화관을 씌운 로버트 번스Robert Burns와 '갈고리'로 개암나무 가지를 구부린 윌리엄 워즈워스William Wordsworth는 1만 년 전 조상들의 관계—인간, 조류, 균류, 나무—에 빚지고 있었다.

사우스퀸스페리의 옛 불구덩이는 포스만 너머 또 다른 화덕을 거의 정면으로 마주보고 있다. 중석기 문화에 연료를 공급한 개암나무의

현대판 화신化身은 롱애닛 발전소Longannet Power Station에 있는 석탄—수억 년 전에 매몰되어 변성된 나무—이다. 롱애닛에 있는 보일러들은 연간 450만 톤의 석탄을 땐다. 1960년대에 건설되었을 때만 해도 유럽 최대의 석탄 발전소였다. 불구덩이 크기는 중석기 시대보다 커졌지만 원리는 똑같다. 여느 지역과 마찬가지로 이 지역의 인간 사회도 나무를 태워 동력을 얻는다. 부피로 따지면 석탄의 연소 가능 열량은 잘 건조한 땔나무의 다섯 배로, 가정에 편리하고 산업에 요긴하다. 전 세계적으로 우리는 압축된 고생대 나무를 해마다 80억 톤씩 태운다.

롱애닛이 이곳에 자리 잡은 것은 우연이 아니다. 석탄층은 이 지역의 많은 지질학적 습곡과 절리에 걸쳐 있으며 일부는 지표에 노출되어 있다. 롱애닛 발전소는 오래전부터 석탄에 의존한 이 지역의 역사를 바탕으로 건설되었으며 수도원에서 처음으로 석탄층을 채굴한 13세기로 거슬러 올라간다. 발전소 부지는 이러한 최초의 채굴지 몇 곳과 인접해 있으며, 자체 탄광과 연결되어 있어 석탄을 직접 보일러로 운반한다.

스코틀랜드가 현재 석탄에 의존하는 한 가지 이유는 산림 훼손이다. 15세기와 16세기가 되자 스코틀랜드 숲 지대의 95퍼센트가 벌목되었다. 남은 연료는 땅속에 있는 것뿐이었다. 하지만 공장의 보일러와 대다수 가정의 난로에서 나무가 사라졌는데도 나무는 말 그대로 석탄 산업을 떠받치고 있다. 탄광의 모든 갱도는 돌의 무게에 작용하는 중력과의 도박이다. 탄광 연보와 탄광 조사관 보고서는 탄광주의 지질학적 도박에 목숨을 잃은 수많은 사람들의 이름으로 가득하다. 이들은 "천장이 무너지고 …… 석탄이 무너지고 …… 돌이 무너지고 …… 잔해가 무너져 죽었"다. 수백 년이 지나도록, 재난을 막아줄 것이라고는 나무 말뚝과 가로대로 만든 '갱도지주坑道支柱'뿐이었다. 현지 공급량이 턱없이 부족했던 탓에, 러시아, 스칸디나비아, 남유럽에서 잘라 온 받침목들이 포스강에 늘어선 선착장에 하역되었다. 1930년대가 되어서야 스코틀랜드 지주 젠트리 계급은 땅을 조림지로 전환하여 갱도지주를 공급하라는 권고를 받았다. 광부들은 목숨을 부지하려면 갱도지주의 소리에 신경을 곤두세워야 했다. 나무는 부서지기 전에 끼익, 빽하는 소리를 낸다. 뒤틀린 나무의 비명 소리는 천장이 무너지기 전에 피신하라는 신호였다. 탄광주들이 갱도지주를 철제로 교체한 것은 철의 뛰어난 강도로 보건대 개선인 것 같았지만, 문제는 경고음이 사라졌다는 것이다. 철은 사전 경고 없이 파국적으로 무너진다. 이 때문에 광부들은 목재 갱도지주를 철제 지주에 덧대어 청각적 조기 경보 시스템을 복원했다. 광부들의 목숨을 구한 공로는 카나리아보다 나무에게 돌아가야 한다. 카나리아는 21세기의 혁신적 발견으로, 재난이 닥친 뒤에 구조대원들이 주로 활용했다.

오늘날 스코틀랜드에 남아 있는 몇 안 되는 탄광에는 목재 갱도지주가 하나도 없다. 지하 탄광은 전자센서에 연결된 수력 기둥으로 천장을 떠받친다. 다른 탄광들은 노천광露天鑛이어서 지표에 석탄이 있기에 땅굴을 팔 필요가 없다. 하지만 탄광은 대부분 폐쇄되었거나 폐쇄되는 중이다. 롱애닛 발전소도 올해가 가기 전에 문을 닫을 것이다(2016년 3월 24일에 폐쇄되었다_옮긴이). 석탄이 동나서는 아니다. 수백 년은 아니더라도 수십 년간 스코틀랜드에 동력을 공급할 만큼은 남아 있다. 하지만 새로운 화석연료가 등장하고 석탄 연소의 부작용에 대한 우려가 커지면서 수백 년을 이어온 탄광업이 종말을 바라보고 있다.

수입 천연가스는 전기 생산 면에서 가격 경쟁력이 뛰어나며, 스코틀랜드 내 전기 생산에 불이익을 주는 영국 관세 제도가 이를 부추기고 있다. 석탄으로 인한 대기오염도 문제를 악화시킨다. 스코틀랜드에서 인간 활동으로 인한 인한 온실가스 배출량의 5분의 1이 롱애닛의 굴뚝 하나에서 흘러나온다. 이 굴뚝은 높이가 200미터에 육박한다. 황과 질소가 섞인 오염 입자도 높은 구멍에서 배출된다. 배출 가스를 정화하는 신기술도 소용이 없다. 나무의 잔해를 태워 인간의 삶을 떠받친다는 롱애닛의 원리는 중석기 화덕과 같을지도 모르지만, 이 원칙의 적용은 문제를 낳는다.

퀸스페리의 개암나무와 롱애닛의 석탄은 불의 삼두정치를 이루는 두 머리이며 서로 가시거리 안에 위치해 있다. 트리오의 세 번째 구성원은 포스교 북단에 있다. 이곳을 비롯하여, 나무의 신속탄소순환fast carbon cycle을 이용하는 — 하지만 규모는 롱애닛과 비슷한 — 발전소 단지의 건설이 추진 중이다. 발전소가 완공되면 로사이스와 그레인지마우스에 있는 포스만 항구들은 중석기 시대와 비슷한 방식으로, 하지만 21세기의 기술을 이용하여 나무를 땔 것이다. 이 시설들 이외에도,

목재 펠릿을 이용하여 인근 공장에 열을 공급하고 전력망에 전기를 공급하는 발전소들이 계속 지어지고 있다.

목재 펠릿 발전소는 석탄을 '재생 가능' 연료로 대체하여 대기 중 온실가스 배출량을 감소시킬 것이다. 2009년에 스코틀랜드 정부는 의회 제정법을 통해 온실가스 배출량을 2020년까지 42퍼센트, 2050년까지 80퍼센트 감축한다는 목표를 세웠다. 2013년에 스코틀랜드의 전기 생산량 중 절반 가까이가 화석연료에서 벗어났으며 풍력과 수력 발전량이 44퍼센트를 차지했다. 포스만을 내려다보는 언덕과 산에서는 터빈이 스코틀랜드의 바람을 전기로 바꾼다. 일각에서는 임목 연소 발전소가 재생 가능 에너지로의 전환을 완성하는 데 꼭 필요한 시설이라고 주장하기도 한다.

석탄은 수입 목재보다 훨씬 싼 연료이므로, 펠릿 발전 사업은 보조금 없이는 추진될 수 없다. 목재에 보조금을 지급하는 정책은 표면상으로는 고대의 탄소에 대한 의존도를 줄여 대기에 명백한 유익을 가져올 것이다. 하지만 석탄과 마찬가지로 이론상 근사한 아이디어에도 숨겨진 문제가 있을 수 있다.

1만 년 전에는 개암나무 목재를 구하는 일이 어렵지 않았다. 그러나 산업국가에 동력을 공급하기에 충분한 목재를 조달하는 것은 힘든 일이다. 게다가 스코틀랜드는 숲이 거의 남지 않았다. 현지의 목재 수요자, 특히 가구업과 목재 패널 제작업에 종사하는 사람들은 목재 가격이 인상 압력을 받고 목재 수요 시장에서 경쟁자들이 정부 보조금을 받는 것에 대해 항의한다. 지방정부는 일반적으로 어떤 형태의 산림 훼손에도 반대하며, 매연을 발생시키는 목재 연소 발전소의 건설 허가를 내주지 않으려 한다. 따라서 스코틀랜드 정부의 허가를 받아내려면 목재 펠릿을 외국에서 조달하여 현지 숲에 미치는 영향을 최소화해야 한다. 예전에 탄광 갱도지주를 만들기 위해 수입목에 의존했듯 지금의 스코틀랜드도 목재 펠릿을 자기네 나무를 가지고 만들지는 않을 것이다. 스코틀랜드의 이러한 결정은 전 세계적 추세와 일맥상통한다. 어떤 지역이 부유해지면 자기네 숲을 보호하고 숲 면적을 증가시킨다. 하지만 목재 수요는 사라지지 않는다. 오히려 수입이 증가하여 목재 수입국의 무성한 숲 지대와 멀리 떨어진 곳에서 산림 훼손이 일어날 것이다.

인구밀도가 높은 유럽 북부 나라들은 현지의 정치적 압력이 아니더라도 임목만 가지고는 전력 수요를 충당할 수 없다. 땅과 숲이 너무 적기 때문이다. 따라서 목재 펠릿을 다른 곳에서 구해야 한다. 미국 남동부의 목재 소유주들은 국내 판매량이 당장 급증할 기미가 없으므로 기꺼이 유럽 구매자들과 장기 계약을 맺는다.

각국의 국민과 나무는 예전에는 느슨하게 연결되어 있었으나 이제는 단단히 매여 있다. 영국 가정에 전기를 공급하기 위해 캐롤라이나와 조지아의 숲과 조림지가 벌목된다. 파운드로 납부된 세금은 달러로 짓는 펠릿 공장에 흘러든다.

미국 남부의 선착장들은 예전에는 노예 노동으로 생산한 면과 오래된 소나무를 유럽에 공급했으나 지금은 목재 펠릿 수출항으로 변신했다. 원양 선박이 내륙 숲의 공급선 가까이에 정박할 수 있는 곳이면 어디나 체육관처럼 생긴 돔과 창고가 들어서고 있다. 이렇게 큰 건물을 지어야 하는 것은 내용물이 불안정하기 때문이다. 펠릿은 목재를 빻고 건조하고 압축하여 만든다. 펠릿은 먼지 덩어리여서, 눅눅해지면 마치 퇴비처럼 부패하여 열을 발생시킨다. 압축된 에너지와 가연성 먼지 더미에 열이 가해지면 자연 발화와 폭발의 위험이 있다.

목재 펠릿의 대서양 이동이 환경에 이로운가는 논란의 여지가 있다. 업계 홍보 관계자들은 목재 폐기물을 이용하여 석탄 대체 연료를 생산하는 유익을 강조한다. 반대 진영은 벌목 증가로 인해 남동부 숲의 생물 다양성에 악영향이 생길까봐 우려하며 목재를 지구 반대편으로 운송하는 것이 기후에 이로울 것인지 의문을 제기한다. 온실가스 배출의 관점에서는 양 진영 다 일리가 있다. 제재소 폐기물이나 밀식조림지 간벌목으로 펠릿을 만들면 펠릿 연료는 탄소 효율 면에서 석탄을 훌쩍 앞선다. 반면에 다 자란 나무로 목재 펠릿을 만들면 탄소 효율이 감소한다. 인공림이 아니라 천연림의 나무를 벌목할 경우, 펠릿은 석탄보다 더 많은 탄소를 대기 중에 배출한다. 석탄과 목재 펠릿이 생물 다양성에 미치는 영향도 이처럼 복잡하다. 숲과 인공림 둘 다 목재 펠릿을 생산하는 동시에 많은 토착종의 서식처를 제공한다. 게다가 임산물의 경제적 가치는 토지 소유주가 토지를 농지나 택지로 전환하지 않고 계속 나무를 기를 유인이 된다. 우리는 숲을 이용하면서 숲의 생물 다양성을 보호한다. 우리의 필요와 나머지 생물의 필요가 맞아떨어지는 것이다. 하지만 남동부 일부 지역에서처럼 천연림을 인공림으로 전환하는 대규모 조림造林이 이루어지면 천연림의 많은 종이 감소하거나 사라진다. 그렇다면 우리는 이러한 변화의 영향을 석탄 연소로 인한 오염 효과와 견주어보아야 한다.

석탄이 지구 온난화에 악영향을 미치는 것과 더불어 석탄에 함유된 수은과 산은 토양을 부식시키고 나무에 해를 입히고 하천을 오염시킨다. 따라서 목재 펠릿과 석탄 중에서 어느 것이 생명 그물망에 더 큰 피해를 입히는가의 물음에 대해 간단하고 보편적인 해답을 내놓을 수는 없다. 각 숲의 특징에 따라 우리의 행위가 미치는 생태적 영향이 달라진다.

세월이 흐르면서 우리의 화덕이 가져온 결과를 관찰하고 이해하기가 더 힘들어졌다. 우리는 개암나무 삼림지를 살펴봄으로써 중석기인들의 에너지 공급 상태를 알 수 있었다. 불을 피우면 연기가 났지만, 이 작은 연기는 바람에 날아갔다. 석탄의 풍부함과 대기에 미치는 악영향은 스코틀랜드인의 거의 모든 주택과 허파가 시커맸던 시절에 분명히 드러났다. 토머스 칼라일Thomas Carlyle은 15세기 이후로 "검은 돌"을 태우면 에든버러 상공에 구름이 피어 이 도시의 스코틀랜드식 별명이 지금껏 '올드 리키Auld Reekie'(오래된 연기)라고 말했다. 로버트 루이스 스티븐슨Robert Louis Stevenson은 에든버러에서 "가마처럼" 연기가 난다고 묘사했으며 월터 스콧Walter Scott은 30킬로미터 밖에서도 연기가 "어린 야생 오리 떼 위를 맴도는 참매"처럼 깔려 있었다고 썼다(에든버러 시에 있는 스콧의 석조상에는 지금도 그을음이 남아 있다). 20세기에는 높은 굴뚝과 효율적인 산업용 보일러가 그을음 대신 (세상을 바꾸고 있는) 이산화탄소를 내뿜고 있다. 연료와 오염은 많은 사람에게 '보이지 않는 것'이 되었다. 비록 롱애닛과 탄광, 재 구덩이는 스코틀랜드인에게 똑똑히 보이지만 말이다. 목재 펠릿은 지평선 너머 보이지 않는 곳에서 온다.

국제 교역 덕에 시장이 각 지역의 비교우위를 발견할 수 있을지 모르지만—미국 남동부는 스코틀랜드보다 더 많은 나무를 기를 수 있다—에너지 이용자와 정책 결정권자가 교역의 비용과 편익을 추상적 관점에서 따져보게 한다는 단점이 있다. 현실과 동떨어진 지성에서만 존재하는 개념과 법규는 취약하며 논쟁의 어느 편에서든 쉽게 주무를 수 있다. 유럽의 '지속가능성' 규제도, 고향인 숲에서 밀려난 아마존의 '수막 카우사이'도 마찬가지다. 숲 안에서의 확장되고 신체적인 관계—숲의 인간 공동체를 비롯하여—를 통해 얻은 지식이 더 탄탄하다.

펠릿이든 석유든, 재생가능 에너지이든 아니든 수입 연료는 그 사회의 에너지원에 대한 모든 감각적 연결의 끈을 끊는다. 우리의 연료 탱크는 세상에 연결되어 있으나 우리의 몸과 마음은 그렇지 않다. 우리는 중석기인처럼 불에 의존하나 이제는 화덕에서 멀리 떨어져 있다. 지구적 에너지 교역의 이러한 약점은 구체적인 정책 규제보다 더 심각하다. 규제는 다시 쓰면 되지만 단절은 복구하기가 여간 힘들지 않다.

유럽의 '녹색'은 사실 무지개색이다. 전 세계에 걸쳐 식물에게 수집되고 정책의 안개를 통해 굴절된 햇빛의 여러 색깔인 것이다. 이 무지개가 땅에 닿는다. 유럽 시장에 도착한 목재, 에탄올, 바이오디젤은 미국, 캐나다, 브라질, 아르헨티나, 우크라이나, 인도네시아, 말레이시아의 프레리와 숲에서 온 것이다. 이곳에서의 확장된 삶의 경험은 에든버러, 런던, 브뤼셀의 재생가능 에너지 정책에 몸으로 체득한 지식을 더할 것이다.

지성만으로는, 더욱이 현지의 생태적 변이를 알지 못하는 지성만으로는 알 수 없는 진리가 있다. 몇 년간 외국과 협력하고 소통하면 의사 결정권자가 사람과, 장소와 다시 연결될 것이다. 백서와 학술 요약이 지배하는 세상에서 정책 결정의 이러한 환생은 다른 나라 정부들에 급진적—'급진적'을 뜻하는 영어 단어 'radical'의 어원은 말 그대로 '뿌리로부터'를 뜻하는 라틴어 '라딕스radix'다—사례가 될 것이다.

퀸스페리 크로싱을 마지막으로 방문했을 때는 조경 공사가 한창이었다. 철조망 뒤로 무릎 높이의 어린나무가 토끼 퇴치용 플라스틱 망에 싸여 있었다. 그중에는 서양개암나무도 있었는데, 가장자리가 뾰족뾰족한 둥근 잎이 망 사이로 삐져나왔다. 이 건설 공사의 모든 요소와 마찬가지로 개암나무는 시방서에 따라 이곳에 왔다. 레미콘이든 안전 규제이든 나무 심기이든 기술자와 건축가는 작업 목록과 공사 진척도에 맞춰 일한다.

개암나무는 울타리 나무 심기Hedgerow Plantings를 일컫는 HW1와 HW2로 표시되었으며 14.0퍼센트를 차지한다. 혼합림Mixed Woodland을 일컫는 MW1-4에는 들어 있지 않다. 중석기인들이 이곳에 정착하면서 개암나무를 직접 심었든 아니든, 우리 현대인은 나무 심기의 과제를 소수점까지 정확하게 수행하고 있다. 우리의 도움으로 중석기 식물은 명맥을 유지한다. 이 나무들이 호흡하고 자라면서 잔가지와 열매의 원자 구조에는 스코틀랜드 석탄과 미국 숲의 흔적이, 시대와 장소가 뒤섞인 채 새겨질 것이다.

개암나무 옆 다리 위에서는 매일같이 차량 수만 대가 독실한 여왕의 발자취를 따라 포스강을 건넌다. 차바퀴 아래로 더 오래된 교통수단이 빅토리아 시대의 철, 중세의 석탄재, 중석기 가옥, 고생대 숲의 잔해를 싣고 지나간다.

차량들은 요란한 소리를 내면서 빠르게 움직인다. 물 위로 거의 200미터 높이에서 아치를 이룬 철제 다리는 근사한 조각이 그렇듯 운전자와 보행자의 시선을 사로잡는다. 도로가에서 끊임없이 부는 바람에 휘청거리는 어린 나무들은 눈길 한 번 얻지 못한다.

레드우드와 폰데로사소나무

콜로라도 플로리선트
38°55′06.7″ N, 105°17′10.1″ W

부스럭 소리에 잠이 깬다. 머리 위 폰데로사소나무 줄기에서 윌리엄슨즙빨기딱따구리*Williamson's sapsucker 한 마리가 부산을 떨고 있다. 녀석은 뻣뻣하고 뾰족한 꼬리를 나무껍질에 대고 몸을 지탱한 채 1초에 한 발짝씩 꾸준히 뛰어오른다. 뜀박질할 때마다 비늘투성이 발이 몇 센티미터 위로 솟구친다. 고개를 좌우로 돌려 부리로 나무껍질 표면을 훑으며 혀로 개미를 사냥한다. 윌리엄슨즙빨기딱따구리는 새끼를 키울 때 거의 개미만 먹이기 때문에, 근처의 나무 구멍에서는 어린 주둥이들이 깩깩거리며 먹이를 기다리고 있을 것이다.

녀석이 일할 때마다 꼬리, 발, 부리가 나무껍질을 긁고 스치며 부산스러운 소리가 난다. 이 녀석만 유난히 시끄러운 게 아니다. 윌리엄슨즙빨기딱따구리는 숲 어디서든 긁적거리고 쿵쾅거리면서 자신의 존재를 드러낸다. 어제는 미송Douglas fir 껍질의 구멍과 상처를 다듬는 소란을 따라가다 한 녀석을 만났다. 껍질을 긁어내는 소리가 들리고 한참 뒤에야 녀석이 나무에서 흐르는 수액을 홀짝거리는 모습이 보였다. 이 침엽수 즙은 성체가 좋아하는 먹이로, 번식하고 힘든 겨울을 나기 위해 살을 찌울 수 있도록 당을 공급한다.

내 머리 위로 녀석이 지나간 자리에서 나무껍질이 떨어져 나와, 햇볕에 데워져 푸석거리는 나무 표면 위로 향기가 퍼진다. 폰데로사소나무의 거무튀튀한 껍질 사이로 흘러나오는 황금색 수액에서는 송진과 송지松脂(소나무과 식물의 줄기에 상처를 냈을 때 유출하는 담황색의 방향 있는 수지를 말하며 발삼의 일종_옮긴이)의 기름지고 시큼하고 산뜻한 냄새가 강하게 풍긴다. 하지만 여느 소나무의 공격적이고 날카로운 냄새와 달리 끝맛이 부드럽고 달콤하다. 바닐라나 설탕 섞은 버터의 향이 나뭇진에서 섞인다. 인간의 예민한 코와 딱따구리의 혀는 폰데로사소나무의 냄새 색깔이 지리적으로 달라지는 것을 안다. 노던로키산맥에서는 은은하고, 태평양 연안을 따라서는 강한 향에 레몬 껍질 냄새가 배어 있다. 이 냄새는 곤충의 공격을 막는 퇴치제다. 끈끈한 나뭇진은 나무좀을 잡아 가두며 수지 화학물질은 대량으로 분비되면 독성이 있다.

나뭇진 방어술은 대부분의 곤충과 대부분의 계절에 효과를 발휘하지만, 최근 들어 폰데로사소나무를 비롯한 여러 종의 소나무 수백만 그루가 나무좀의 공격으로 죽었다. 역설적으로 나무를 보호하는 냄새는 딱정벌레를 표적으로 인도하는 역할을 한다. 보호받는 것은 귀중한 것이므로, 방어는 곧 광고이기도 하다. 소나무좀pine beetle은 공기에서 냄새를 맡으면 바람을 거슬러 소나무로 날아간다. 목표물에 도착하면 나무껍질 아래에 구멍을 뚫어 살아있는 조직을 먹는데, 나무좀의 수가 많으면 나무는 죽는다. 로키산맥에서 이런 공격이 어찌나 널리 퍼졌던지 계곡 전체가 생생한 초록에서 죽은 바늘잎의 갈색으로, 마지막으로 바랜 나무의 회색으로 바뀌는 일이 비일비재하다.

소나무좀은 원래 로키산맥에서 살고 있었다. 하지만 지금은 개체 수가 급증하고 있으며, 가뭄과 더위로 나무들이 약해지면서 위쪽으로 이동하고 있다. 윌리엄슨즙빨기딱따구리가 몇십 년 뒤에도 여기 있을지는 아무도 알 수 없지만, 몇몇 예측에 따르면 이미 멸종의 길에 들어선 것으로 보인다. 녀석들의 운명을 좌우하는 것은 폰데로사소나무를 비롯한 나무들이 기후 변화로 새로워지는 환경—바람, 물, 흙, 불—을 어떻게 헤쳐 나가느냐다.

나는 향기로운 바늘잎 요에서 일어나 앉아 며칠째 해오던 관찰을 계속한다. 이곳은 콜로라도로키산맥의 고산 목초지 끄트머리에 있는 폰데로사소나무 잡목림이다. 왼쪽으로는 얕은 골짜기를 가로질러 풀밭과 허브밭이 펼쳐지는데, 여기서 30분을 걸어 올라가면 능선에서 소나무를 더 많이 만날 수 있다. 오른쪽으로는 이암과 이판암 비탈이 부스러지고 있는데, 흙이 벗겨진 곳에 고대 레드우드 줄기의 밑동인 '큰 그루터기Big Stump'가 노출되어 있다. 플로리선트 화석층 국립 천연기념지Florissant Fossil Beds National Monument 오솔길을 따라 남아 있는 커다란 레드우드 그루터기 화석 중 하나다. 기념지를 조성한 목적은 이 규화목을 보호하고 기념하기 위해서이지만, 종종 우리의 눈길을 맨 처음 사로잡는 것은 들꽃 가운데서 잠자는 아메리카스라소니, 쫓고 쫓기며 우는 도래까마귀와 매, 솔숲 사이로 난 오솔길에서 복작거리는 메뚜기 같은 현대의 생물이다.

분홍색 바지를 입은 소녀가 폰데로사소나무 숲을 향해 사뿐사뿐 걸으며 가족에게 묻는다. "저 우렁찬 소리는 뭐예요?" 주의력이 뛰어난 아이다. 이곳에서 마주친 방문객 중에서 나무의 노래를 알아차린 사람은 이 소녀뿐이다. 소녀 말이 맞다. 정말 우렁차니까.

바람이 한번 휙 불고 지나가면 폰데로사소나무는 흥 하고 콧바람을 분다. 산들바람이 불면 꽉 닫은 밸브 사이로 수증기가 새어 나오듯 다급하게 쉭쉭 소리가 난다. 돌풍은 산사태와 같아서 모래가 도랑 아래로 쏟아지는 소리가 난다. 미국 동부 우리 집의 단풍나무와 참나무 숲에서 이런 소리가 나면, 나는 피할 곳을 찾아 종종걸음 쳤다. 그러면서도 한쪽 눈으로는 줄기가 꺾이고 가지가 부러지는 장면을 놓치지 않았다. 하지만 이곳의 소나무는 그런 경고를 발하지 않는다.

우렁찬 소리는 폰데로사소나무의 뻣뻣한 바늘잎에서 난다. 다른 나무의 잎은 흐르는 공기에 순응하지만 폰데로사소나무는 구부러지지 않는다. 가지와 잔가지가 바람에 까닥거릴지언정 바늘잎은 꿈쩍도 하지 않는다. 바늘잎은 수천 개의 굳센 살로 바람을 써레질하여 바람에 사납게 골을 판다. 이 골에서 나는 소리는 잔향이 없다. 팔락팔락 흔들리는 잎의 에너지가 하나도 남지 않기 때문이다. 그 대신 나무는 바람의 성격을 시시각각 알려준다. 돌풍이 지나가면 음역을 한껏 올렸다가 공기의 움직임이 달라짐에 따라 가늘어지거나 부풀거나 잦아든다.

존 뮤어John Muir도 폰데로사소나무의 소리를 들었는데, 그의 묘사는 내게 수수께끼였다. 바람에 대한 폰데로사소나무의 반응에서 그는 바늘잎에서 나는 "최상의 음악"과 "자유롭고 날갯짓하는 듯한 허밍"을 들었다. 써레질은 어디로 갔나? 다급한 경고음은? 뮤어는 자신의 솔숲에서 아이올로스(호메로스, 『오디세이아』에 등장하는 바람의 지배자_옮긴이)의 화음을 들었지만 나는 아리엘(셰익스피어, 『폭풍』에 등장하는 공기의 정령_옮긴이)이 감옥에서 허공을 할퀴며 울부짖는 소리를 들었다. 이렇듯 상반된 경험은 기질의 차이에서 비롯하는지도 모른다. 뮤어의 끊임없는 황홀경은 필적하기가 쉽지 않다. 하지만 식물 분류학 문헌을 읽어보니 뮤어가 들은 소리와 내가 들은 소리는 서로 다른 방언이었다.

폰데로사소나무는 변이가 다양한 나무다. 나뭇진 냄새가 장소에 따라 다를 뿐 아니라 언어의 형태와 뻣뻣함도 지역적 변이가 있다. 로키산맥의 폰데로사소나무는 바늘잎 길이가 캘리포니아에 있는 뮤어의 폰데로사소나무에 비해 절반에 불과하다. 로키산맥의 나무는 바늘잎 표면 아래의 두터운 세포벽 때문에 더 뻣뻣해서 태평양 연안에서 자라는 말총보다는 철선솔에 가깝다. 바늘잎은 짧고 뻣뻣할수록 소리가 세다. 아리엘은 캘리포니아에 행복하게 사로잡힌 채 비교적 촉촉한 흙에 뿌리 내린 나무에서 달콤하게 노래하는 듯하다. 건조한 여름과 무거운 겨울 눈에 적응한 바늘잎이 신음을 내뱉는 것은 메마른 콜로라도 산지에서뿐이다.

우리에게서 두려움을 일으키는 무의식적 방아쇠는 장소의 감각적 특성에 맞게 조정되어야 한다. 나의 의식은 폭풍이 나를 위협하지 않음을 알고 있었다. 하지만 딴 곳의 친숙한 나무들에 대한 기억은 나의 몸에 또 다른 이야기를 들려주었다. 물론 주의력 뛰어난 소녀도 다른 나무들을 겪었을 것이다. 폰데로사소나무의 부조화스러운 소음은 소녀의 귀에 낯설게 들렸을 것이다. 숲의 소리에 대해 참인 것은 다른 것에 대해서도 참이다. 시골쥐는 도시에서 사이렌 소리와 고함 소리 때문에 잠을 못 이루지만 서울쥐는 시골의 정적이나 나무 오두막 주변에서 들리는 늦여름 여치 울음소리에 신경을 곤두세운다.

이 나무에서 들리는 소리는 음높이가 인간의 귀에 너무 높다. 초음파의 끽끽, 쉭쉭 소리는 나무의 물관 안에서 벌어지는 은밀한 드라마를 드러낸다. 식물이 물을 얻을 수 있느냐 없느냐는 종종 활력이냐 쇠퇴냐를 좌우하는 결정적 요인이기 때문에, 초음파를 엿들으면 잔가지와 줄기의 물소리를 통해 나무의 심장 박동을 들을 수 있다.

폰데로사소나무의 바늘잎을 비롯한 모든 나뭇잎의 표면에는 수백 개의 숨구멍(기공)이 점점이 뚫려 있는데, 이곳으로 기체가 드나든다. 숨구멍은 능동적이다. 입술처럼 생긴 세포 두 개가 오므려지고 벌려지면서 마치 입의 축소판처럼 열리고 닫힌다. 입술이 벌어지면 공기가 밀려 들어와 잎의 내부를 적시며 광합성 세포에 이산화탄소를 공급한다. 벌어진 입술 사이로 수증기가 빠져나오면 잎이 마르는데, 그러면 뿌리에서 물을 끌어올린다. 흙이 축축하면 문제될 것이 없지만, 흙이 마르면 뿌리가 잎에 물을 공급하지 못한다. 그러면 잎의 내부가 말라버리는 파국을 막기 위해 입을 닫아야 한다. 따라서 물이 없으면 공기의 영양 공급 흐름이 중단된다. 물이 없으면 광합성도 없다.

엄지손가락만 한 초음파 센서를 폰데로사소나무 잔가지에 묶고 선으로 컴퓨터에 연결한다. 그러고는 화면의 그래프를 '들으'면서 기다린다. 잔가지에서 탁 하는 초음파 소리가 날 때마다 그래프의 선이 한 칸 출렁거린다. 탁 소리 한 번으로는 알 수 있는 것이 거의 없지만, 몇 시간 동안 보고 있으면 패턴이 나타난다. 잔가지가 마르면 초음파 활동이 격렬히 일어나고, 물을 충분히 공급하면 비교적 잠잠해진다. 청각적 활동의 활력은 잔가지의 물관이 어떤 상태인지 시시각각 알려준다.

나무의 뿌리에서 우듬지로 이어지는 물관이 갑자기 끊어지면 이런 초음파 소리가 난다. 속이 빈 채 맞물린 나무 세포를 통해 물이 흐르는데, 각 세포는 높이가 이 페이지의 글자만 하며 너비는 가장 가느다란 머리카락만 하다. 흙이 축축하면 물이 자유롭게 이동한다. 숨구멍 입에서 증산이 일어나 응집성 있는 물기둥을 위로 끌어올리기 때문이다. 하지만 뿌리가 물을 공급하지 못하고 건조한 바람의 견인력이 너무 세지면 비단실처럼 가는 물 가닥이 끊어진다. 그러자마자 텅 빈 세포 안의 공기주머니가 터진다. 억지로 늘인 고무줄처럼 탁 하고 끊어져버리는 것이다. 세포처럼 작은 규모에서는 끊어지는 소리가 너무 높아서 우리의 가청 범위를 벗어난다.

나무의 입장에서 탁 하는 초음파 소리는 고통이 가중되는 소리다. 공기주머니가 생기면 물의 흐름이 막힌다. 뿌리에서 바늘잎에 이르기까지 어디든 막힐 수 있다. 물의 움직임이 미세하게 차단되는 현상은 어느 나무나 겪지만, 건조한 토양에서 자라는 소나무는 특히나 취약하다. 일부 폰데로사소나무, 특히 어린나무는 여름이 끝나갈 무렵이 되면 뿌리의 공기주머니 중에서 4분의 3 가까이가 막힌다. 늦가을에 수분과 서늘한 날씨가 돌아오면 이 중 상당수가 회복되지만, 뿌리가 공기와 햇빛을 마음껏 누려야 하는 여름에는 아무 소용이 없다. 따라서 물이 없으면 나무는 약해지거나 굶어 죽는다. 물이 없어서 숨구멍입이 닫히면 영양 공급원인 이산화탄소가 흘러들 수 없기 때문이다.

나의 전자 장비는 잔가지에 들어 있는 훨씬 작은 공기 거품의 움직임도 감지할 수 있다. 거품은 물을 나르는 세포의 가장자리에 모여 있다. 이 안감은 풍선으로 만든 벽처럼 푹신푹신해서, 압력이 가해지면 이를 흡수하고 방출한다. 세포가 건조하여 탈수되면 거품 안감이 휙휙 움직여 탁탁 하는 초음파 소리가 난다. 따라서 나무의 물관은 오래된 집의 수도관 같아서 물이 흐르면 뚝뚝거리고 낑낑거리는데, 그보다는 몇 옥타브 높은 소리가 난다.

숲에서 지글지글 소리가 나지만 우리 귀에는 들리지 않는다. 우리의 귀가 밝아지면 무엇을 배울 수 있을까? 적어도 시시각각 변하는 끼익끼익 탁탁 소리를 들으며, 가만히 있는 것처럼 보이는 나무껍질 아래서 역동적 생명 현상이 벌어지고 있음을 알 수 있다. 로버트 프로스트Robert Frost는 나무의 소음 속에서 "리듬과 안정을 다 잃"었다. 우리와 프로스트는 운이 좋은 건지도 모르겠다. 숲에 있는 모든 잔가지의 내부에서 들려오는 비명을 들을 수 있다면 우리는 초음파에 얼떨떨해질 것이다.

나의 전자 장비는 나무의 소리를 몸으로 느끼는 것에 비하면 부실한 대체물이다. 그럼에도 화면 위로 지나가는 그래프는 이야기를 만들어낸다. 나무는 아침 내내 잠잠하다. 뿌리에서 바늘잎까지 물이 질서정연하고 풍부하게 흐르고 있다는 신호다. 전날 오후에 비가 왔으면 더 오래 잠잠할 것이다. 나무가 있으면 비가 내릴 확률이 커진다. 나뭇진의 향은 하늘로 떠오르는데, 공중에서 각각의 향 분자는 물이 모이는 중심이 된다. 폰데로사소나무는 발삼전나무나 케이폭나무와 마찬가지로 향으로 구름의 씨앗을 뿌려 비가 올 가능성을 높인다. 하지만 늦여름에는 오후에 비가 내리는 일이 드물다. 폭풍우로 골짜기가 흠뻑 젖더라도 산의 나머지 지역에는 비 한 방울 내리지 않을 때도 있다.

비가 내리지 않으면 이튿날 아침에 흙 공동체가 뿌리에게 음료수를 가져다준다. 비의 도움 없이 수분을 공급하는 것이다. 밤에 나무뿌리와 토양 균류가 합작하여 중력을 거슬러 깊은 토양층에서 물을 끌어올린다. 균사와 연결된 뿌리의 레이스는 거대한 압지押紙를 잘게 잘라 흙 속에 듬성듬성 밀어넣은 것과 같은 역할을 한다. 이 압지에 들어 있는 섬유소는 종이에 들어 있는 것처럼 무질서하지 않다. 꿰매지고 이어져 대롱과 세포벽이 된 이 섬유소는 가느다란 물관의 가지 그물망을 이룬다. 물은 뿌리의 섬유소 분자 위와 균류의 세포벽 안에 있는 약한 전하에 이끌려 대롱을 따라 쉽게 미끄러지며 물리 법칙에 따라 젖은 곳에서 마른 곳으로 흘러간다. 그러니 지표면과 잎 표면에서 물을 끌어당기는 햇볕의 힘이 없어도 물은 밤새도록 위로 올라간다.

그리하여 저녁에 바싹 마른 흙 표면은 아침이면 축축해져 있다. 이 과정은 부러진 물기둥의 공기주머니가 물의 흐름을 막는 것을 방지하여 많은 나무의 생명을 유지한다. 밤의 반비reverse rainfall로 혜택을 입는 것은 나무만이 아니다. 풀, 허브, 미생물, 그리고 톡토기, 진드기, 나무좀 같은 토양 동물도 뿌리와 균류의 공생으로 인한 물의 상승에서 원기를 얻는다. 폭넓은 공동체에 미치는 이러한 영향에 대해서는 알려진 것이 거의 없지만, 식물과 균류의 연합이 없으면 이 고산 지대의 숲과 목초지는 뜸한 비와 마른 바람에 허덕이다 쇠락할 것이라고 해도 과언이 아니다.

한낮이 되자 초음파 그래프가 위로 구부러진다. 흙이 말라서 잔가지의 물기둥이 탁탁 하고 부러진다. 내게서도 똑같은 생리 현상이 일어난다. 입술이 바짝바짝 마르고 물병은 바닥났다. 이곳은 아침에는 상쾌하지만 하루 종일 공기가 건조하고 높은 고도의 태양이 강렬하여 이내 불쾌감이 찾아든다. 나야 솔그늘에서 졸면 된다지만 나무는 이런 호사를 누리지 못한다. 이제 폰데로사소나무의 끈기를 시험할 때다. 대부분의 나무 종은 오후의 용광로에서 타버릴 것이다. 물관이 망

가져 생태학적 쓰레기로 전락하는 것이다. 살아남는 종, 즉 이 고산 도가니에 들어 있는 황금은 가뭄을 이겨낼 수 있는 생리적 구조로 되어 있다. 폰데로사소나무는 밤에 물을 끌어올리는 것 말고도 여러 가지로 가뭄에 적응했다. 뿌리가 마르면 바늘잎의 숨구멍이 꽉 닫힌다. 거기다 바늘잎은 피부가 두껍고 표면이 매끈매끈해서 물의 흐름을 단단히 차단하는데, 축축한 흙에 적응한 종은 엄두도 내지 못한다. 소나무가 다 그렇듯 폰데로사소나무는 물관이 좁고 (닫을 수 있는) 구멍으로 연결되어 있다. 따라서 공기주머니가 생겨도 세포 하나에 국한된다. 이것은 다른 나무에는 없는 응급 처치 메커니즘이다. 폰데로사소나무는 필요시에는 물을 지독히 아낄 수 있다.

물을 절약하는 습성은 일찌감치 나타난다. 폰데로사소나무 씨앗은 지표면에서 발아하는데, 빗방울 한 방울만 있어도 싹이 터서 자란다. 오히려 비가 너무 많이 내리면 주위 풀들이 웃자라서 해롭다. 폰데로사소나무는 일단 발아하면 수직의 원뿌리(배의 어린뿌리가 바로 발달한 뿌리로, 거의 갈라지지 않고 땅속으로 곧게 자란다_옮긴이)를 땅에 내리꽂는다. 두 해째가 되어 어린나무가 발목 높이로 자라면 이 뿌리는 50센티미터 깊이로 땅속에 파고들며 곁뿌리(원뿌리에서 갈라져 나온 뿌리_옮긴이)를 옆으로 벌린다. 바위나 다른 나무가 뿌리의 생장을 방해하지 않으면, 다 자란 폰데로사소나무의 원뿌리는 아래로 12미터, 옆으로 40미터까지 뻗을 수 있다. 이 뿌리들은 토양 균류의 훨씬 방대한 그물과 얽혀 있다. 땅 위로 보이는 부분은 햇빛을 모으는 부속지다. 그 아래에 있는 뿌리와 균류의 공동체는 물을 찾아다니는 거대한 지하 키메라다.

이따금 용광로의 열이 화염으로 번지기도 하는데, 폰데로사소나무는 여기에도 대비가 되어 있다. 늦여름 비는 기대하기 힘들지만 번개는 그렇지 않다. 뇌우 때문에 숲을 찾지 못한 적도 여러 번이다. 지금 내게 그늘을 드리운 나무를 비롯한 상당수는 껍질에 골이 파여 있다. 이 골은 우듬지부터 뿌리까지 죽 이어진다. 벌어진 곳을 막으려고 상처 좌우로 껍질이 부풀어 있지만, 번개로 인한 상처가 완전히 치유되는 일은 드물며 헐벗은 목질부는 고산의 햇빛을 고스란히 받아 회색으로 바랜다.

내 엉덩이 밑의 마른 바늘잎과 풀은 불이 엄청나게 잘 붙는다. 번개가 숲바닥에 불을 피우면 불꽃이 숲밑을 따라 기어오르거나 솟구친다. 이렇듯 땅에서 불이 나면 숲은 새카맣게 타버리지만 나이 든 폰데로사소나무는 용의 피부처럼 두꺼운 판으로 이루어진 껍질이 열과 화염을 막아주어 무사하다. 아스펜을 비롯한 다른 나무들은 불에 견디는 힘이 약하며, 약한 산불은 폰데로사소나무의 경쟁자들을 몰아낸다. 10년에 한 번꼴로 화마가 휩쓸고 지나가면 폰데로사소나무는 승승장구한다.

그렇다고 해서 용이 어떤 불에도 무적인 것은 아니다. 어떤 불은 더 뜨겁고 더 높이 올라간다. 이런 불은 땅바닥에서 숲지붕까지 기어올라가 무성한 잔가지를 집어삼킨다. 우듬지가 절반 이상 타면 폰데로사소나무는 죽는다. 사나운 불은 살아있는 나무를 모조리 쓸어버린다. 숲이 복원되려면, 씨앗이 싹트고 어린나무가 생장하는 수십 년의 과정을 거쳐야 한다. 따라서 숲의 성격은 큰불과 작은 불이 얼마나 자주 찾아오느냐에 따라 달라진다. 산불의 리듬을 좌우하는 요인은 여러 가지다. 산지기와 땅임자는 작은 불을 진화하여 큰불의 연료를 비축하고, 가뭄으로 약해진 소나무의 향은 치명적인 나무좀 떼를 끌어들여 마른 땔나무를 남기며, 무엇보다 습도와 온도의 변화—단기적 날씨 변동과 장기적 기후 추세—가 불을 부추기거나 억누른다.

산의 숲에서 흐르는 개울의 하류에 있는 흙에서는 기후 변화의 영향을 엿볼 수 있다. 개울은 계곡에 이르면 느리고 구불구불해진다. 유속이 느리면 물속 침전물이 내려앉아 선상지扇狀地(골짜기 어귀에서 하천에 의하여 운반된 자갈과 모래가 평지를 향하여 부채 모양으로 퇴적하여 이루어진 지형_옮긴이)를 이룬다. 이것은 상류의 침식을 보여주는 지질 기록이다. 불타지 않은 숲의 물길은 찌꺼기를 계곡으로 나르지 않고 깨끗이 흐른다. 작은 산불은 퇴적물과 숯을 하류로 보낸다. 심한 산불이 일어난 뒤에는 타버린 나무 무더기, 산사태로 무너져 내린 바위, 온갖 종류의 침식 토양이 개울을 메운다. 하류의 이 충적층을 발굴하면 시간의 층을 나눠 산불의 역사를 재구성할 수 있다.

지난 8000년간—마지막 빙기 직후부터 지금까지—일어난 산불은 일정하지 않았다. 어떤 세기에는 불똥이 튀는 정도였다면 또 어떤 세기는 활활 불길이 치솟았다. 산불이 불규칙한 이유는 기후 변동 때문인 듯하다. 15세기에서 19세기까지의 소빙기에는 춥고 습한 기후가 성했다. 이 때문에 큰불은 억제되었지만 풀이 무성하게 자라면서 작은 불이 많이 일어났다. 이 시기의 퇴적물을 보면 숲이 자주 불탔지만 불의 세기는 약했음을 알 수 있다. 이에 반해 서기 1000년을 전후한 중세온난기 초기에는 십년가뭄*decadal drought들이 서구를 휩쓸었다. 이 바싹 마른 시기에는 크고 뜨거운 산불로 쑥대밭이 된 산의 퇴적물이 두텁게 쌓였다.

산불은 변동이 심하기 때문에 '정상적' 산불 형태를 규정하기가 불가능하다. 그 대신 토양과 공기를 꼼꼼히 연구하면 산불의 현재 추세를 이해하고 (어쩌면) 미래의 추세를 알 수 있을지도 모른다.

플로리선트 폰데로사소나무에서 아래로 몇 킬로미터 떨어진 협곡에 매니토스프링스 마을이 있다. 어제는 갑자기 물이 넘쳐 마을이 잠겼다. 오늘 나는 읍내의 상점 지하실에서 다른 자원봉사자들과 함께 진흙을 퍼내고 있다. 임시 부엌에서 새어 나온 음식 냄새가 우리 일하는 곳까지 흘러들어 진흙내, 썩은 내, 잿내를 일시적으로 덮는다. 잠시나마 아찔하다. 파괴의 구렁텅이에서 풍기는 달콤하고 편안한 향기의 모순된 신호 때문에 어두운 지하실에서의 작업이 중단된다.

범람의 원인이 된 폭우는 중간 규모였다. 아마도 비구름 아래의 잔이 꽉 채워지지 않았을 것이다. 하지만 비는 한 번에 7000헥타르 이상의 맨땅에 쏟아졌다. 이것은 어마어마한 산불의 여파였다. 산불이 어찌나 크던지 월도협곡 산불Waldo Canyon fire이라는 이름까지 붙었고 텔레비전 뉴스에도 여러 번 방송되었다. 불은 지난여름을 태워 소나무, 아스펜, 가문비나무를 증기와 연기로 바꿨다. 주택 수백 채가 불길에 휩싸였다.

산에 남은 것은 흔히 '화상 흉터burn scar'라 불리는 옛 숲의 상처이지만, 숯이 널브러진 맨땅 또한 새로 태어난 아기 숲의 얼굴을 띤다. 산불의 잔해에 우리가 어떤 이름을 붙이고 어떤 감정을 대입하든 산의 표면은 이제 물리 법칙의 처분에 놓인다. 흙 입자의 마찰력이 비탈을 지탱하는 것은 날씨가 건조할 때뿐이다. 보슬비가 내리면 입자의 점착력이 커져 바닷가 모래성의 안정성이 일시적으로 증가하지만, 큰비가 내리면 성이 흐물흐물해지고 무거워지고 무너져 흙이 물줄기로 흘러든다. 범람한 물은 매니토스프링스에 도착할 즈음에는 요란한 굉음과 함께 3~4미터 높이로 시커멓게 파도치며, 평상시에는 발목 높이로 잔잔히 찰랑거리던 개울을 휩쓸고 지나간다. 한 사람이 죽고 많은 사람이 다쳤다. 주택이 유실되고 상점의 물건들이 물에 젖어 못 쓰게 되었다. 미래의 지질학자들은 하류의 선상지를 관찰하고서 큰불이 있었다고 결론 내릴 것이다.

범람은 우리가 일하는 지하실 벽에 눈 높이까지 진흙을 균일하게 칠했다. 소나무 바늘잎, 아스펜 잎, 부러진 잔가지 몇 개가 흙칠 꼭대기를 장식하고 있다. 물가 숲의 잔해가 범람한 물의 수면을 떠다니다가 자리 잡은 것이다. 바닥은 발목 높이까지 잿빛 진창 범벅이다. 깨진 유리와 쪼개진 나무의 조각이 점점이 박혀 있다. 우리는 들통으로 연신 오물을 퍼낸다. 삽으로 콘크리트 바닥을 긁는다. 진흙으로 들통이 들썩거린다.

들통을 들어 나르노라면 끙 하는 신음 소리가 난다. 몇몇 들통은 위층으로 가져가 길가 불도저에 싣고 나머지 진흙은 뒷문 바깥의 개울에 붓는다. 지금은 수위가 낮아졌는데, 온통 시커먼 실트다.

30년 전에는 해마다 불에 타는 콜로라도의 숲 면적이 8만 헥타르를 넘은 경우가 드물었다. 이제는 8만 헥타르를 웃돌 때가 많다. 큰 시골 마을 한 곳이 사라지는 셈이다. 현재 미국 산림국에서는 예산의 절반 이상을 산불 대응에 쓰고 있다. 10년 전에는 5분의 1에 불과했다.

폰데로사소나무를 비롯한 나무들이 탄 재는 전 세계에 퍼진다. 이곳과 캐나다 한대림에서 산불이 나면 그을음이 그린란드까지 도달한다. 재가 내려앉아 새까매진 빙상은 햇볕을 흡수한다. 태양의 온기가 스며들면 빙상은 녹는다. 콜로라도에서는 재와 침식 잔해가 저수지를 막아 음용수 비용이 증가하고 수력 발전에 차질을 빚는다.

산불은 열대림과 한대림을 둘 다 변형시키고 있다. 동남아시아에서는 개간을 위해 놓은 산불이 번져 연기가 여러 나라를 덮기도 한다. 이 나라들에서는 미립자 물질—불타는 우림에서 발생하여 공기 중에 떠다니는 작은 부스러기—을 들이마시는 것이 공중 보건에 심각한 문제를 일으켜 국가 간 협정으로 산불을 통제하려 한다. 아마존에서는 가뭄으로 인한 산불 때문에 (대규모 개간의 피해를 입지 않은 곳에서조차) 생태계가 파괴되고 있다. 한대림 극북 지대에서는 재생 속도가 산불의 속도를 따라잡지 못하고 있다. 지구적 관점에서 볼 때 이 모든 산불은 탄소의 대기 중 유출을 가속화한다. 전前산업 시대 이후로 대기 중에 초과 방출된 이산화탄소의 5분의 1이 산불에서 비롯했다.

미국 서부의 선상지를 발굴한 지질학자들은 중세온난기—즉, 마지막 빙기 이후로 서구에서 가장 더웠던 시기—의 흔적을 발견했다. 그런데 지금의 기후는 중세의 극단적 더위를 능가한 듯하다. 미국 서부는 어찌나 건조한지 북아메리카 대륙 서해안이 지난 10년간 몇 밀리미터 상승했다. 저수량이 줄면서 땅덩어리가 솟은 것이다. 봄과 여름 기온이 올라가고 눈이 일찍 녹으면서 산불이 일어나는 시기가 길어졌으며 연간 화재 면적은 1980년대 이후로 여섯 배 증가했다. 향후 100년에 대한 모든 기후 모형은 이 지역에 대해 한결같은 예측을 내놓는다. 과거의 십년가뭄은 앞으로의 가뭄에 비하면 "짧아 보일" 것이다.

산불의 성분인 나무와 산소는 같은 장소에서 광합성 과정으로 탄생한다. 이것은 건플린트 세균의 유산이다. 기체와 식물성 가연성 물질의 불안정한 조합은 식물이 뭍을 점령한 뒤로 줄곧 불타왔다. 최근 몇백 년간은 기후가 비교적 서늘하고 습했다. 그래서 우리는 도심, 저수지, 교외 등의 기반 시설을 지을 때 산불이 드문 일탈이라고 가정했다. 그런 시절은 지나갔다. 이제 우리는 모두 산불의 하류다.

매니토스프링스에서는 밥 짓는 냄새가 어둠에 짓눌려, 친숙한 집의 냄새가 사라지고 젖은 재와 진흙만 남는다. 우리의 신체는 노동으로 복귀하여 오니를 퍼내고 들통을 나른다. 인간의 근육은 시시각각 새로운 세계의 리듬을 찾는다.

3400만 년 전에 콜로라도에서 화산이 잇따라 폭발하여 용암과 잔

해가 흘렀는데, 지금 같았으면 강가 지하실뿐 아니라 도시 전체가 잠겼을 것이다. 그 화산 중 하나인 거피 화산은 플로리선트 계곡을 내려다보며 우뚝 솟아 있었다. 오늘날 침식되고 남은 부분은 능선 몇 개에 불과하여, 파이크스봉의 돔에 비하면 새 발의 피다. 하지만 당시에는 거피 화산을 비롯한 인근 화산들이 이곳의 생명을 지배했다. 화산이 주기적으로 폭발할 때마다 바위 녹은 물이 주변에 비처럼 내렸다. 화산은 평상시에는 가만히 앉아 용암과 재를 찔끔찔끔 내보냈다. 이 지질학적 발산은 주변 지형을 재, 진흙 바위로 덮었다. 이렇게 쌓인 잔해는 매니토스프링스 위쪽에 있는 현대의 불안정한 산지와 마찬가지로 이따금 육중한 판을 이루어 내려왔으며 물과 눈을 만나 슬러리가 되었다. 이렇게 슬러리가 흘러내리면 계곡 아래쪽은 진창과 쇄석이 몇 미터씩 쌓였다.

거피 근처의 한 계곡에서는 5미터 깊이로 흘러내린 잔해에 레드우드 숲이 파묻혔다. 나무가 컸기에 줄기 대부분이 위로 솟아 있었다. 이렇게 서 있던 나무들은 뿌리가 질식하여 죽으면서 금세 썩었다. 화산니火山泥가 레드우드 줄기 밑동을 덮었다. 진흙이 두꺼워서 공기 중의 산소가 매몰된 그루터기에 이르지 못한 탓에, 숨 막힌 세균은 죽은 레드우드를 분해하지 못했다. 생물학적 분해가 부쩍 느려지면서 나무가 돌로 변하는 기나긴 과정이 시작되었다. 잿물 진흙에서 광물질이 풍부한 물이 배어나 매몰된 나무의 세포 하나하나를 용해된 이산화규소로 적셨다. 수십만 년에 걸쳐 이산화규소가 점차 결정으로 바뀌면서 나무가 분해된 자리를 차지했다. 이렇게 자란 결정은 식물 세포의 형태를 유지하면서 돌에 나무의 자국을 남겼다. 광물질이 풍부한 물에 수백만 년 동안 덮여 있던 레드우드는 규화목이 되었다.

오늘날 플로리선트 화석층 국립 천연기념지의 폰데로사소나무 숲과 풀밭에는 레드우드석石 그루터기가 곳곳에 박혀 있다. 줄기의 나이테, 목질섬유木質纖維의 뒤틀림, 판근의 형태와 질감이 고스란히 남아 있다. 규화목은 오래되어 푸석푸석한 나무처럼 약해 보인다. 하지만 방문객 안내소에 있는 규화목 표본은 놀랄 만큼 억세다. 무게와 굳기는 철에 견줄 만하다. 규화목의 광물적 특성은 색깔로 알 수 있다. 뿌리의 까만 줄은 망간이고 세로 면에서 주황색으로 빛나는 것은 산화철이고 누르스름하고 붉은 부분은 철이 흘러나온 것이다. 바위 표면에서 자라는 지의류의 황록색과 적갈색이 광물질을 덮었다. 시각에 따라, 계절에 따라 빛의 각도와 양이 달라짐에 따라 색깔과 밝기가 햇빛에 반사되어 달라진다. 겨울의 비스듬한 햇빛 아래에서는 불붙은 석탄 같고 여름에는 빛바랜 흰색 대리석이 줄무늬처럼 박힌 유황 같다.

나는 폰데로사소나무 옆에 앉는다. 그 옆에 큰그루터기가 있다. 화산류가 흘러내리기 전에만 해도 이 레드우드는 키가 70미터에 수령이 700년을 넘었다. 이젠 높이 3미터에 너비 10미터의 돌기둥 조각만 남았다. 예전 땅임자들이 그루터기 주변의 흙과 돌을 퍼낸 탓에 규화목 있는 자리가 움푹 파였다.

그루터기는 오래전에 죽은 것 치고는 청각적으로 생생하다. 여름에는 보라초록제비*violetgreen swallow가 노출된 줄기 주변에 잠복하여 날벌레를 기다리면서 재잘댄다. 녀석들은 그루터기와 노출된 이암에 내려앉아, 기어다니는 곤충을 잡아먹고 흙을 쪼아댄다. 산파랑지빠귀*mountain bluebird는 그루터기에 모여 짹짹거리는 새끼에게 먹이를 먹이고 짝에게 가르랑거리고 경쟁자를 부리로 쫀다. 착륙하고 걸어다닐 때는 발톱으로 바위를 꽉 쥔다. 벌새 한 마리가 그루터기에 얼굴을 갖다 대고 붕붕거리면서 꽃처럼 생긴 주황색 무늬를 들여다본다. 메뚜기는 그루터기 밑동의 흙에서 따르르 울고 줄무늬다람쥐는 세로면을 올라가 자신의 영역을 조사하고 머리 위의 매와 도래까마귀에게 경고를 보낸다.

가을이면 새들이 씨앗을 포식하러 모여든다. 폰데로사소나무는 방울을 벌리고 풀은 이삭의 무게로 고개를 숙이고 허브는 씨앗을 땅에 떨어뜨린다. 이 결실의 계절에 그루터기는 다시 한 번 활동의 중심지가 된다. 파랑새는 서로 만나 구구구 울고 동고비는 소나무 씨앗을 그루터기 틈새에 욱여넣으려다 포기하고는 살아있는 소나무의 무른 껍질로 자리를 옮긴다. 자주색되새*purple finch와 스텔러어치Steller's jay는 맴돌며 울다가 폰데로사 솔방울에 모여든다. 햇볕에 땅이 데워지면 메뚜기가 여남은 마리씩 나타나 톱니바퀴 떨리는 소리를 내면서 그루터기 주변의 원형극장을 날아다닌다.

겨울에는 공기에 생기를 불어넣는 동물의 소리가 적어진다. 공기를 채운 폰데로사소나무 바늘잎의 울부짖음 사이사이로, 지나가는 도래까마귀의 깍깍 소리가 간간이 들린다. 지친 풀의 줄기가 바람에 눕는다. 풀이 움직이면 날카로운 끄트머리가 마치 거친 종이에 펜으로 쓰듯 서걱거리며 눈 표면에 곡선을 긋는다. 소나무 바늘잎에서 눈덩이가 떨어지는데, 처음에는 쉿쉿 소리가, 그러다 둔탁한 퍽 소리가 들린다.

사람에게서 나는 소리는 식물과 동물의 소리와 어우러져 예측할 수 없는 변화를 일으킨다. 비행기가 지나가면 허공이 굉음으로 물든다. 등산객이 규화목 조각을 밟으면 저벅저벅 소리가 난다. 큰그루터기 옆에서는 산책객이 쉬면서 규화목의 둘레에 대해 한마디 한다. 카메라가 그루터기, 폰데로사소나무, 풀밭에 찰칵찰칵 픽셀 폭격을 퍼붓고 나면 총잡이들은 성큼성큼 딴 곳으로 이동한다. 우드칩 기계가 방문객 주차장에서 우르릉 쾅쾅 작업 중이다. 공원 사업소에서 토지 관리를 하는 소리다. 산림 경비대는 산불을 방재하기 위해 비탈에서 소나무를 솎아 내고 줄기와 가지를 숲에서 끌어냈다. 나무와 철이 분쇄기 안에서 부딪히고, 빠르게 돌아가는 제분기 바퀴에서 아리엘이 비명을 지르고, 분쇄된 목재가 분출되어 쌓인 더미에서 김이 모락모락 난다. 현대의 큰 그루터기다.

레드우드가 인상적이기는 하지만 이곳에서 가장 아름답거나 가장 학술적으로 가치 있는 화석은 아니다. 화산류는 나무를 묻기만 한 것이 아니라 플로리선트 계곡을 메워 작은 호수를 만들었다. 너비는 20킬로미터로, 카누를 열심히 저으면 반나절 만에 통과할 수 있다. 원래 호수는 완전히 말라버렸는데, 이 바닥의 잔해에서 과학자들은 세상에서 가장 아름답게 보존된 화석을 찾아냈다. 거피 화산의 간헐적 활동으로 재와 진흙이 호수에 유입되었고, 이 얇은 재 층은 조류藻類의 잘디잔 골격 잔해 사이에 쌓였다. 이 고운 층상 퇴적물은 잎, 곤충, 생물을 붙잡아, 책에 끼운 압화押花처럼 간직했다. 호수 바닥에 퇴적물이 쌓이면서 재와 조류 골격은 점차 '페이퍼 셰일paper shale'이라는 암석으로 바뀌었다.

망치로 살살 두드리면 얇은 암석 표면이 벌어지면서 고대의 책이 펼쳐져, 사이에 끼워져 있던 꽃의 흔적이 드러난다. 예일 피보디 박물관에는 페이퍼 셰일 몇 점을 소장품으로 보관하고 있다. 그런 화석을 내 손에 들고 있다니 믿기지 않는다. 화석은 방금 물에 내려앉은 잎과 곤충처럼 생생해 보여 연대를 가늠할 수 없다. 돋보기로 들여다보니 양치식물 쪽잎의 잎맥이 하나도 빠짐없이 보인다. 현미경으로 보면 꽃의 상세한 해부 구조, 꽃가루의 모양, 잎 표면에 타일 형태로 배열된 세포를 볼 수 있다. 심지어 맨눈으로 보아도 경이로운 광경이 펼쳐진다. 나뭇잎의 불규칙한 구멍을 보면 잎을 먹은 털애벌레가 저녁에 다시 돌아올 것만 같다. 거미의 독니, 각다귀의 더듬이, 개미의 눈처럼 여느 화석에서는 결코 찾아볼 수 없는 작고 섬세한 부위가 이곳에 있다.

플로리선트 페이퍼 셰일은 고생물학의 알렉산드리아 도서관이지만, 이곳을 만들고 보존한 것은 화산의 불이다. 셰일의 책은 지중해 학자들이 발견한 파피루스 두루마리보다 3000만 년 이상 오래되었으며 그 안에는 수천 종의 이야기가 담겼다. 이 이야기를 꿰어 맞추면 플로리선트의 생태를—지질학 척도로 따지면 최근의 생태를—보고 들을 수 있다. 현재 시점에서 보자면, 거피 화산이 폭발하여 큰그루터기가 진흙에 묻힐 무렵은 생명의 역사에서 99퍼센트가 이미 전개된 뒤였다. 플로리선트 화석에 정교하게 새겨진 생태적 기억이 우리에게 알려주는 것은 마지막 1퍼센트가 (짧기는 하지만) 부산한 시기였다는 것이다. 큰그루터기와 이웃 그루터기들은 플로리선트 화석의 핵심 메시지를 보여준다. 3400만 년 전 이곳이 훨씬 따뜻하고 습한 계곡이었음을. 현재 아메리카 대륙의 레드우드는 온대인 태평양 연안을 따라서만 자란다.

오늘날의 콜로라도에서는 여름 가뭄과 겨울 추위 때문에 레드우드가 전혀—묘목이든 거목이든—살 수 없다. 하지만 예전에는 옛 호수와 지류의 기슭을 따라 레드우드가 무성하게 자랐다. 규화목 그루터기에 보존된 나이테를 관찰하면 오래전에 죽은 레드우드의 생장 속도를 추측할 수 있다. 목화석의 나이테가 넓은 것으로 보건대 현대의 레드우드보다 크게 자랐을 것이다. 플로리선트의 기후는 오늘날의 레드우드가 겪는 것보다 훨씬 온화하고 습했다.

수십 종의 식물이 레드우드와 더불어 자랐다. 참나무, 히코리, 소나무는 높은 산등성이에서 살았고 포플러와 양치식물은 물 가까이에서 자랐다. 일부 식물은 뚜렷한 현생 근연종이 없지만 상당수는 친숙한 속에 속한다. 이곳에서는 포도, 밀나물greenbrier, 검은딸기blackberry, 아까시나무, 채진목serviceberry, 야자나무, 느릅나무가 모두 자라고 있었지만, 현재의 식물상에는 하나도 남아 있지 않다. 셰일에서 발견된 식물들을 현대 후손의 선호 서식지와 비교하면 고대 플로리선트의 기후를 재구성할 수 있다. 동남아시아나 멕시코 중부의 온난한 산지의 숲 기후가 가장 비슷할 것이다. 여름은 덥고 습하며 겨울은 포근하고 좀처럼 얼지 않는다. 고대 플로리선트의 연평균 기온은 지금보다 10도 이상 높았다. 참고 삼아 언급하자면, 현대의 기후 변화에 대응하는 정책의 목표는 지구 평균 기온이 2도 이상 오르지 않도록 하는 것이다. 플로리선트의 기온에 도달하려면 이 목표를 네 배 초과 달성해야 한다.

동물 화석도 이 지역의 기후가 온난했음을 뒷받침한다. 매미와 귀뚜라미가 레드우드에서 울었으며 게거미crab spider가 꽃 속에 숨어 있었다. 딱정벌레 수백 종은 축축한 낙엽을 누비고 다녔다. 반딧불이가 숲밑을 밝히고 거미가 거미줄을 자았다. 장구애비가 호수에서 아미아고기bowfin와 나란히 헤엄쳤고 물떼새plover가 호수 기슭을 걸었다. 현대의 건조한 풀밭과 획일적인 폰데로사소나무 숲과 비교하면 고대의 숲은 이례적으로 빽빽하고 다양했다. 생명의 잔을 넘치게 한 것은 정기적으로 내리는 미지근한 비였다. 거피 화산은 주기적으로 지질학적 분노를 분출하여 숲의 일부를 절멸시켰으나, 숲은 다시 돌아와 생물의 흔적으로 가득한 암석을 더 많이 남겼다.

플로리선트 화석의 보존 상태가 훌륭하고 이 지역의 생물 다양성이 큰 덕에 페이퍼 셰일과 레드우드는 고생물학자들 사이에서 인기가 높다. 하지만 이 화석들이 나타내는 것은 콜로라도 외딴 구석의 옛 생물만이 아니다. 플로리선트의 생물은 에오세에 활짝 피어난 생명의 일부다. 에오세는 기후가 들쭉날쭉했지만 오늘날보다는 훨씬 온난했다. 이산화탄소 농도는 현대의 두 배 이상—심지어 열 배까지—이었다. 심해 열수 분출공에서 뿜어져 나온 메탄도 대기 중에 열을 붙잡아두는 역할을 했다. 지구는 온실이라기보다는 사우나에 가까웠다. 에오세의 열기가 절정에 이르렀을 때는 남극에서 북극까지 지구 전체가 뜨거웠다. 지금은 나무 한 그루 없는 북극에서 무성한 숲이 자랐다. 당시 북극의 기온은 지금보다 30도 높았다. 부동不凍의 남극에서는 야자나무가 자랐다. 에오세에 대기 중 이산화탄소가 풍부했던 데는 화산 폭발, 탄산염암의 풍화, 바다와 습지에서의 기체 방출, 조류藻類가 저장하고 방출하는 탄소의 변화 등 여러 요인이 있다.

에오세에서 가장 뜨거웠던 시기로부터 1000만 년이 지난 뒤에 거피 화산이 플로리선트를 묻어버렸다. 거피의 시대는 에오세 끝자락이었는데, 이때는 이산화탄소 농도가 낮아지고 있었으며 남극은 따스한 녹지에서 빙상으로 바뀌어, 세상을 냉각시키는 관설冠雪이 되었다. 지구 기온은 이미 에오세 최고치에 비해 훌쩍 낮아졌다. 그러니 플로리선트 화석이 매몰된 시기는 현대 콜로라도보다는 온난했지만 그 앞 시기보다는 추웠다. 플로리선트 화석이 생성된 시대는 고생물학자들이 '온실'에서 '빙실icehouse'로의 전환기라고 부르는 시기의 한가운데였다. 그 뒤로는 화석 기록이 부실하기 때문에, 레드우드 숲이 플로리선트에서 마지막으로 사라진 것이 언제인지는 알 수 없다. 하지만 에오세 말 이후로 오래 버티지는 못했을 것이다.

진흙이 레드우드를 덮었을 때 시작된 한랭화는 오늘날까지 계속되었다. 에오세의 기후와 마찬가지로 기온이 오르락내리락하기는 했지만, 멀리서 바라보면 갈지자걸음이 내리막을 이루고 있음을 알 수 있다. 인류가 탄생한 것은 이러한 한랭화 추세 덕분이다. 유난히 춥고 건조한 기후 때문에 아프리카의 숲이 후퇴하면서 우리의 선행인류 조상들은 갓 출현한 사바나와 초원으로 이동했다. 탁 트인 평원에 살던 이 유인원들에서 호모 사피엔스가 진화했으며 인류의 모든 역사는 비교적 추운 시기에 전개되었다. 큰그루터기 주변 풍경—한랭 건조 기후로 인한 광활한 초원과 잡목림의 풍경—을 둘러볼 때 마음이 차분해지는 것은 이러한 판단이 나의 인간적 마음 깊숙이 새겨져 있기 때문일 것이다. 플로리선트의 에오세 레드우드 가지에서 곤충을 사냥하던 (주머니쥐 닮은) 동물이나 아래쪽에서 잔가지를 뜯어 먹던 난쟁이 말은 안개비 너머로 보이는 높고 무성한 식물의 풍경을 더 좋아했을 것이다.

사바나와 비슷한 풍경을 좋아하는 습성은 인류가 전 세계에 퍼지면서 간직한 신경학적 기벽 중 하나다. 또 다른 기벽은 기물奇物, 특히 오래된 물건을 모으려는 욕망이다. 우리는 이야기하는 종種이기에, 우리는 이 물건을 닻과 시금석 삼아 자신의 진실을 발견하는 이야기를 찾으려 하는지도 모른다. 이유가 무엇이든, 이 충동 때문에 플로리선트 화석이 거의 다 파손되었다. 19세기 후반에 관광객들이 기차를 타고 레드우드와 페이퍼 셰일을 보러 왔다. 몇 해 지나지 않아 규화목 통나무와 그루터기가 거의 전부 사라졌으며 관광객들은 철도 주변의 페이퍼 셰일을 싹쓸이했다. 20세기 전반기에는 리조트 여러 곳이 이 지역에 들어섰는데, 그중 한 곳은 큰그루터기 뒤쪽 언덕에 숙소를 지었다. 업체는 숙박객들의 조망을 위해 큰그루터기 주변의 이암을 파냈다. 건설업자들은 규화목을 부수고 시멘트를 발라 오두막용 벽난로와 선반을 만들었다. 사업은 번창했다. 이곳 풍경이 마음에 든 월트 디즈니Walt Disney는 기중기를 보내어 커다란 그루터기를 캘리포니아로 가져갔다. 먼 길을 떠난 그루터기는 지금도 디즈니 테마파크에 우뚝 서 있다. 안내판에는 엉뚱한 지질학적 설명이 새겨져 있어 관광객들을 어리둥절하게 한다.

초창기 과학 수집가들은 지질학을 디즈니보다 잘 알았으며 땅도 더 많이 파헤쳤다. 과학자들은 삽과 (말이 끄는) 쟁기를 이용하여 다량의 페이퍼 셰일을 끄집어냈는데, 이 중 대부분이 미국 동부 전역의 박물관에 흩어져 있다. 1970년대에 미국국립공원관리청이 플로리선트 지역을 매입했으며 화석 수집은 소규모 학술 채굴을 제외하고는 금지되었다. 이제 우리는 기물을 카메라와 녹음기로 수집하거나 도로 아래의 민간 채석장에서 입수한다.

수집 광풍은 플로리선트에 많은 흔적을 남겼다. 큰그루터기 옆에 여남은 시간을 앉아 있으면서 방문객들이 잡담하는 소리를 들었는데, 플로리선트에서 가장 많이 언급되는 것은 레드우드의 근사한 나뭇결이나 폰데로사소나무의 멋진 소리가 아니라 큰그루터기 위쪽 절반에서 삐져나온 녹슨 톱날 두 개였다. 톱은 먹다 남은 케이크에 꽂힌 빵칼처럼 규화목을 세로로 자르다 박혀버렸다. 톱날은 틈새에 낀 채 부러졌다. 1890년대에 그루터기를 반으로 갈라 시카고 국제박람회에 가져가려는 시도가 있었지만 실패하고 말았다. 나무 비계飛階를 대고 증기기관으로 동력을 공급했는데도 돌기둥이 어찌나 큰지 꿈쩍도 하지 않았다. 녹슨 톱날은 과거를 소유하려는 욕망의 파괴적 결과를 보여주는 '본의 아닌' 기념물이 되어 지금까지도 남아 있다.

톱질은 이따금 실패하기도 하지만, 돌멩이를 주머니에 넣거나 부러진 레드우드 잔해를 가져가는 것은 식은 죽 먹기다. 문제는 나무의 의미를 찾고 간직하는 일이 훨씬 어렵다는 것이다.

숯불 위에 올린 골동품 교토 주전자가 쉭쉭거리며 늘푸른나무에 스치는 바람 소리를 낸다. 우리의 귀는 두 종류의 나무 소리를 구분한다. 하나는 가까이서, 또 하나는 멀리서 들린다. 불 위에서 주전자가 데워지면 주전자 몸에서 끊임없이 딱딱 소리가 나고, 쉭쉭거리는 나무들 사이로 여인의 발걸음 소리가 들린다. 이곳은 가와바타 야스나리川端康成의 『설국』이다. 풍경에서 들려오는, 친근함과 거리감 사이의 긴장이 그 책의 중심 주제다. 소설 마지막 장면을 여는 것도 소리다. 주인공인 무위도식자 시마무라는 나무의 소리가 사람 발자국 소리와 섞이는 것을 듣고는 인간관계에서 발을 돌려 추운 밤하늘에 감싸인다. 그는 이 세상을 벗어나 고독한 허무에 빠진다.

콜로라도의 설국에서도 두 가지 늘푸른나무 소리가 들린다. 하나는 우리 시대를 살아가는 폰데로사소나무의 소리이고 다른 하나는 먼 과거에서 들려오는 레드우드의 노랫소리다. 두 나무의 생태적 불협화음에는 허무로 들어가는 입구가 놓여 있다.

규화목 그루터기, 즉 과거의 기억을 나르는 표류석 조각은 지구의 엄혹한 법칙을 상기시킨다. 오늘 존재하는 것은 내일은 존재하지 않을 것이다. 기후 변화는 이 덧없음을 나타내는 한 가지 표현이다. 기후에서 변하지 않는 한 가지는 변한다는 사실이다. 이러한 기온과 강수의 카덴차와 글리산도는 때로는 느리게 구부러지고 때로는 급히 꺾인다. 바위, 공기, 생명, 물의 무상無常. 규화목 옆의 폰데로사소나무는 인간이 초래한 변화에 붙들린 채 뜨거운 바람을 맞으며 운다. 나무좀의 공격을 받았거나 가뭄에 시달리고 있을 것이다.

이 변화의 영향은 하류에도 미친다. 유리 조각과 (산사태의 티끌인) 숲의 진흙이 들통에서 찰랑거린다. 생물지구화학적 조절이나 혁명에 항의하며 워싱턴을 행진하는 사람은 아무도 없지만, 나는 인간의 활동으로 인한 기후 변화를 늦추기에 적합한 정책의 부재에 항의하는 수많은 시위에 참가했다. 이런 식으로 세상과의 관계를 양분하는 명분은 무엇인가? 우리가 분리의 세계에서 살지 않기로 결정한다면, 소나무와 레드우드와 마찬가지로 우리 또한 이곳에 속한 존재임을 믿는다면, 우리는 어디에 윤리의 뿌리를 두어야 할까? 다윈주의 혁명의 철학적 귀결 중 하나는 이 물음을 숙고하게 된다는 것이다. 우리가 나머지 모든 생물과 같은 재료로 만들어졌다면, 우리의 몸이 똑같은 자연 법칙에서 생겨났다면, 인간의 행위 또한 자연적 과정이다. 그렇다면 이로 인한 또 다른 기후 변화를 우려할 이유가 무엇인가? 우리의 행동은 에오세를 끝낸 지질학적 힘이나 생성과 분해로 대기를 새로 만든 종들의 활동과 마찬가지로 자연적이다. 생명은 석회암, 산소, 탄소, 오존, 황화물 기체의 순환을 끊임없이 변형했으며 때로는 지구 전체의 생물 다양성에 대변동을 일으키기도 했다.

우리의 세속적 전통과 종교적 전통이 윤리적 물음에 답하는 일반적인 방법은 '우리'와 '그들'을 구분하는 것이다. 우리는 신이 우리와 함께 창조된 이웃들을 관리할 특별한 책무를 우리에게 주었다거나 우리가 (신 없이도) 언어나 예술, 기술을 통해 유일무이한 지위를 얻었다고 믿는다. 이런 믿음은 세상의 통합적인 생태적 풍부함과 어긋나는 듯하다. 분리의 교의는 생명 공동체를 파편화하고 인간을 고독한 방에 가둔다.

우리는 이렇게 물어야 한다. 지구에 온전히 속하기 위한 윤리를 찾을 수 있는가. 해답은 우리가 어떤 지구에 속한다고 생각하느냐에 (적어도 부분적으로) 달렸다. 세상이 물리 법칙의 지배를 받는 원자의 춤일 뿐이라면 속함의 윤리를 묻는 물음에 대한 대답은 윤리적 허무주의일 수밖에 없다.

『설국』에서 시마무라는 사람들에게서, 자신이 매여 있을 수도 있었던 풍경에서 돌아선다. 그는 스스로를 파내어 허무로, 별들의 머나먼 물질성으로 사라진다. 사뭇 다른 두 기후에서 살아가는 우리의 두 나무도 비슷한 경로를 보여준다. 우리가 나머지 모든 종처럼 원자로만 이루어진 종이고 그 이상도 이하도 아니라면, 왜 인류가 초래한, 폰데로사소나무를 위협하는 기후 변화가 윤리적 재난이라고 믿으면서 에오세 레드우드 숲의 기후 변화는 윤리적으로 중립적인 현상이라고 여겨야 하는가의 물음이 제기된다. 우리 자신의 윤리가 비롯한 출발점에 자연주의적 렌즈를 갖다 대면 이 물음은 한층 심각해진다. 많은 생물학자들은 '윤리와 의미'에 대한 우리의 생각과 느낌이 신경계의 성향에서 비롯한 것일 뿐이라고 주장한다. 우리의 행동과 심리는 여느 동물의 마음과 감정처럼 진화 과정을 거치며 발달했다. '우리'와 '그들'은 존재하지 않는다. 진화라는 주제의 저마다 다른 변주만이 존재할 뿐이다. 그렇다면 윤리는 우리의 마음 바깥에서 객관적 타당성을 가지는 진리가 아니라 시냅스에서 생기는 망상이다.

가족과 집단에 대한 충성. 타인의 고통에 대한 공감적 반응. 사랑스러운 생물에 대한 정서적 애착과 '가치'의 부여. 나무 곁에 있고자 하는 생명애적 필요성. 인류의 보전에 대한 우려. 인권, 동물권, 종의 내재적 가치. 이 모든 것은 깊숙한 내면에서 느껴지는 인간적 신념이다. 하지만 우리의 신경 회로 바깥에서도 여기에 일말의 진실이, 일말의 의미가 있을까? 진화 경로가 달랐다면 우리의 유전자가 달라지고 윤리 체계도 달라졌을 것이다. 따라서 허무주의는 물리적·생물학적 질서에 진정으로 속하는 것이 무엇인가라는 물음에 대한 매력적인 답인지도 모른다. 우리의 윤리적 믿음은 스스로를 기만하는 꿈이자 "하잘것없는 이야기"다. 덧없는 종 하나가 다른 종의 화석 잔해를 태워 지구를 조금 데우든 말든 무슨 상관인가. 환상으로 자신을 위안하려는 것이 아니라면 무슨 일이 벌어지든 무슨 상관인가.

하지만 내가 찾는 것은 덜 부서진 것, 온전히 생물학적이면서도 우리를 시마무라의 별 가득한 차가운—스스로 만들어낸 기운을 제외하면 텅 빈—우주로 내보내지 않는 윤리다.

이러한 윤리의 실마리는 분홍색 바지를 입고 폰데로사소나무에서 '우렁찬' 소리를 들은 소녀에게서 찾을 수 있을지도 모른다. 소녀와 가족은 기쁨과 초연한 느긋함으로 플로리선트를 대했다. 소녀는 나무의 소리를 들었다. 소년은 떨어진 폰데로사 솔방울을 살펴보았다. 벌어진 비늘조각 사이를 들여다보다 덜 익은 채 나무에 달려 있는 솔방울을 쿡쿡 찔렀다. 부모는 초원의 풀이 바람에 파도치는 것 좀 보라고 말했다. 아이들은 큰그루터기의 흔적을 읽었다. 누가 시켜서가 아니라, 과시욕 없는 순수한 호기심에서였다. 아이들은 선 채로 거석을 우러러보며 다채로운 색깔에 대해 이야기했다. 대다수 방문객이 1~2분 머물다 가는 것에 비해 아이들은 더 오랫동안 그루터기 앞에 서 있었다. 이 가족은 그곳에 현존했다. 새로 친구를 사귈 때처럼 귀를 기울이고 탐구했다. 그들이 시작한 것은, 아니 (어쩌면) 지속한 것은 플로리선트와의 탄탄한 관계, 장소에 대한 감각적, 지성적, 신체적 열림이었다. 이곳의 토착민인 유트족과 그들의 조상은 19세기에 강제로 이주당했다. 인류가 이곳의 생명 공동체 안에서 천 년간 이어온 관계를 끊어버린 폭력이었다. 이 관계에 스며 있던 기억과 지식은 대부분 사라졌다. 소녀와 가족은 잊힌 것의 일부를 다시 배우는 작은 첫걸음을 내디뎠다.

그 가족이 플로리선트의 세세한 특징에 주목한 것은 언뜻 보기에 에오세와 현대의 이류泥流(산사태나 화산 폭발 때 산허리를 따라 격렬하게 이동하는 진흙의 흐름_옮긴이)가 가지는 윤리적 함의를 이해하는 것과 무관한 듯하다. 가족의 행동은 기후 변화의 윤리에 대한 구체적 질문에 직접적인 답을 전혀 제시하지 않는다. 그 대신 생명 공동체에 참여함으로써 해답을 향해 나아가는 법을 보여줄 수는 있을지도 모른다. 이러한 참여—또는 문화적 균열과 기억상실 뒤의 재참여—로부터 세상의 심층적 아름다움을 이해하는 성숙한 능력이 생겨난다.

생태적 아름다움은 자극적인 예쁨이나 감각적 참신함이 아니다. 생명 과정에 대한 이해는 종종 이런 피상적 인상을 뒤엎는다. 화상 '흉터'는 실은 오래도록 기다린 재생일 수도 있다. 발밑의 미생물 공동체는 산에 깔린 석양의 뚜렷한 장관보다 더 풍요로운 아름다움을 가지고 있을지도 모른다. 썩은 것과 더러운 것에서 찐득찐득한 숭고미를 찾을 수 있을지도 모른다. 이것이 생태미학, 즉 생명 공동체의 특정한 부분 안에서 지속적이고 체화된 관계를 맺음으로써 아름다움을 지각하는 능력이다. 관찰자, 사냥꾼, 벌목꾼, 농부, 포식자, 음유시인, 유해 미생물과 공생 미생물의 서식처 등 생명 그물망 내의 다양한 존재 양태로서의 인간도 이 공동체에 포함된다. 생태미학은 인간의 자리가 없는 상상 속 황무지로 도피하는 것이 아니라 모든 차원에서의 속함을 향해 발을 내디디는 것이다.

이 생태미학에 존재 윤리의 뿌리를 둘 수 있을 것이다. 생명의 생태에 대하여 우리의 신경질적 불안을 초월하는 객관적인 도덕적 진리가 존재한다면 그것은 생명 그물망을 구성하는 관계 속에 위치한다. 각성을 거쳐 그물망의 과정들에 참여하고서야 우리는 일관된 것, 깨진 것, 아름다운 것, 좋은 것을 들을 수 있다. 이러한 이해는 지속적인 신체적 관계에서 생겨나고, 성숙한 의미의 생태미학에서 표현되며, 생명 그물망에서 탄생하는 윤리적 안목을 낳는다. 우리는 신체와 종의 개별성을 (적어도 부분적으로는) 초월한다. 이 초월은 생명 과정의 세속적 현실에서 생겨나며 신이 세상에 관여하느냐의 문제에는 불가지론적 태도를 취한다.

아이리스 머독Iris Murdoch은 플라톤을 원용하여 아름다움을 경험하면 '탈아脫我'하게 된다고 썼다. 이 경험을 언급하면서 머독은 황조롱이가 나는 모습을 첫 번째 사례로 들었다. 머독은 인간의 삶과 황조롱이의 삶이 둘 다 목적이 없고 궁극적으로 무의미하다면서도 우리가 황조롱이에게서 아름다움을 경험하는 것이 "틀림없이 좋은 것"이며 덕과 도덕적 변화를 향한 출발점이라고 주장했다. 하지만 머독은 이 개념을 생태적 맥락으로 확장하지 않았으며, 황조롱이와의 지속적 관계가 녀석의 아름다움을 발견하는 우리의 능력을 얼마나 깊이 향상시키는지 강조하지도 않았다. 머독의 집에서 멀지 않은 곳에서 J. A. 베이커J. A. Baker는 바로 그런 현실적이고 문학적인 실험을 수행하고 있었다. 매peregrine falcon를 따라다니다 녀석의 삶에 탈아한 것이다. 속함의 윤리는 머독과 베이커를 융합하고 확장하여 아름다움과 윤리의 관계를 섬세하게 이해하도록 한다. 확장된 체화 경험은 이러한 이해의 자양분이 된다. 우리는 새, 나무, 기생충에게 탈아하며 머지않아 흙에도 탈아한다. 종과 개체를 넘어서서 우리의 바탕인 공동체에 자신을 연다.

허무주의자를 비롯한 사람들은 아름다움이라는 것이 인간의 감각적 편견에서 비롯한 환각이라고 주장할 것이다. 흄은 이렇게 썼다. "아름다움은 그 자체로는 어떤 성질도 아니다. 아름다움은 그것을 생각하는 마음속에 존재할 뿐이며 각 마음은 아름다움을 저마다 다르게 지각한다." 하지만 여기서 잠깐 수학자들을 생각해보자. 수학자의 작업은 엄밀하며, 그들은 객관적 진리, 또는 적어도 객관적 진리에 가장 가까운 것을 추구한다. 우리는 이 수학을 믿고서 비행기를 하늘에 띄우고 원자 내부의 새로운 관계를 발견하고 머리 위 지붕의 무게를 지탱한다. 항공학자, 물리학자, 목수 앞에 미학적인 수학적 판단이 있다. 이 판단은 특정한 학문 분야와의 오랜 관계를 통해 발전했다. 수학자들은 아름다움을 지침으로 삼는다. 우아함은 옳음의, 또는 옳음으로 향하는 단계의 한 가지 기준이다. 이 우아함을 보려면 훈련과 경험이 필요하다. 수학 문제와 깊은 관계를 맺은 사람만이 이런 아름다움을 알아차릴 수 있다.

양자역학의 창시자로 유신론이나 신비주의와는 거리가 먼 인물인 폴 디랙Paul Dirac은 "방정식에서 아름다움을 얻"는 것이야말로 생산적인 통찰을 추구하는 방법이라고 말했다. 디랙은 물리학의 여러 경우에서 실험 결과가 정확히 맞아떨어지는 것보다 수학적 아름다움이 더 신뢰할 만한 지침이라고 주장했다. 리처드 파인만Richard Feynman은 우리가 물리학에서 미지의 분야에 대해 예측을 하는 이유는 "자연이 단순성을 가지고 있고, 그래서 위대한 아름다움을 가지고 있"기 때문이라고 썼다. 이 아름다움은 수학, 즉 세상에서 "가장 심원한 아름다움"을 찾는 방법을 통해 드러난다. 파인만은 케플러를 비롯한 여러 선배 수학자와 마찬가지로 중요한 방정식을 귀금속이나 보석으로 묘사했다.

따라서 수학은 심오한 관계에서 탄생한 미감을 이정표 삼아 인간 정신을 초월하는 진리를 추구하는 전례를 보여준다. 우리는 생물 그물망을 이루는 관계 속에서 같은 일을 할 수 있을 것이다. 수십 년 동안 프레리, 도시, 숲에 귀를 기울인 사람은 장소가 언제 일관성과 리듬을 잃는지 안다. 지속적으로 주의를 기울이면, 얽히고설킨 복잡성 속에서 아름다움과 추함이 들린다. 반복된 삶의 경험을 통해 탈아해야 하는 이유는 많은 생물학적 진실이 자아를 넘어선 관계에만 존재하기 때문이다. 뜨내기 방문객은 이 진실을 듣지 못한다. 머릿속으로만 방문하는 사람, 세미나실에서 추상적인 윤리 도식을 적용하는 사람은 더더욱 어림도 없다. 여기에는 흄조차도 동의할 것이다. "섬세한 감정과 통합되고 실천으로 향상되고 비교로 완성되고 어떤 편견도 없는 강력한 감각만이 이 귀중한 성격을 비평할 자격이 있다. 이 합동 평결이야말로—어디에서 발견되든—취향과 아름다움의 진실한 표준이다." 생태학에서 이러한 합동 평결에는 (탈아의 실천을 통해 지각되는) 여러 종의 경험이 포함되어야 한다.

윤리에 대한 이 접근법은 인간을 생명 공동체의 나머지 구성원과 나누는 장벽을 무너뜨린다. 생태계 내에서의 확장된 관계로부터 성숙한 미적 판단이 비롯한다면 다른 종 또한 미적 판단에 대해 인간 못지않은 자격을 가지는 셈이다. 게다가 인간, 화산, 파랑새, 비를 비롯하여 우주의 어떤 구성원이 일으키는 변화에 대해서도 윤리적 진술을 할 수 있다. 생물학적·지질학적 격변에 객관적인 윤리적 내용이 있다면 그것은 인간이 관찰하고 판단하는 것과 무관하게 존재한다. 대멸종은 그 자체로 나쁜 일이며, 태양의 팽창에 의한 지구의 최종적 소멸도 마찬가지다. 하지만 윤리가 주관적 신경계에 국한된 인위적 환각이라면 그런 주장은 터무니없다.

도래까마귀, 세균, 폰데로사소나무가 자신의 세상에서 느끼는 것이 내가 느끼는 것과 근본적으로 다르다는 것은 의심할 여지가 없다. 또한 이 생물들은 자신이 느끼는 것을 별개의 방식으로 처리한다. 하지만 이런 차이가 반드시 심미적·윤리적 판단에 장벽이 되는 것은 아니다. 아름다움은 그물망을 이룬 관계의 속성이며, 어쩌면 독특하고 다양한 디자인의 여러 귀로 들을 수 있을 것이다.

도래까마귀의 내면적이고 중앙집중적인 처리 메커니즘, 신경계, 뇌는 우리와 비슷한 면이 있다. 또한 녀석들은 사회망 안에서 살아가는

데, 인간의 문화 안에 생각과 지능이 존재하듯 녀석들의 그물망 안에도 생각과 지능이 존재한다. 따라서 도래까마귀의 생태미학은 우리 자신의 경험과 모종의 관계가 있다. 우리는 도래까마귀가 단순한 예쁨과 심오한 아름다움을 구별하는지, 또는 이것이 세상에서의 옳고 그름에 대한 녀석들의 감각에 대해 무엇을 의미하는지 알지 못한다. 하지만 생물학적 조건 중에서 도래까마귀에게 그런 연결을 맺지 못하도록 하는 것은 아무것도 없다. 절약의 법칙에 따르면 신경계가 비슷하면 결과도 비슷하리라 추측할 수 있다.

세균은 정보를 세포 하나에서 처리하는 것이 아니라 같은 종의 세균으로 이루어진 죽 안에서의 상호작용을 통해 처리한다. 각 세포의 표면에서는 화학적 활동이 격렬하게 일어난다. 이것은 이 세포에서 저 세포로 신호가 전달되는 집단적 잡담의 광경이다. 세균의 지능은 거의 전적으로 외부화되어 있으며, 수많은 종의 세포 수천 마리로 이루어진 공동체의 화학적·유전적 연결에 담겨 있다. 환경 변화는 이 연결을 뽑거나 두들기거나 강화하거나 끊는다. 이 화학적 대화 안에서 세균 집단은 신호를 보내고 엿듣고 조작한다. 생물학자들은 이렇게 생겨나는 연결된 결정을 '정족수 인식quorum sensing'이라고 부른다. 하지만 하나의 행위를 놓고 가부를 묻는 의회가 열리는 것은 아니다. 이 대화는 풍성하고, 결코 끝나지 않으며, 공동체의 화학적 성질과 행동에 미묘한 변화를 일으킨다. 세균 그물망이 윤리적 안목을 갖춘 미적 감각을 가졌다고 말할 수 있을까? 인간 뇌의 경험에 친숙한 방식으로는 불가능하다. 세균의 미감과 윤리는 분산되고 기이할 것이다. 하지만 그렇다고 해서 덜 참되다고 말할 수 있을까.

폰데로사소나무는 세상을 감지하고 통합하고 평가하고 판단할 때 외적 지능과 내적 지능을 함께 이용한다. 폰데로사소나무는 모든 잎과 뿌리를 통해 세균 및 균류와 그물망을 이루며 그 자체로도 호르몬, 전기, 화학의 그물망을 가졌다. 나무의 통신 과정은 동물의 신경계보다 느리며 뇌에 고정되지 않고 가지와 뿌리에 퍼져 있다. 세균과 마찬가지로 나무가 살아가는 현실은 우리 자신의 세계 경험과 동떨어져 있다. 하지만 나무는 통합의 달인이어서, 자신의 세포를 흙에, 하늘에, 수많은 다른 종에 연결하고 탈아한다. 나무는 돌아다니지 못하기 때문에, 자신이 붙박인 장소를 (돌아다니는 동물에 비해) 훨씬 잘 알아야 한다. 나무는 생물계의 플라톤이다. 뭇 생명과의 대화를 나누는 나무는 세상의 아름다움과 좋음에 대해 심미적·윤리적 판단을 내리기에 가장 알맞은 피조물이다.

플라톤이 아름다움을 통해 찾고자 한 것은 동굴 속 정치와 사회의 난장판을 넘어서 존재하는 불변의 보편자였지만, 생태미학과 생태윤리학은 생명 공동체 안의 관계에서 생겨난다. 이러한 미학과 윤리학은 맥락에 의존하지만, 그물망의 많은 부분들이 비슷한 판단으로 수렴되면 우연한 준準보편성이 생겨날지도 모른다.

소나무를 스치며 쏴쏴 부는 바람은 시대와 문화를 가로질러 메시지

를 전달했다. 늘푸른나무의 통곡, 속삭임, 비가, 한숨은 동서양의 위대한 미술, 연극, 시, 소설에 등장한다. 송대 화가 마린馬麟의 유명한 작품 〈정청송풍도靜聽松風圖〉에서는 선비 한 명이 뒤틀린 소나무 줄기에 기대어 앉아 있다. 제목에서 보듯 그는 소나무에 조용히 귀 기울이고 있다. 얼떨떨한 표정으로 귀를 쫑긋 세우고 허공을 응시하는 선비를 눈 맑은 소년이 바라본다. 700년이 더 지난 지금도 우리는 여전히 나무에 기댄 채 나무의 소리를 이해하려 애쓴다.

『설국』에서 시마무라는 무의미한 삶을 살다 주전자에서 소나무의 소리를 듣는다. 소나무와, 나무 사이로 울리는 여인의 발자국 소리가 그를 이 세상에서 돌아서게 한다. 우리도 나무의 소리를 들었으며—가까이서 또한 멀리서—그와 더불어 소녀의 발자국 소리를 들었다. 소녀와 가족처럼 우리는 시마무라의 선택을 따르지 않고 소리를 향해, 나무를 향해 돌아설 수 있다. 연결된 생태계의 윤리에서 중요한 실천과 방법은 듣고 또 듣는 것이다.

분홍 바지를 입은 소녀가 계속해서 나무에 주의를 기울인다면, 그녀는 (겉보기에 불협화음을 내는) 에오세 레드우드와 현대 소나무의 관계를 이해하는 법을 우리에게 가르쳐줄 수 있을 것이다. 주인 옆에 서 있되 주인보다 더 많이 지각하는 마린의 소년처럼, 소녀의 열린 감각은 우리를 인도할 수 있다. 소녀의 말은 자기 자신에게서만 비롯하는 것이 아니라 그녀가 생명 네트워크 내의 탈아된 경험으로부터 모아들인 모든 것에서 비롯할 것이다.

막간: 단풍나무

I. 테네시 주 시워니
35°11′46.0″ N, 85°55′05.5″ W

II. 일리노이 주 시카고
41°52′46.6″ N, 87°37′35.7″ W

단풍나무 I

주택 지붕 꼭대기에 올라서서 단풍나무 가지로 팔을 뻗는다. 나무 줄기는 현관문에서 2미터 위로 뻗어 있다. 한 손으로 살아있는 단풍나무 잔가지를 붙잡는다. 다른 손은 내 손바닥만 한 알루미늄 사각 프레임을 잡고 있다. 발을 지붕널에 단단히 디딘 채 살아있는 가지를 금속 지지대 사이에 넣고 얇은 껍질의 잔가지를 프레임 가운데에 놓는다. 위쪽의 알루미늄 판에 달린 통에서 막대가 내려와 작은 금속판으로 잔가지 표면을 고정한다. 통 안에 있는 약한 용수철이 막대를 잔가지 쪽으로 숨결처럼 살살 민다. 압력이 하도 약해서 잔가지는 생장에 아무런 방해도 받지 않는다. 잔가지가 머리카락의 몇 분의 1만큼이라도 팽창하거나 수축하면 막대가 이 운동을 통 속의 센서에 전달한다. 이제 잔가지의 피부는 기계 손끝의 예민한 촉각과 맞닿아 있다. 컴퓨터 화면의 그래프 선은 잔가지의 움직임을 15분에 한 번씩 1년 내내 측정하는 금속 손끝의 감각 경험을 나타낸다. 지금은 늦겨울이어서 나무에는 잎이 하나도 없다. 잔가지를 통해 줄기에서 잎으로, 다시 공기 중으로 흐르는 물도 전혀 없다. 따라서 잔가지는 금속판에 조용히 붙어 있다. 그래프 선은 일정하다. 화창한 낮이나 서늘한 밤에 프레임의 금속이 약간 팽창하거나 수축할 때, 다람쥐의 발이 홱 하고 지나갈 때만 흔들린다.

단풍나무 II

"여기 단풍나무 토막 두 개를 들어보시고 어느 쪽 소리가 좋은지 말씀해보세요." 그가 널조각 두 개를 내 손에 쥐어준다. 하나의 무게가 두꺼운 책만 하다. 쐐기로 잘랐는데, 표면이 거칠어서 손이 쓸린다. 이 현악기 장인은 각각의 널조각으로 바이올린 뒤판을 만들 것이다. 하지만 지금 내가 들고 있는 것은 소리가 나지 않는 불활성의 토막이다. 배운 대로 손끝으로 나무를 누르며 귀를 기울인다.

단풍나무 I

4월 첫 주. 황록색 꽃이 단풍나무 우듬지에 흩뿌려져 있다. 잔가지 끄트머리마다 대롱 끝에 후추알만 한 종鐘이 달려 있다. 서쪽에서 불어온 산들바람이 종을 흔들면 입구에서 꽃가루가 연기처럼 퍼진다. 내가 바라보고 있는 잔가지는 센서가 달려 있고 끝에는 수술대가 여남은 개 펼쳐져 있는데, 수술대 하나마다 종 아래쪽에 꽃가루를 떨구는 꽃밥이 여섯 개씩 나와 있다. 가지 하나에서 잔가지가 300개 가까이 뻗었다.

이 나무에는 그런 가지가 쉰 개나 있다. 꽃밥이 백만 개가 넘는 셈이다. 곤충들은 이것을 잘 안다. 황갈색 큰벌, 검은색과 초록색의 꿀벌 수천 마리가 꽃밥 위를 통통 튀며 붕붕 소리를 낸다. 소리가 하도 작아서, 나무 꼭대기에 올라가야 들을 수 있다.

센서에 따르면 잔가지의 지름은 대체로 일정하다. 하지만 햇볕에 데워진 아침이면 그래프 선이 홱 내려갔다가 오후에 올라가는데, 이는 물이 잔가지 끝의 꽃으로 흐른다는 것을 암시한다.

단풍나무 II

"이거요. 왼손에 있는 거." 이때 분석적 정신이 끼어들어 자신감을 앗아간다. 나는 분명 아무런 차이도 느끼지 못했다. 두 나무토막을 보라. 똑같지 않은가. 하지만 살갗은 더 나은 목재를 골랐다. 손으로 쓰다듬자 떨림이 단풍나무 속으로 전해졌고 그에 화답하는 반동이 손에 전해졌다. 왼손에 있는 나무토막이 손에서 좀 더 명료하게 느껴졌다.

단풍나무 I

4월 둘째 주. 지난주의 꽃밥은 갈색으로 바랜 채 떨어져 얽히고설킨 채 지붕 홈통을 막았다. 눈芽의 갈라진 비늘 속에서 생쥐 귀만 한 쪽잎이 펴졌다. 신장伸長하는 잔가지 줄기의 첫 움직임이 밀어낸 쪽잎들이 잔가지 끝눈에서 벌어졌다. 어떤 쪽잎은 잔가지 대에 쌍으로 열린 눈에서 벌어졌다.

잔가지의 센서에 불규칙한 떨림이 기록된다. 밤이면 잔가지가 20마이크로미터나 굵어지기도 하는데, 이것은 이 페이지 두께의 10분의 1에 해당한다. 낮에는 지름이 확 줄어든다. 이 리듬은 난데없고 불안정하며, 해가 없는 날에는 겨울의 고요함으로 돌아간다.

쪽잎은 매일같이 두 배로 커진다.

단풍나무 II

"한 번에 하나씩 잡고 두드리고 들어보세요. 아니, 그렇게 말고. 왼손으로 오른쪽 윗부분을 잡아서 나무가 손목 아래로 늘어지게 하세요. 이제 왼쪽 아랫부분을 두드려보세요. 손바닥으로 두드리세요. 손가락 관절은 귀가 먹었어요." 나의 손가락 표피에 자리 잡은 촉각 수용기가 깨어난다.

저주파 진동이 살갗을 타고 흐르면서 마이스너소체(촉각소체) 끝에서 맥박 친다. 각 소체는 피부 세포가 원뿔 모양으로 쌓인 것으로, 얇은 덮개가 겉을 감싸고 있다. 속에서는 층을 이룬 세포들 사이사이로 신경세포가 구불구불 지나간다. 소체는 표피 바로 밑에 있어서 피부를 살짝만 건드려도 닿을 수 있다. 진동이 도달하면 신경세포가 자극받아 발화發火한다. 이 진동은 지문 능선과 손가락 뒤 모낭에 있는 원반 모양의 메르켈세포(촉각세포)도 자극한다. 부드러운 압력이 피부를

1000분의 1밀리미터만 눌러도 메르켈세포가 울린다. 진동수가 커지면 또 다른 수용기인 파치니소체가 자극된다. 소체의 머리 부분은 양파를 닮았으며 손가락 피부 진피층에 들어 있다. 양파 하나하나는 동심원을 이루는 수십 장의 박막으로 이루어졌다. 소체 한가운데에 들어 있는 신경세포는 갑작스럽게 다가오거나 깊숙이 침투하는 떨림 촉각을 기다린다. 피부 표면 바로 밑에는 물렛가락 모양의 루피니소체가 피부 속에 가로로 박혀 있으면서, 미끄러지는 움직임이나 지속적 압력을 감지한다. 공, 원반, 물렛가락 모양의 감각 세포들 사이로 자유신경세포가 뱀처럼 피부를 휘젓고 다니면서 손가락 소리를 찾는다.

입에 든 음식이나 포도주, 마음속에 든 단어처럼 촉각에는 여러 청자聽者와 여러 차원이 있다. 이 수용기 세포의 공동체가 소리를 감싸 신경계로 보내면, 신경계는 이 소리를 엮어 (속귀에서 뻗어 나온) 섬유로 보낸다. 나의 마음은 피부와 고막에 전달된 단풍나무 소리를 말로 표현하고 이름을 붙이려고 골머리를 썩인다. 나무토막 두 개. 촉감도 같고 두드리는 소리도 같다. 어쩌면 손과 귀로 들었을 때 나의 의식이 그렇게 말한 것인지도 모르겠다. 두 나무토막 사이에는 차이가 전혀 없었지만, 그럼에도 뭔가가 있었다. 첫 번째 나무토막은 밝고 개방적이며 날렵하고 재빠르다. 두 번째 나무토막은 매우 비슷하지만 오톨도톨하고 탁한 감촉이 있다.

단풍나무 I

4월 셋째 주. 여름풍금조*summer tanager 한 마리가 가장 높은 나뭇잎에서 털애벌레를 찾는다. 잎을 수색하는 사이사이에 녀석의 노랫소리가 울려퍼진다. 잔가지 끝에 덜 자란 단풍나무 열매가 대롱대롱 매달려 있는데, 한참 뒤에 떨어질 시과翅果(열매의 껍질이 얇은 막 모양으로 돌출하여 날개를 이루어 바람을 타고 멀리 날아 흩어지는 열매_옮긴이) 헬리콥터의 축소판으로 두툼하고 윤기가 난다. 단풍나무의 잎은 자라면서 크기가 커진다. 많은 잎이 이미 곤충의 입에 잘리고 말리고 뚫렸다.

4월 초에는 조용하던 산들바람이 단풍나무의 목소리인 모래 흘러내리는 소리를 얻었다. 잔가지를 따라 또 다른 소리가 들린다. 이 소리의 진동은 살랑거리는 잎보다 1000만 배 느리다. 맥박 치며 피를 순환시키는 대동맥처럼, 잔가지는 밤새도록 부풀어 있다. 세포가 물로 포동포동해지기 때문이다. 여명이 밝아 태양이 잎에서 수증기를 뽑아내면 잔가지는 빨대를 쪽 빨아서 쪼그라들듯 굵기가 줄어든다. 이 축소 현상은 아침 내내 계속되어, 정오가 되면 잔가지는 해 뜨기 전보다 40마이크로미터 가늘어져 있다. 대개 한낮이 되면 뿌리는 흙 속의 수분을 모조리 빨아들인 뒤다. 그러면 물의 상승이 멈춘다. 물이 오후의 공기 중으로 빠져나가는 것을 막기 위해 잎이 숨구멍을 닫으면 잔가지를 꽉 쥐고 있던 힘이 느슨해진다. 저녁이 되면 물이 뿌리와 줄기로 돌아오고 잔가지의 둘레가 커진다. 이 리듬에 더해 세포가 새로 생기고 팽창하면서 지름이 매일같이 조금씩 증가한다. 화창한 일주일 동안 단풍나무가 무럭무럭 자라면 그래프에서 정오의 골이 일주일 전 꼭두새벽의 마루보다 높아진다.

단풍나무 II

부삽, 손가락대패*finger plane, 끌이 작업대에 놓여 있다. 현악기 장인이 대팻밥 무더기에서 나무판 두 장을 들어올린다. 바이올린의 뒤판과 앞판이다. 단풍나무로 된 뒤판에서는 마감하지 않은 단풍나무의 달콤쌉싸름한 향기가 난다. 앞판에서는 더 시큼하고 텁텁한 냄새가 난다. 마른 가문비나무 냄새다. 무거운 나무토막을 들어본 뒤여서인지 양피지처럼 가볍게 느껴진다. 하지만 양피지는 소리를 뭉개는 진창과 같아서, 바이올린의 명료함과는 반反의 관계다.

바이올린의 뒤판과 앞판은 섬세하고 정밀한 한 쌍의 나무다. 둘의 관계는 공기와 나는 새의 관계와 같다. 나의 엄지손가락과 집게손가락은 소리의 날갯짓이 얼마나 빠르고 강한지 느끼고서 놀란다. 현악기 장인은 일본 목수들이 말하는 '두 번째 삶'을 나무에 선사했다. 첫 번째 삶만큼 길고 풍요로운 삶을.

단풍나무 I

여름 내내 숲은 잔가지의 물 맥박으로 고동친다. 단풍나무의 다른 가지에 매단 센서로 들어보니 이 맥박이 얼마나 다양한지 알겠다. 숲 지붕 아래쪽에서 햇빛을 받지 못해 시들어버린 잔가지는 맥박이 약하여 금속 손끝에서 가까스로 하루의 순환을 이어간다. 햇빛을 듬뿍 받는 가지에서는 수축기收縮期와 이완기弛緩期가 치솟고 꺼지면서 숲의 저주파 허밍을 들려준다.

단풍나무 II

"아버지께서 만드신 마지막 바이올린입니다. 마감이 완전하지는 않습니다. 제가 이곳에 보관하고 있죠. 들어보세요." 우리가 말하는 동안 뒤판과 앞판이 음절 하나하나에 반응하여 진동한다. 휘어진 나무 표면을 어루만지는 공기. 떨림으로 응답하는 나무판.

3부

미루나무

콜로라도 주 덴버
39°45′16.6″ N, 105°00′28.8″ W

덴버 도심의 개울가에 어린 미루나무 한 그루가 서 있다. 키는 내 가슴 높이밖에 안 된다. 흙을 꽉 움켜쥔 뿌리에서 엄지손가락 굵기의 줄기 여남은 개가 돋았다. 뿌리는 어수선한 채석장 돌더미 틈새에 자리 잡았다. 강모래에 반쯤 파묻힌 채였다. 나무 옆 콘크리트 보도에 공용 쓰레기통이 서 있다. 맞은편에는 1미터 너비의 모래와 자갈 너머로 얕은 물이 빠르게 흐르고 있다. 이곳에서 체리크리크천[川]이 더 넓고 깊은 사우스플래트강으로 합류한다. 나무는 개울 만곡부의 오목한 부분에 쌓인 퇴적물 위에 서 있다. 보도와 물 사이의 좁은 녹지에서 미루나무의 친구는 땅딸막한 버드나무다. 미루나무처럼 하류를 향한 채 봄철의 오랜 범람에 허리를 숙였다. 비닐봉지와 버드나무의 조각이 미루나무 아래쪽 가지의 잎겨드랑이(식물의 가지나 줄기에 잎이 붙은 부분의 위쪽_옮긴이)에 걸려 있다.

따스한 오후에 미루나무 잎들이 바람에 박수를 치며 탁탁 소리를 내고, 지나가는 자전거에서 체인이 달가닥거린다. 1분에 한두 대가 지나간다. 달리기하는 사람들은 모래투성이 콘크리트를 타악기처럼 두드린다. 유모차 바퀴에서는 돌을 가는 소리가 난다. 하루살이가 강물 표면 위로 솟으면 짹짹거리는 제비와 삼색제비cliff swallow가 홱 낚아챈다. 새들은 15번가 다리의 구석으로 잽싸게 날아간다. 금속 대들보에 진흙 둥지가 있다. 물에서는 아이 수십 명이 고함치고 징징대고 함성을 지른다. 한 청년이 첨벙 물보라를 일으키며 사우스플래트강에 다이빙한다. 그는 오르락내리락하면서 기슭을 향해 헤엄친다. 길고 검은 머리카락에서 물방울이 떨어지며 빛난다. 흑인, 라틴계, 백인, 아시아계 할 것 없이 아이들이 얕은 물에 떠 있다. 동물 모양 튜브에 탄 채 발로 물장구를 친다. 미루나무 밑 바위 위에서 문신투성이 커플이 구경하고 콜라를 나눠 마시고 웃음을 터뜨린다. 노란색 구명조끼를 입은 작은 애완견은 헤엄치지 않겠다고 버틴다. 갑작스러운 바람에 미루나무 잎이 기우뚱한다.

늦여름의 화창한 주말, 컨플루언스 공원Confluence Park을 찾은 사람은 줄잡아 150명이다. ('합류'라는 뜻의) 공원 이름은 사우스플래트강과 체리크리크천이 만나는 곳이라는 뜻이다. 하지만 이곳에서 만나는 것은 물만이 아니다.

'체리크리크Cherry Creek'는 북미귀룽나무chokecherry를 일컫는 아라파호족 지명 '비이노 니bíínoni'를 번역한 것이다. 북미귀룽나무 서식처는 지금은 포장도로가 되었다. '플래트'라는 이름은 프랑스인 사냥꾼과 장사꾼이 지었다. 네브래스카에 있는 사우스플래트강 어귀의 물이 '평평하다flat'는 뜻이다. 하지만 활기찬 이 수역의 시각적·청각적 성질을 더 잘 나타내는 것은 모음과 자음이 좌충우돌하는 아라파호족 지명 '니이네니이니이치이헤헤niinéniiniicíihéhe'다. 이곳은 아라파호족의 이동로가 합류하는 곳으로, 수천 명이 강기슭에서 야영했다. 백인의 폭력과 질병을 맞닥뜨리기 전 이 공동체의 정확한 규모는 알려져 있지 않다. 아라파호족은 식민지 개척자들에게 금세 밀려났으며 1864년 샌드크리크 학살과 오클라호마 이주 이후로 이곳에서는 인디언을 한 명도 찾아볼 수 없게 되었다. 오늘날 도로명, 사적지 표지판, 벽화에 아라파호족의 흔적이 남아 있기는 하지만 토지와 권리의 반환은 이루어지지 않았다. 하지만 야영은 계속되고 있다. 노숙자 수십 명이 버드나무 덤불에서 골판지를 깔고 잔다. 공원을 내려다보는 아웃도어 용품 판매점에는 이런 안내문이 있다.

"저희는 야외로 나가 노는 것을 좋아하며, 품질 좋은 아웃도어 의류의 중요성을 체감합니다."

덴버의 19세기 식민지 개척자들은 사우스플래트강의 기슭을 따라 육로와 수로로 찾아왔다. 그들은 아라파호족처럼 합류점에 정착했다. 많은 사람이 합류점 '안', 즉 탁 트인 강변 모래밭에 집과 상업용 건물을 지었다. 하지만 걸핏하면 갑작스러운 범람으로 건물이 강물에 휩쓸렸다. 뇌우가 상류를 덮치거나 눈 녹은 물이 갑자기 밀려 내려오면, 찰랑거리던 개울은 무시무시한 급류로 변해 시청, 덴버의 초기 교량, 〈로

키마운틴 뉴스〉의 1.4톤짜리 인쇄기를 하류로 실어 갔다. 수십 명이 목숨을 잃었다.

동부 이민자들은 수십 년에 걸쳐 물길을 새로 냈다. 그리하여 20세기 초중엽에는 상류의 댐으로 인해 범람의 규모가 작아졌으며 건축 규제로 인해 강바닥에 건축물을 지을 수 없게 되었다. 오늘날 컨플루언스 공원은 주변의 아파트와 상점보다 낮은 지대에 위치하고 있으며, 댐으로 감당할 수 없는 2미터의 드문 급류에 대비하여 'Y' 꼴 집수장으로 설계되었다. 수위가 낮은 평상시에는 공원의 설계가 뜻밖의 청각적 효과를 낸다. 걸어서 10분 거리에 25번 주간州間고속도로가 지나가고 공원 남북에 도시에서 가장 번화한 거리가 있는데도 타이어와 피스톤의 굉음은 분지 아래로 내려오지 않는다. 덕분에 도심에서 물 흐르는 소리, 아이들, 미루나무들, 새들의 소리를 들을 수 있다. 이곳에서 들리는 도시의 소리는 낮은 웅얼거림이다. 이따금 사이렌과 오토바이 배기음이 공기를 찌른다. 강은 이 극단적인 리듬, 음량, 음색의 중간이다. 둑에서는 인상적이고 우아한 베이스음이 지속적으로 울려퍼져 동물과 식물의 데크레셴도 리프(두 소절 또는 네 소절의 짧은 구절을 몇 번이고 되풀이하는 재즈 연주법. 또는 그렇게 되풀이하는 멜로디_옮긴이)를 아우른다.

미루나무가 번식하려면 물이 일시적으로 범람해야 한다. 범람한 물

이 강을 따라 고지대를 휩쓸면 축축한 모래질 땅이 생기는데, 여기에 미루나무 씨앗이 내려앉는다. 미루나무의 영어 이름은 '코튼우드 cottonwood'인데, '면cotton'이 씨앗을 감싼 채 바람과 물을 타고 이동하기 때문이다. 맨땅에서만 씨앗이 발아하여 자랄 수 있다. 실뭉치처럼 생긴 미루나무 씨앗은 식생이 자리 잡은 곳에서 경쟁하기에는 너무 연약하다. 강물의 수위가 낮아지면 어린나무들은 낮아지는 지하수면을 따라 척박한 모래밭 속으로 뿌리를 꼼지락꼼지락 뻗는다. 물론 위로도 자라지만 어린나무의 최대 관심사는 물을 찾는 것이다. 몇 주가 지나면 키는 손가락만 한데 뿌리는 팔 길이만큼 아래로 내려간다. 젖은 모래층은 계속 가라앉는데, 여기에 보조를 맞추지 못하는 어린나무는 메마른 강기슭에서 말라 죽는다. 강 수위가 낮을 때 발아하는 어린나무는 대체로 첫 범람 때 하류로 쓸려 내려간다. 범람이 잦아들 때 강기슭 높은 곳에서 삶을 시작한 것들만이 성목成木으로 자란다.

덴버에 건설된 초기 댐들의 주목적은 범람을 막는 것이었다. 강의 주기는 불규칙하여 큰 범람의 간격을 예측할 수 없지만—간격이 몇 년에 이르기도 한다—댐이 들어서면 정기적 방류에 따라 강물의 흐름이 규칙적이고 일정해진다. 댐 아래쪽의 강가 숲에서는 미루나무가 사라지고, 물의 새로운 리듬에 알맞은 유라시아위성류*Eurasian tamarisk가 그 자리를 차지한다. 컨플루언스 공원 주변에는 어린 미루나무가 몇 그루 보이지 않는다. 강의 가장자리에는 손질한 잔디밭과 콘크리트 보도가 깔렸다. 이곳에서는 수위가 높아져도 내보낼 어린나무가 없다. 하지만 얼마 남지 않은 방치된 녹지대와 강변 잡석 지대에는 옛 질서가 남아 있다. 여기서는 어린나무가 축축한 곳을 찾아 높이 자라고 뿌리를 내린다. 공원 관리소에서는 강물의 힘 대신 인간의 선견지명을 발휘하여, 풀을 깎은 휴게 공간 가장자리에 어린나무를 심었다.

공원 폐장 시간까지 버텨본다. 야영하거나 밤에 돌아다니는 것은 금지되어 있지만, 노숙자들은 편법을 찾아낸다. 아도니스처럼 생긴 청년이 포도주잔, 병, 책을 가죽 가방에 챙기고 티타늄제 도로용 자전거에 올라탄다. 멕시코 국기가 그려진 티셔츠를 입은 십대 소년 세 명이 물에서 몸싸움을 벌이다 기슭에서 물을 털어내고는 쪼리를 끌며 콘크리트 진입로를 따라 다리로 향한다. 거품이 이는 체리크리크의 소용돌이 가운데에 돌 받침대가 있고 페티코트를 입은 아이가 그 위에서 짜증부리며 포즈를 취하고 있는데, 엄마가 사진 한 장만 더 찍자고 애원한다. 한 노인이 투덜거리며 반바지 밑단을 내리고는 일어서서 흰색 셔츠를 어깨에 멘다. 그를 데우던 햇볕이 벤치에 내리쬔다. 풀밭을 돌아다니던 왕뱀이 고양이 이동 상자에 갇히자 상자 문이 딸깍 닫힌다.

염소수염을 기른 근육질 남자가 뱀이 든 상자를 조심스럽게 들고 버스 정류장으로 걸어간다. 교량의 칙칙한 보안등이 불규칙하게 곤충처럼 번쩍거리며 치익치익 소리를 낸다. 모래톱을 잃은 청둥오리들이 미루나무줄기 아래에서 꽥꽥거리며 몸치장을 한다. 그때 연안 습지에서 들어본 울음소리가 울려퍼졌다. 해오라기 한 마리가 체리크리크 위를 활공하다가 사우스플래트 한가운데의 바위섬 돌무더기로 돌진한다. 녀석은 돌무더기 바깥으로 나와 기다란 발가락을 디디며 물가로 간다. 물가에서 은빛 깃털에 비친 가로등 불빛을 내려다본다. 나는 녀석을 놀래키지 않으면서 더 잘 관찰할 수 있도록 미루나무 뒤에 웅크린다.

그 뒤로 2년간 나는 숨을 필요가 없음을 배우게 될 것이다. 해오라기는 사람들이 법석을 피우는 것에 개의치 않는다. 체리크리크를 따라 통근 자전거가 쌩쌩 달리거나 사우스플래트 돌밭 근처에서 아이들이 재잘대도 녀석의 작고 빨간 눈은 물고기에게서 떠나지 않는다. 이곳은 덴버 도심의 갈라파고스다. 새들은 내면의 두려움을 잊었다. 애니 딜라드Annie Dillard는 갈라파고스 동물들이 낯가림하지 않는 것을 "원초적인 무지함"으로, 동물들이 그녀를 환영하며 여기저기 살펴보는 모습을 "태초의 동물들이 아담에게 해주었을 법한 …… 인사"로 표현했다. 갈라파고스 제도의 동물들은 타락한 인간의 손길에 더럽혀지지 않았기 때문이다. 하지만 덴버의 해오라기는 앞의 비유를 무색하게 한다. 인간의 손길이 닿은 것은 말할 것도 없고 건설까지 이루어진 도심에서 에덴동산의 모습을 볼 수 있으니 말이다.

겨울에 미루나무에게 돌아가자 도시의 향이 안개를, 돔을 이룬다. 춥고 화창한 날에는 수백만 개의 타이어가 회전하면서 일종의 향로가 되어 도로의 소금 입자를 허공으로 튕겨 올린다. 공기 중에서 배기가스와 오존을 만난 소금 입자는 도시 위에 오염된 구름을 드리운다. 멀리서 보면 덴버는 유리처럼 투명한 공기의 로키산맥 자락에서 연기 나는 제물을 바치는 듯하다. 밝고 다채로운 색깔로 도색된 자동차들은 하나같이 회갈색 가루를 뒤집어쓰고 있다. 나무줄기는 흙과 녹이 범벅된 듯한 회갈색으로 덮였다. 두더지와 속흙의 색깔이다.

덴버의 노면 소금은 유타 주에서 온 것으로, 야생동물 보호구역에 주택 높이의 터널들을 몇 킬로미터씩 파면서 옛 해저를 퍼낸 것이다. 도로 관리청에서는 겨울 동안 덴버의 도로에 유타 주의 암염 가루를 1마일(1.6킬로미터)당 9000킬로그램씩 뿌린다. 시내에서는 먼지를 줄이기 위해 염화마그네슘 용액을 분사한다.

20년 전에는 구름이 더 두터웠다. 그때는 소금과 모래를 오늘날보다 세 배 많이 살포했다. 호흡은 지질학적 경험이었다. 축축한 허파꽈리는 공중을 떠다니는 암석층(먼지) 때문에 진흙투성이가 되었다. 이제 도로 관리청에서는 소금을 훨씬 효율적으로 쓰지만, 요즘도 이따금 소금이 쌓여 전력선이 단전된다. 19세기에 콜로라도를 홍보한 이들은 "사철 밝은" 햇빛과 "상쾌하고 건강에 좋은" 공기를 약속했지만, 날씨야 어떻게 되든 신속하고 정확하게 고무로 아스팔트를 마찰시키려는 우리의 집단적 욕망에 공염불이 되었다.

눈이 녹고 비가 내리면 길거리와 공기가 깨끗해진다. 하지만 뭍의 청결은 물의 혼탁을 대가로 치러야 한다. 소금, 모래, 미사는 대부분 사우스플래트와 체리크리크로 흘러든다. 토사에 오염된 물은 도시의 가래침이다. 미루나무 앞의 개울물은 여느 때는 수돗물처럼 깨끗하지만 겨울 눈이 녹으면 뿌옇고 흐릿해진다.

덴버의 물은 잠깐 동안 복대기(광석을 빻아 금을 골라낸 뒤 남은 돌가루_옮긴이)가 된다. 들판미루나무*plains cottonwood 종의 분포도는 북아메리카 대륙 중앙에 불규칙한 타원형으로 나타난다. 어느 해안에서도 몇백 킬로미터 떨어져 있다. 하지만 흙이 메마른 탓에 나무는 주기적인 소금 범람에 적응해야 했다. 비가 찔끔 왔다가 땅이 마르는 일이 반복되면 깊은 토양층에서 염분이 끌려 올라온다. 비가 내릴 때마다 토양의 염분이 녹는데, 증산 작용과 흙 입자의 모세관 인력으로 물이 딸려 올라오면 태양이 이 용질溶質(용액에 녹아 있는 물질_옮긴이)을 더 높이 끌어 올린다. 땅이 완전히 젖으면 염분이 씻겨 내려가지만, 미루나무가 있는 지역에서는 큰비가 드물다. 따라서 서부 미루나무의 조상은 소금기 있는 흙을 겪어봤으며, 살아남은 나무는 이 지식을 현 세대에 전해주었다. 미루나무는 끈기로는 사발야자나무를 당해낼 수 없지만, 미루나무의 세포는 염분을 방에 격리할 수 있고, 염분의 친수성을 완충하는 방어 화학물질을 만들어낼 수 있고, 소금기 있는 표토보다 아래로 뿌리를 내릴 수 있다. 또한 미루나무 뿌리는 염분에 저항력이 있는 균류와 그물망을 형성하여 물, 영양소, 방어 화학물질을 얻는다. 땅 위에 있는 미루나무 싹은 폰데로사소나무와 마찬가지로 나무 전체에서 가장 작은 부분에 불과하다. 이 깃대를 올린 것은 땅속 공동체다.

하천에 사는 동물도 조상에게서 회복력을 물려받았다. 하지만 여기에는 한계가 있다. 도로의 소금에 들어 있는 염화마그네슘이나 염화나트륨의 농도가 너무 높아지면 물고기나 수서곤충은 병에 걸리거나 죽는다.

모래와 미사微沙가 밀려오면 낙엽 더미와 조류 깔개가 가라앉거나 질식한다. 물속 공동체를 지탱하는 식량이 묻혀버리는 것이다. 이 강에서 가장 눈길을 끄는 생물은 송어이지만, 송어가 살아가려면 조류와 잎을 먹는 곤충이 있어야 한다. 덴버 도로 관리청이 소금 트럭에 싣는 물질을 교체한 데는 도로 관리의 이런 부작용 탓도 있다. 예전의 모래·소금 혼합물에서 하천으로 쓸려 나온 입자와 염분의 양은 새로운 유타 암염과 염화마그네슘 용액보다 훨씬 많았다. 덴버 시의 목표는 도시의 모든 하천에서 물고기가 뛰놀도록 하는 것이다. 사람들이 낚싯대의 먼지를 털고 강가에 선 데는 사려 깊은 도로 관리도 한몫했다. 다른 하천들도 개선될 예정이다. 이제 둑중개bullhead, 메기, 잉어, 처브chub, 파랑볼우럭sunfish, 황어dace, 빨대잉어sucker, 심지어 일부 송어까지도 체리크리크와 사우스플래트의 합류점에 산다. 수십 년 전과 달리 물에 들어가 스윙낚시를 하는 사람들을 종종 볼 수 있다.

하천이 건강해지면 도시의 나무들은 새로운 위험에 처한다. 미루나무와 보낸 첫 겨울 초엽에 사우스플래트에 갔는데, 공용 쓰레기통 하나만 덩그러니 서 있었다. 나무줄기는 모두 사라졌다. 버드나무 덤불을 뒤져 발목 높이의 그루터기를 찾아냈다. 그루터기마다, 비스듬히 베여 나간 자리에 연필 굵기의 골이 파여 있었다. 주위에는 미루나무 조각들이 떨어져 있었다. 버드나무 줄기 몇 개에는 깨문 자국이 있었다. 비버가 나무줄기를 쓰러뜨려 사우스플래트 하류의 보금자리로 끌고 간 것이었다. 도시 관리청에서는 비버가 외면한 가느다란 줄기를 전지가위로 말끔하게 다듬어 비버가 못다 한 임무를 완수했다.

이듬해 여름이 되자 미루나무는 작년보다 크게 자랐다. 가지를 뻗은 줄기가 2미터를 살짝 넘었다. 10월에 비버가 겨울나기 준비를 하려고 돌아왔다. 녀석들은 다시 한번 나무를 쓰러뜨렸다. 그 다음 해 봄에도 새로 미루나무 싹이 났다. 비버의 끌 이빨은 나무를 관리하기에는 투박하다. 대부분의 임업 종사자는 왜림(움돋이로 갱신되는 숲으로 일명 맹아림, 저림, 신탄림이라 불리기도 한다_옮긴이)을 이렇게 짧은 간격으로 심하게 베어내도록 놔두지 않을 것이다. 하지만 미루나무는 해마다 조금씩 더 많이 자람으로써 경쟁에서 한발 앞서간다. 비버의 등쌀에 시달리지 않는다면 미루나무가 훌쩍 자라 보도가 파손될 것이다. 그런 말썽이 일어나면 공원 관리소는 미루나무를 없애버릴 것이다. 따라서 이 미루나무가 목숨을 부지하는 것은 비버가 부지런한 덕이다.

강변 포장도로에서 눈을 청소하고 쓰레기통을 비우고 방문객이 버린 쓰레기를 치우는 사람들과 대화를 나눠보니 덴버의 도심 하천 여러 곳에 비버가 산다는 것을 알 수 있었다. 20년 넘게 덴버 시에서 일한 테드 로이Ted Roy는 비버, 코요테, 사향뒤쥐muskrat, 여우, 매, 뱀, 곰, '펭귄 닮은 새'—아마도 해오라기일 것이다—에 이르기까지 작업 중에 만나는 동물을 신나서 읊었다. 그에게 특히나 즐거웠던 일은 도시에서 일하는 동안 얼마나 큰 변화가 일어나는지 목격한 것이었다. 덴버의 하천에는 이제 야생동물이 더 많이 서식하고 더 훌륭한 시설이 들어섰으며 이곳을 찾는 사람도 훨씬 늘었다. 청소 트럭에 쓰레기봉투를 싣고 다니는 로이 씨는 강의 기억과 지능의 일부다. 운전석에서 들려오는 그의 웃음소리와 말소리는 물의 지혜가 담긴 소리다. 마치 베이커의 『매Peregrine』를 도시 생활 버전으로 번역한 것 같다.

덴버의 미루나무를 더 깊이 이해하기 위해 사우스플래트강을 따라 100여 킬로미터 위에 있는 산속 일레븐마일캐니언으로 향했다. 어느 늦여름 오후, 새끼 아메리카물까마귀American dipper 한 마리가 상류의 화강암 바위에 앉아 새된 소리로 연신 지저귄다. 어미새가 깃털에서 물방울을 뚝뚝 떨어뜨리며 급류에서 엉금엉금 기어 나오더니 하루살이 약충 한 덩어리를 짹짹거리는 새끼의 부리에 밀어넣는다. 어미는 새끼의 재촉에 다시 돌아서 바위를 단단히 디딘 채 강바닥으로 고개를 처박는다. 갈고리 같은 발과 지느러미 같은 날개는 아메리카물까마귀의 필수 장비다. 이곳에서 사우스플래트강은 수십억 년 된 화강암 경주로를 질주한다. 나이 든 부모에게서 쿵쾅거리며 달아나는 십대처럼. 강물 소리에 폰데로사소나무와 버드나무의 소리가 모조리 묻힌다. 갓 성체가 된 아메리카물까마귀만이 강물 소리를 이긴다. 녀석의 고음이 물의 굉음을 덮는다.

늦여름의 풍요가 사방에 펼쳐져 있다. 비탈진 물가 풀밭에서는 노새사슴mule deer들이 아직 어린 티를 벗지 못한 튼튼한 새끼와 함께 풀을 뜯는다. 비오리merganser가 바위 둘레의 급류 아래쪽 물결 옆에서 새끼들과 함께 앉아 있다. 기름기가 오른 풀 이삭들이 길가에 늘어섰고 협곡의 벽에는 솔방울이 늘어졌다. 솔향과 물보라가 공기를 적시고, 들리는 소리는 새소리, 물소리, 바람소리뿐. 아, 산을 빼놓을 수 없지. 존 뮤어 말마따나, 이곳에서 "빛나는 강물에 목욕하고 풀밭을 거닐고 산

봉우리와 대화하고 소나무와 놀"면 몸과 마음에서 "도시의 마지막 찌든 때"를 벗어버릴 수 있을 것이다.

사람이라고는 잔잔한 강물에서 제물낚시를 하는 낚시꾼뿐이다. 몇몇은 국유림 계곡물에 들어가 있고 몇몇은 "개인 낚시터, 출입 금지, 주차 금지"라고 쓰인 금속 안내판 뒤에 서 있다. 자외선 차단 통기성 섬유로 만든 기능성 셔츠가 낚시꾼들의 팔을 보호한다. 조끼에 달린 많은 주머니에는 태클박스, 니퍼, 핀온릴, 지혈기, 바늘 결속기, 제물 부력제 분말, 테이퍼드 목줄, 티핏 줄감개가 들어 있다. 모자는 챙이 넓고 튼튼하지만 접을 수 있으며, 아쿠아 샌들이나 계류화를 신어서 울퉁불퉁한 강바닥에서도 물새처럼 단단히 발을 고정할 수 있다.

송어 낚시꾼 한 명당 장비 가격이 1000달러는 되는 것 같다. 내 의류는 상대도 안 되지만, 내 배낭에는 소리를 낚고 빛을 꾀는 전자 기기가 들어 있는데 가격이 얼추 비슷하다. 우리에게는 일이나 가족으로부터 하루 동안 해방될 여유, 입장료와 기름 값을 낼 돈, 들판에서 협곡까지 주파할 수 있는 튼튼한 자동차가 있다. 우리는 모두 남성이며, 몇십 년째 퇴직금을 붓고 있을 것이다. 타네히시 코츠Ta-Nehisi Coates는 21세기 초 미국에서의 경쟁을 간결하게 요약했는데, 그에 따르면 우리는 모두 자신이 백인이라고 믿는다. 예전 같으면 우리는 겉보기에는 같아도 "가톨릭교도, 코르시카인, 웨일스인, 메노파 교도, 유대교도"의 계층으로 나뉘었을 것이다. 하지만 이제 우리는 특권을 타고났으며 백인 공작公爵으로, 들로 산으로 다니며 셰익스피어의 공작처럼 "속세의 잡담을 피해서/ 나무에서 혀, 시내에서 책, 돌에서 설교/ 어디서나 좋은 것을 찾을 수 있"다. 같은 나무와 돌이지만 혀와 책과 설교는 다르다.

주디 벨크Judy Belk는 미국 서부의 평원을 가로질러 가족과 자동차 여행을 했는데, 그녀의 아들은 "오클랜드 출신의 흑인 네 명"이 몬태나주 시골길을 달린다는 계획을 처음 듣고서 이렇게 말했다. "미쳤군." 아들의 반응은 (캐럴린 피니Carolyn Finney의 말을 빌리자면) "두려움의 지리"의 표출이었다. 미국 역사와 현재의 인종 간 불평등으로 보건대 야외에서 아무 불안을 느끼지 않는 것은 극소수의 인구 집단에게만 허락된 특권이다. 나이 든 백인으로서 내가 숲과 강, 제복 차림의 무장한 산림 경비대에게 접근하는 맥락은 흑인 십대와는 전혀 다르다. J. 드루 래넘J. Drew Lanham의 '흑인 탐조인探鳥人을 위한 아홉 가지 규칙' 중 하나는 이것이다. "후드 티를 입고 새를 관찰하지 말 것. 절대로."

숲, 개울, 산에서 많은 것이 사라졌다. 이곳 또한 '보이지 않는 숲forest unseen'(저자의 전작 『숲에서 우주를 보다』의 영어판 원제_옮긴이), 들리지 않는 숲이다. 이 외로운 개울에 백인들은 자신이 죽인 것의 시체를 내다 버린다. 나무에는 빌리 홀리데이Billie Holiday의 '신기한 열매strange fruit'(백인에게 살해당해 나무에 매달린 흑인의 시신을 상징한다_옮긴이)가 매달려 있다. '야외'—들, 숲, 녹지—에는 폭력의 기억이, (지금도) 폭력의 위협이 서려 있다. 국립공원 관리소의 빌 궐트니Bill Gwaltney가 산림 경비대원이 되겠다고 가족에게 말했을 때 그의 아버지는 이렇게 경고했다. "숲에는 나무가 많고 밧줄은 값이 싸단다." (아버지의 친구들은 올가미에 목매달려 죽었다.) 언론인이자 산악인 제임스 에드워드 밀스James Edward Mills는 과거와 현재의 위험이 남긴 유산을 "사회적 기억에 주조된 문화적 장벽"이라고 부른다. 야외 여가 활동을 주제로 열리는 학술대회와 회의에서 그가 유일한 흑인 참가자인 것은 이 때문이다.

'두려움의 지리'를 낳는 것은 인종 간 불평등과 폭력만이 아니다. 최근에 과학자를 대상으로 설문조사를 했더니 야외 연구 장소는 "적대적인 현장 환경"으로 드러났으며 여성의 26퍼센트가 성폭력을 당했다(남성은 6퍼센트였다). '빨간 두건'은 어떤 면에서 폭력과 두려움의 지리를 나타내는 지도다. 또한 이 이야기는 가부장적 문화 규범을 강화한다. 여자아이가 안전하려면 숲에서 쏘다니지 말아야 하며, 위험에 빠지면 남자가 다른 남자들로부터 여자아이를 구해주어야 하리라는 규범 말이다. 셰릴 스트레이드Cheryl Strayed가 퍼시픽 크레스트 트레일을 걸을 수 있었던 것에는 이유가 있다. "나는 두려움에 질린 말과는 전혀 다른 말을 나 자신에게 들려주기로 마음먹었다. …… 나는 내가 스스로 강한 의지를 만들어내도록 했다." 테리 템페스트 윌리엄스Terry Tempest Williams는 산에서 악한을 만난 경험을 떠올리며 "자신이 처한 여건을 넘어서서 자라"는 과정을 묘사한다. 그녀에 따르면 두려움의 지리를 반박하고 바로잡는 것은 왕자의 입술이 아니다. "숲에서 처녀에게 일어나는 사건"이 아니라 "말하는 우리 자신의 입술"인 것이다.

사우스플래트강은 일레븐마일캐니언을 따라 하나의 물길로 흐른다. 하지만 이곳에는 강이 여러 개 있다.

미국의 국유림과 국립공원에서는 문화지질학, 즉 끌림과 두려움의 지리를 만들어내는 과정이 처음부터 배제적이었다. 백인 남성의 (상상 속) 우위에 희희낙락하는 자연의 철학에서 이 제도들이 탄생했기 때문이다. 대표적인 국립공원 옹호론자 뮤어는 "용감하고 남자답고 말끔한" 산악인을 "질병과 범죄에 시달리는, 곰팡내 나고 쪼그라들고 북적거리는 도시"에 사는 사람들보다 우월한 사내라며 칭송했다. 뮤어는 굳은 의지를 가진 백인이 "흑인 삼보와 샐리 대여섯 명만큼이나 수월하게 목화를 딸 수 있"다고 믿었다. 뮤어가 생각하는 인디언은 "검은 눈, 검은 머리, 행복한 듯 만 듯한 야만인"으로, "이 말끔한 황야에서 기이할 정도로 더럽고 불규칙한" 삶을 영위했다. 국유림의 창시자 기퍼드 핀쇼Gifford Pinchot는 우생학 운동을 열렬히 지지했다. 핀쇼는 '인종'을 "소나무, 솔송나무hemlock, 참나무, 단풍나무" 같은 수종樹種에 비유하여 각 '인종'이 "보편적이고 어김없는 확실한 인종적 습관에 따라 확실하게 정해진 지역에서" 살아간다고 주장했다.

앨도 레오폴드Aldo Leopold는 호메로스 시대 그리스의 노예제를 시대에 뒤떨어진 것으로 묘사하면서도 자기 당대의 인종 간 불평등에는 침묵을 지키거나 양면적 입장을 취했다. 짐 크로Jim Crow법(미국 남부 인종차별법의 통칭_옮긴이)이 기승을 부리던 1925년에 레오폴드는 미개척지를 "격리하고 보전해"야 한다고 주장했다. 심지어 아메리카 인디언을 억지로 백인 문화에 동화시키던 당시에도, 필그림 파더스(영국에서 미국으로 처음으로 이주한 정착민_옮긴이)가 도착했을 때 "미개척지의 공급"이 무궁무진하다고 썼다.

뉴욕에 있는 미국자연사박물관에서 이런 태도를 똑똑히 확인할 수 있다. 박물관 입구에는 말에 탄 시어도어 루스벨트Theodore Roosevelt의 동상이 실물의 두 배 크기로 조각되어 있다. 동상이 전하는 메시지는 두 말할 것 없이 백인의 우월함이다. 옷을 잘 차려입은 대통령과 달리 반쯤 벌거벗은 남자 두 명이 바로 뒤에 서 있다. 흑인과 아메리카 인디언의 머리는 루스벨트의 궁둥이에 가까스로 닿는다.

그렇다면 흑인 여행자가 인종 분리 시절 미국에서 휴가를 보낼 때 '말썽'을 피하는 방법을 알려주는 지침서인 『니그로 운전자 그린 북Negro Motorist Green Book』에서 공원과 숲을 거의 언급하지 않고 도시의 민박, 호텔, 식당을 나열한 것은 놀랄 일이 아니다. '그린'은 권장되는 여행지의 색깔이 아니라 발행인 이름(Victor H. Green)이다. 1949년 판을 보면 환경주의자들이 사랑하는 요세미티 국립공원에서 가장 가까운 '안전한 호텔'은 100킬로미터 떨어진 곳에 있었다. 백인이 이 지역을 빼앗아 국립공원으로 삼기 전에는 흑인 '버팔로 병사Buffalo Soldier' 기병대가 요세미티 계곡을 비롯한 서부의 명승지를 수호하고 관리했는데도 말이다.

콜로라도 미들랜드 철도(콜로라도에서 출발하여 일레븐마일캐니언을 통과하여 관광객을 나르는 산악철도)를 찍은 백년 묵은 사진에서 승객은 백인밖에 없다. 흑인은 철도 노동자 중에 간간이 보일 뿐이다. 사우스플래트강은 젊은 강일지 모르지만, 물길을 다스리는 인간은 고루하다.

나중에 덴버에 돌아와 어느 서리 덮인 12월 아침에 사우스플래트 강변을 걷는다. 모래 알갱이에 달라붙은 서리를 밟아 부수면 부츠 밑

창에서 후추 빻는 소리가 난다. 물가에서는 찰싹거리는 잔물결 위로 빙상이 삐죽 솟았다. 우윳빛 동심원을 보니 간밤에 빙상이 자란 것을 알겠다. 너무 가까이 다가가자 얼음의 형태가 무너지면서 합류점을 돌아다니던 청둥오리, 알락오리gadwall, 관머리비오리hooded merganser가 화들짝 놀란다. 다리에 앉아 있던 비둘기 100여 마리가 덩달아 놀라서 푸드덕 날아올라 쏴아 하면서 흩어진다. 다 자란 흰머리독수리가 까만 날개를 능숙한 몸짓으로 힘차게 젓는다. 얼빠진 채 나선형으로 비행하는 비둘기들에게는 전혀 관심을 두지 않은 채 고개를 흔들며 하류의 잔잔한 물을 바라본다. 기절한 물고기를 한 마리도 찾지 못하자 물굽이를 따라 가던 길을 계속 간다. 다리의 높은 지지대를 피하려고 날개를 조금 세게 펄럭이자 훅 하는 소리가 난다.

갈매기와 캐나다기러기Canada goose는 사우스플래트강을 따라 같은 경로를 비행한다. 흰머리독수리처럼 갈매기도 물고기를 품은 강물을 슬쩍 쳐다본다. 캐나다기러기는 더 먼 먹잇감에 눈독을 들인다. 관개용 스프링클러에서 나오는 물이 캐나다기러기의 모세다. 산에서 내려온 물은 저수지와 파이프를 통해 약속의 땅을 열어준다. 덴버의 물 중에서 절반은 관상용 식물 재배에 쓰인다. 바싹 마르고 햇볕에 쪼글쪼글해진 서부의 들판에서 덴버의 잔디밭과 조경을 잘해놓은 교외 사무실 단지는 풀을 먹는 캐나다기러기에게 더할 나위 없는 장소다. 저수지에 저장된 물, 수천 헥타르의 기름지고 촉촉한 풀밭, 둥지를 숨길 떨기나무숲이 있기 때문이다. 하늘에는 늘 캐나다기러기 떼가 날아다닌다. 특히 겨울에는 주민들과 겨울철 방문객이 하천에 찾아와 새들에게 먹이를 준다.

인간도 다시 한 번 강을 따라간다. 도시 안에 산책로와 자전거 도로를 130킬로미터 넘게—대부분 수로를 따라—깔아둔 덕에 사람들의 이동 경로가 덴버 시에 사는 많은 동물과 일치한다. 이 만남의 의미는 사람들이 통근하고 뛰놀고 휴식을 취할 편리하고 유쾌한 장소가 생겼다는 것에 국한되지 않는다. 강을 접하며 살아가는 사람은 강의 편이 되기 쉽다.

인간의 이동 패턴이 독수리, 하루살이, 기러기, 사향뒤쥐 같은 동물의 패턴과 맞아떨어지기 시작하면, 우리의 근원이지만 인공적 환경 때문에 인식하지 못하던 생명 공동체를 다시 자각하게 된다. 물의 흐름과 신체의 움직임이 이렇게 합일되면 속함은 더는 추상적 개념이 아니라 살아있는 안무按舞를 통해 표현된다. 하지만 안무가는 개체가 아니라 많음 사이의 관계다. 강은 생명 없는 물 분자의 통로가 아니라 생명체다. 아마존 사라야쿠 운동가의 말이 들린다. "강은 살아서 노래합니다. 이것이 우리의 정치 전략입니다."

인간은 이 많음의 일부다. 사우스플래트와 체리크리크는 상류의 많은 저수지와 샛강이 합쳐진 물줄기다. 덴버 수자원 관리국의 현황 표와 관리 계획은 하천의 물방울 하나하나에 영향을 미친다. 인간의 개입이 강을 길들여 야성적 본성을 사라지게 할까? 그럴 리 없다. 물 관리 계획을 작성하는 손, 글자가 표시되는 종이나 화면, 댐을 고안한 기술자, 사우스플래트강의 도심 속 물길은 (연방에서 지정한 '보호' 구역인) 상류의 물 못지않게 야생이고 자연적이고 편안하다. 우리도 자연이다.

떼어낼 수는 없다.

그렇지 않다고 생각하는 것은 세상에 이분법을 들이대는 것이다. 사우스플래트강이 통과하는 땅은 이 균열된 상상력의 산물이다. 강의 발원지는 산의 국립공원, 숲, 황야다. 어떤 사람들에게 이 공간은 대탈출의 장소, 대자연을 만날 수 있는 신성한 숲, 위태로운 생태계의 최후 피난처다. 하지만 연방정부가 '보호'를 시행하기 전에 쫓겨나 출입이 금지된 원주민과 그 밖의 사람들에게는 똑같은 공간이 대파국 이후의 풍경일 뿐이다. 코맥 매카시Cormac McCarthy의 『로드』는 인간성이 말살된 땅을 떠나는 '눈물의 길Trail of Tears'(1838~39년에 있었던 미국 동부 체로키족들의 강제 이주_옮긴이)을 하나하나 밟는다. 1964년 자연보호법Wilderness Act에서는 땅을 '천연'의 '원시' 상태로 보전하는데, 이는 "땅과 생명 공동체가 인간에게 방해받지 않"음을 뜻한다. 세계 다른 지역의 토착 공동체는 '인간'을 '천연'의 생명 공동체에서 배제하는 이런 철학이 어떤 결과를 낳았는지 절감하고 있다. 사라야쿠 사람들은 그런 발상의 결말을 알기에 에콰도르의 국립공원에 반대한다. 그들은 '살아있는 숲'이라는 표현을 더 좋아한다. 살아있는 숲에서는 생명에 사람이—또한, 사람들과 나머지 종의 수많은 관계 속에 담긴 지식이—포함되기 때문이다.

사우스플래트강의 원줄기는 사람이 살지 않는 산속이다. 강은 도시로 흘러들어 우리의 철학이 표현된 또 다른 사물을 맞닥뜨린다. 그것은 바로 폐수를 쏟아내는 파이프다. 이원론을 믿는 사람은 세상에서 이원론을 만들어낸다. 우리가 도시를 자연적이지 않다고 생각하면, 도심의 강물은 자연 상태에서 멀어진다. 이미 '방해'받았으니 폐수를 쏟아부어도 괜찮다는 식이다. 인간이 배제된 '천연' 보호구역의 귀결은 산업 쓰레기장이다. 1960년대가 되자 산악 공원의 하류에 위치한 사우스플래트강 덴버 수역은 산업 폐기물, 폐차, 그리고 급속 성장하는 도시에서 나온 쓰레기 더미가 둑을 이루었다. 공장은 미처리 하수를 물길에 직접 방류했다.

자연과 비非자연의 이분법적 풍경은 한번 고착되면 스스로를 강화한다. 녹지와 무분별한 개발의 대조가 극명해질수록 '녹지'의 필요성이 (겉보기에) 커지는 반면에 나머지 풍경은 더더욱 비자연적으로 보이게 된다. 이런 세상에서 도시는 환경주의자들에게 멸시받지만, 사람이 없는 공원, 숲 보호구역, 지정 녹지는 칭송받는다. 풍경의 이중성이 커짐에 따라 인간이 세상에 속한다는 사실을 깨닫기가 점점 힘들어진다.

환경주의 전통, 농업 전통, 과학 전통 깊은 곳에서는 도시에 대한 적의가 흐르고 있다. 토머스 제퍼슨Thomas Jefferson은 이렇게 썼다. "대도시의 군중이 순수한 정부를 뒷받침한다는 말은 상처가 근력을 뒷받침한다는 말과 같다." 미덕은 시골의 백인 '농부'에게서 찾아야 했다. 뮤어가 자연을 만난 것은 "우둔한 도시의 계단과 죽은 보도와의 교류"에서 탈출한 뒤였다. 앨도 레오폴드의 '땅'에는 "토양, 물, 식물과 동물"은 포함되지만 인간 거주지의 물건은 아무것도 없다. 실제로 레오폴드가 보기에 "인간이 야기한 변화는 진화적 변화와는 차원이 다르"며 마치 질병과 같은 혼란을 낳는다. 학계에서는 20년 전까지만 해도 도시생태학이 생태학자들의 주요 관심사가 아니었다. '외콜로기ökologie'—19세기의 생물학자 에른스트 헤켈Ernst Haeckel이 그리스어 '오이코스-로기아οἶκος-λογία'에서 작명한 독일어 신조어—라는 이 분야의 이름은 '거주지 연구'라는 뜻이다. 미국 국립과학재단의 주력 사업인 장기생태연구Long-Term Ecological Research 프로그램에 도시 지역에 추가된 것은 1997년 들어서였다. 심지어 오늘날에도 생물학 현장 연구 시설은 대부분 도시와 읍내에서 멀리 떨어진 곳에 있다.

자연이 타자이고 별개의 영역이며 인간의 비자연적 흔적에 오염된다는 믿음은 우리 자신이 야생의 존재임을 부정하는 것이다. 콘크리트 보도, 페인트 공장에서 뿜어져 나오는 액체, 덴버 시의 성장을 계획하는 시청 문서는 (환경을 조작하는) 영장류의 진화된 정신 능력으로부터 발현되었다는 점에서 미루나무 잎 부딪히는 소리, 새끼 아메리카물까마귀의 부름소리나 삼색제비의 둥지 못지않게 자연적이다.

물론 이 모든 자연 현상이 슬기롭고 아름답고 정당하고 좋은가는 별개 문제다. 이 수수께끼를 가장 적절히 해결할 수 있는 사람은 스스로를 자연으로 이해하는 사람이다. 뮤어는 자신이 "자연과 함께with nature", 동반자로서 걷는다고 말했다. 현대의 많은 환경 단체는 뮤어의 선례를 따라 자연을 우리 바깥에 둔다. 자연보호협회Nature Conservancy는 이렇게 묻는다. "자연으로 돌아간다는 것은 무엇인가? 좋은 투자가 다 그렇듯 자연은 배당금을 산출한다." 유럽 최대의 환경 단체인 왕립조류보호협회Royal Society for the Protection of Birds의 로고 옆에는 "자연에게 집을 선사합니다"라고 쓰여 있다. 교육자들은 우리가 경계선의 잘못된 쪽에 너무 오래 머물면 '자연결핍장애'라는 병에 걸릴 것이라고 경고

한다. 하지만 그물망으로 얽힌 다윈 이후의 세계에서는 뮤어의 생각을 확장하여 우리가 자연 '안에서within' 걷는다고 말할 수 있다. 자연은 배당금을 산출하지 않는다. 모든 종의 경제가 전부 자연 안에 담겨 있다. 자연은 집이 필요 없다. 자연이 곧 집이다. 우리는 자연이 결핍되어 있지 않다. 이 자연을 자각하지 못할 때조차 우리는 자연이다. 인간이 이 세상에 속해 있음을 이해하면, 생명 공동체 안에서 그물망으로 얽힌—바깥에서 들여다보는 것이 아니라—인간 정신에서 아름다운 것과 좋은 것을 아는 분별력이 생겨난다.

8월 한낮이다. 공원의 나무들이 그늘을 드리웠지만 사람들은 양달에 앉거나 드러누워 있다. 그들 같은 서양식 강인함을 갖추지 못한 나는 미루나무 그늘 아래에 나의 자둣빛 피부를 감췄다. 이 나무는 비버에 의한 가지치기와 재발아의 연례행사를 겪은 지 2년째다. 주먹처럼 생긴 뿌리에서 줄기 열세 가닥이 자라는데, 다섯 가닥은 2미터를 넘어서 한 사람이 해를 피하기에는 충분하다.

강기슭에 앉아 미루나무의 황록색 잎을 바라본다. 끈처럼 생긴 잎자루에 잎이 하나씩 달렸다. 잎의 평면과 잎자루의 평면이 수직이어서 잎이 좌우로 까딱거리며 움직인다. 개의 머리를 어루만지는 손처럼 흔들거리는 다른 나무의 넓은 잎과 달리 미루나무 잎은 창문을 닦는 손처럼 흔들린다. 미루나무의 사촌 아스펜도 같은 식으로 움직이지만,

비비는 동작이 더 격렬하다. 바람이 빼금빼금 불면 미루나무의 단단한 잎 가장자리가 서로 부딪히며 탁탁 소리가 난다. 바람이 더 빳빳해지면 매끈한 잎들이 비스듬히 부딪히며 찰싹 소리가 난다.

이것이 속성으로 자라는 미루나무의 소리다. 온도가 높고 습도가 낮은데도 잎 부딪히는 소리에서 물 내음이 물씬 풍긴다. 나는 목이 말라 속이 타들어가지만 미루나무 잎은 물로 탱탱하다. 잎과 공기의 대화는 축축한 기운으로 가득하다. 이제 10여 미터를 뻗었을 뿌리는 토양의 여러 층과 부위에 비집고 들어가 공급망을 다각화함으로써 지속적이고 풍부한 식수원을 확보한다. 이 미루나무가 자라는 방식은 온실 밖 수경 재배에 가깝다. 구름에 가리지 않은 햇빛이 나무를 비추고 물이 뿌리 주위에 스며 있어 늘 촉촉하다. 강물에서, 표토침출수에서, 잔디밭에 뿌린 비료에서는 영양분이 용해된 채 흘러나와 조금씩 스며든다. 이 풍요로운 환경에서 나무는 빛을 몸 전체에 보내어 세포로의 에너지 흐름을 극대화한다. 미루나무 잎이 펄럭거리는 것도 이 과정에 한몫한다. 위쪽 가지가 움직이면 꼭대기 잎들이 태양의 압도적인 위력에서 잠시 휴식을 취할 수 있고 아래쪽 잎들이 잠깐이나마 광자를 공급받을 통로가 열린다. 그 덕분에 나무 전체가 햇빛을 먹는다.

컨플루언스 공원의 미루나무가 비버의 공격에서 해마다 금세 회복되는 것에서 그 생명력을 짐작할 수 있다. 유전학자들은 생물연료 농장에서 재배할 수 있도록 빨리 생장하는 나무를 번식시키는데, 미루나무와 근연종이 이들에게 인기 있는 것은 놀랄 일이 아니다. 강을 따라 걷다보면, 잎을 먹는 곤충, 둥지를 트는 새, 그늘이 필요한 포유류도 미루나무를 즐겨 찾는다. 미루나무가 없어지면 나머지 생명 공동체를 지탱하는 쐐기돌이 사라지는 셈이다. 상류의 댐에서 물의 흐름을 조절하여 어린 미루나무를 기르지 않으면 많은 종이 쇠퇴하거나 사라진다. 다행히도 이런 댐 관리 전략이 인간의 필요에만 초점을 맞춘 과거의 방식을 (매우 느리긴 하지만) 대체하고 있다.

오후의 태양이 공원에 열기를 내뿜자 내 뒤에 있는 금속 쓰레기통이 푹 익어서 쓰레기통 냄새를 풍기기 시작한다. 음식, 흙, 숲의 냄새는 나라마다, 지역마다 다르지만 공용 쓰레기통은 인간 감각의 공통분모인 하나의 냄새로 수렴된다. 썩은 사과의 톡 쏘는 냄새가 저음으로 깔리고 꾸밈음은 똥 냄새(이곳 깐깐한 콜로라도에서 똥 냄새는 애완견 배변 봉투에서 흘러나오는 것이 틀림없다), 도시의 스트로마톨라이트인 금속 바닥 미생물 깔개의 찌르는 듯한 악취까지. 미루나무는 잎의 숨구멍과, 녹색 줄기의 연한 피부에 난 흰색 틈새로 이 잡내를 들이마신다. 미루나무가 이 악취를 무엇에 쓰는지는 아무도 모르지만, 냄새 분자의 일부가 미루나무 세포에 결합되어 기묘한 생각을 일깨우리라는 것은 분명하다. 냄새가 내게 일깨우는 생각은 더 뚜렷하다. 자리를 옮겨야겠다는 것. 이렇게 더우니 물에 들어가야겠다는 것.

헤엄치면서 처음 깨달은 교훈은 물이 합쳐지는 데 시간이 걸린다는 것이다. 체리크리크천의 물은 기분 좋게 미지근하지만, 사우스플래트강의 물살에 닿는 순간 숨이 멎을 것 같다. 하류로 몇 분을 헤엄친 뒤에야 물이 섞인다. 나는 피부로 콜로라도의 수문학水文學을 익히고 있다. 지도는 봐뒀지만, 몸을 담가봐야 체득하는 법이다. 사우스플래트 강물은 계곡물이어서 뼈가 시릴 정도로 차갑다. 댐에 갇혀 있으면서 데워지기는 하지만, 찬물은 가라앉기 때문에 표층수 아래에서 방류되는 물은 냉기를 간직하고 있다. 찬물에는 산소가 풍부하다. 아가미가 즐거운 강물에는 곤충과 물고기가 바글바글하다. 체리크리크천의 원줄기는 캐슬우드캐니언 들판에 있다. 주변은 건조하지만 이곳은 물기가 있다. 개울은 얕은 물길을 따라 덴버와 교외를 가로질러 흐른다. 발원지와 물길은 둘 다 뜨거운 바위와 콘크리트 위에 있다. 컨플루언스 공원에서 물장구를 치는 아이들은 다들 따뜻한 물에 발을 담글 수 있는 체리크리크천을 선택한다.

두 번째 교훈은 무릎과 팔꿈치가 까지면서 얻었다. 사우스플래트강바닥에는 자갈이 굴러다닌다. 빠른 물살에 맞서 팔다리를 젓다보면 물 대신 돌을 차거나 때리게 된다. 겁 없는 십대들은 튜브나 카약 없이 상류의 급류를 타고 신나게 내려오지만 물미끄럼을 타고 나서 강변으로 가려면 돌바닥을 헤엄쳐야 한다. 녀석들이 내뱉는 욕설이 강의 힘을 입증한다. 유속이 느린 강에서는 굼뜬 물에서 미사가 배어 나와 바위에 부드러운 진흙을 바르지만, 사우스플래트강은 그렇지 않다. 컨플루언스 공원의 수면에서 하루살이가 날아오르는 것은 놀랄 일이 아니다. 이곳에는—적어도 이 수역에는—새끼 하루살이가 좋아하는 돌투성이 서식처가 얼마든지 있다.

체리크리크 바닥에는 모래가 깔려 있는데, 일부는 들판과 협곡의 지류가 천천히 침식된 것이지만 대부분은 여느 도시와 마찬가지로 건설 과정에서 흘러나온 겉흙과 속흙이다. 헤엄을 마치고 미루나무에게 돌아가다 저질底質(호수, 바다, 늪, 강 따위의 바닥을 이루고 있는 물질. 침전과 퇴적에 의하여 생긴다_옮긴이)을 밟는다. 착암기로 보수한 도로, 상점가를 지으려고 정리한 땅, 주택지 수십 곳에서 나온 폐기물 등으로 이루어졌을 성싶다.

어제였다면 체리크리크천에 발을 디디지 않았을 것이다. 동쪽으로 뇌우가 몰아쳐 탁하고 출렁거리는 경주로로 바뀌었기 때문이다. 오늘의 하천 바닥에는 급류로 생긴 1미터짜리 수중 사구沙丘가 물살을 가로질러 놓여 있다. 미사와 모래는 살아있는 세포도 잔뜩 실어 왔다. 도시의 우수관雨水管을 통해 내려온 것은 무엇이든 하천을 따라 흘렀다. 그중 하나는 온혈동물의 창자에 서식하는 대장균이다. 덴버 환경보건국에서는 대장균 함량을 측정하여 결과 지도를 공개한다. 대장균 자체는 위험한 경우가 드물지만, 측정하기가 쉬워서 (길거리와 쓰레기에서 빗물에 쓸려 나온) 다른 여러 병원균의 양을 추정하는 지표로 쓰인다. 소셜 미디어 계정을 클릭하기만 하면, 이 똥물에 들어가는 것이 현명한 일인지 알 수 있다. 빗물이 도시를 씻고 나면 내 컴퓨터 화면에서는 체리크리크에 빨간색 핀이 달린다. 세균 수가 물놀이 안전 허용치를 넘었다는 뜻이다. 폭우로 인한 오수 유출이 한풀 꺾이면 핀이 사라진다. 사우스플래트강도 도심 지류와 우수관의 상태에 따라 수치가 높을 때가 있다. 두 하천에서 하루라도 헤엄칠 수 있게 된 것은—심지어 물놀이 철의 대부분에 수영이 가능해졌다—과거에 비하면 혁명적 변화다.

강이 인간과 인간 아닌 생물에게 친근해지면 새로운 대장균 발생원이 생긴다. 컨플루언스 공원 상류에서 노니는 캐나다기러기 100마리의 활발한 총배설강에서는 하루에 10킬로그램 이상의 똥이 배출된다. 덩치 큰 초식동물의 위장은 배출량이 어마어마하다. 때에 따라서는 100마리를 훌쩍 넘기도 한다. 로이 씨의 목록에 있는 야생동물은 모두 나름대로 강물을 오염시킨다.

집 없는 사람들도 캐나다기러기 무리에 합류한다. 사우스플래트강의 무성한 버드나무 덤불은 하수도 없는 삶을 사는 사람들에게 좋은 잠자리가 된다. 그중 일부는 노숙자다. 또 어떤 사람들은 정해진 거처가 없이 도시를 떠돌아다니며 산다. 이런 사람들 중 상당수에게 강과 수변 공원은 매력적인 순례 장소다. 하수종말처리장에 연결된 화장실을 쓸 수 없는 사람들에게 강변의 덤불은 볼일 보기에 안성맞춤이다. 사람들이 아무리 조심해도 비가 온 뒤에는 수질이 악화되기 마련이다.

아라파호족과 동부의 첫 정착민들에게 그랬듯 강은 모임 장소이자 야영지다. 해질녘에는 젊은 여행자들이 미루나무 정북正北의 둔덕에 모여 인사와 음식을 나누고 밤을 지낼 방법을 궁리한다. 아침에 15번가 다리 아래에서 만난, "몇 년째 길에서" 지낸다는 잿빛 수염의 남자는 강에서 몸을 닦고 빨래를 하면서 하루를 시작한다고 했다. 강에서 이야기를 나눈 여느 여행자와 마찬가지로 그는 자신의 사연을 기꺼이 들려주었으나 이동 경로와 잠자리에 대해서는 함구했다. 자신을 지키려면 주위를 경계해야 한다. 최신 유행으로 차려입은 젊은 커플이—겉보기에는 여느 열일곱 살짜리들과 구별되지 않았다—강기슭 높은 곳 미루나무 아래에서 텐트를 걷었다. 그들은 강이 근사하며 도시의 다른 장소보다 훨씬 안전하다고 말했다. 하지만 한곳에 너무 오래 머물면 인간 포식자가 당신을 찾아낼 것이다. 산에서 강을 따라 내려온 두려움의 지리는 도시에서 새로운 형태를 갖춘다.

겨울이면 한뎃잠을 자는 사람들의 수를 분명히 알 수 있다. 미루나무가 잎을 떨구면, 짓밟힌 낙엽과 골판지 잠자리가 사우스플래트강을 따라 쭉 이어져 있다. 공식적으로는 야영이 금지되어 있으며 경찰이 단속하게 되어 있지만, 덴버 시의 정책은 오락가락했다. 강가에 이동식 화장실을 설치했더니 수질은 좋아졌지만 공원에서 자는 사람이 늘었다. 그러자 공원 노숙을 줄이기 위해 화장실을 없앴다. 2012년에 "의복 이외의 것을 덮거나 보호용으로 이용한" 채 야외에서 자는 행위가 시 전역에서 금지되자 노숙은 범죄 행위가 되었다. 하지만 행정력은 일관되게 집행되지 않았다. 덴버의 노숙 현황을 조사했더니 노숙자의 4분의 3이 공간 부족으로 쉼터를 외면했다. 침상 수는 늘었는데도 말이다. 겨울에 조사에 응한 노숙자의 3분의 1은 시의 금지 조치에 걸리지 않으려고 아무것도 덮지 않은 채 옷만 입고 잔다고 말했다. 덴버의 겨울 추위는 여간 혹독하지 않지만, 법률 문구를 따르려면 도리가 없다. 비버를 비롯하여 덴버의 강에 서식하는 설치류의 잠자리가 사람보다 낫다.

1970년대 초에 조 슈메이커Joe Shoemaker는 "자연을 찾으려면 도시에서 벗어나야 한다"라는 말에 동의할 수 없었다. 그는 친구들과 함께

덴버의 물길을 따라 여행하기로 계획하고 사우스플래트강에 배를 띄웠다. 배가 물을 가르지르는데 시 덤프트럭이 강에 꽁무니를 들이밀었다. 조는 덤프트럭이 쓰레기를 강에 버리지 못하도록 막았으며, 그 뒤로 40년간 강을 "사람들에게 돌려주"는 일에 매진했다. 그는 동료 강 운동가들과 함께 심미적 기준을 잣대 삼아, 명승지의 보전에 초점을 맞추지 않고 강에서 가장 추한 장소의 생명 공동체를 복원하는 일에 힘썼다. 그중 하나가 지금의 컨플루언스 공원이다.

지금은 덴버의 그린웨이 재단이 이 일을 이어받았다. 사무실 비품에 새겨지고 일부 직원의 피부에 문신된 재단의 비공식 구호는 'MSH'다. '똥 생기게 하라Make Shit Happen'('남들이 생각도 못한 일을 해내자' 정도의 뜻_옮긴이)라는 뜻이다. 대장균을 염두에 둔 구호는 아니다(재단의 활약 덕에 세균 수치가 감소하기는 했지만). 재단은 시 공무원과 회의를 하고, 주정부와 협력하고, 강변 사업을 위한 기금을 모금하고, 청소년 교육과 인턴십 프로그램을 관리하고, 하류 수자원과 상류 댐의 소유자와 협상하고, 공공 행사와 언론을 통해 강에 대한 인식을 제고함으로써 성과를 거두고 있다. 이 모든 활동을 아우르는 철학은 '사람과 강은 둘이 아니다'라는 것이다. 사람들이 이 사실을 받아들이고 이에 따라 행동하면 선의가 발휘된다. 아름다움과 추함은 이 일의 나침반 역할을 한다.

조 슈메이커는 공화당 주州 상원의원이었으며 주 예산위원회와 상원 세출위원회 위원장을 지냈다. 그가 MSH의 수장이 된 것은 고독한 영웅적 행위를 통해서가 아니라 인간의 사회망 안에서 강과 땅을 변화시키기 위해 노력했기 때문이다. 공원을 모든 사람이 이용할 수 있어야 한다는—심지어 덜 매력적인 지역에 있는 공원이라도—그의 소신은 사회 정의에서 비롯한 이상이었다. 그는 인간 공동체에서의 정의를 넘어서서 정치생태학 안에서 상호성을 이해했다. 사람들은 단순히 강을 찾아가는 것이 아니다. 강은 사람들의 일부가 된다. 정치적 용어로 표현하자면, 조는 강을 위해 '활기 넘치는 선거구'를 건설했다. 생태학 용어로 말하자면, 인간 정치는 강 역학의 일부이며 강은 인간 존재의 일부다. 연결을 강화하면, 개체로서의 사람, 공원, 댐이 사라지더라도 그물망이 살아남고 생명력을 유지할 수 있다. 조 슈메이커의 삶과 업적을 기리는 공식 기념행사가 2012년 컨플루언스 공원에서 열렸다. 주 공직자와 조의 친구들이 비버에게 물어뜯긴 미루나무 앞의 보도에 서서 강이라는 이야기의 흐름에 목소리를 보탰다.

슈메이커와 그린웨이 재단이 외로운 싸움을 벌이는 것은 아니다. 그 밖의 자선 단체, 지방정부, 덴버 재계가 강 보호의 생태계를 이루고 있다. 강의 목소리가 유일한 정치적 원동력인 것도 아니다. 오래된 하수도와 우수관을 보수할 최선의 방법을 고민하는 엔지니어, 수질 정화 저류지를 계획하는 지질학자, 폐수 처리장의 미생물 공동체를 관리하는 생물학자, 학생들을 강에 데려가는 교사 등은 강의 생명을 유지하는 조용한 행동의 그물망이다.

컨플루언스 공원에서는 인간 공동체가 자연 바깥에 존재한다고 믿는 것이 착각임을 알 수 있다. 영장류의 마음에서 비롯한 도시 정책들은 인간, 세균, 비버, 미루나무 등 모든 생물의 움직임에 영향을 미치며 체리크리크와 사우스플래트에서 만난다. 19세기에 시청이 강물에 휩쓸렸다. 이제 지대가 높은 마른땅에 올라선 지방정부는 여러 관계들과 어우러져 강의 생명에 영향을 미친다.

8월 어느 날 오후, 컨플루언스 공원에 장애인 아이들이 카약 강사 대여섯 명과 버스를 타고 도착한다. 이들이 향하는 급류 수로와 소용돌이 수영장은 엔지니어들이 공원을 설계하면서 사우스플래트강에 설치한 시설이다. 아이들은 한 명씩 강사와 짝을 지어 급류에서 노를 젓는다. 일곱 살짜리 흑인 아이가 의족을 이용하여 배에 뛰어오른다. 배에서 물보라가 튀자 아이가 몸을 숙인다. 불안한 표정으로 찡그리고 있던 아이의 입이 놀람의 커다란 'O' 자로 바뀌더니 기쁨의 함박웃음이 된다. 다른 강사가 배에서 일으켜주자 아이가 자신의 카약 강사와 하이파이브를 한다. 배에서 내린 아이는 체리크리크의 모래에 관심을 보이더니 돌 사이를 누비며 조개껍데기를 찾는다. 공원에서 아이들이 즐겨 하는 놀이다. 존 뮤어는 (조 슈메이커가 그랬듯) "흰 산이 부르는데 도시 그림자에서 노동할 운명" 너머를 보고서 잠시 생각에 잠기다 웃음 지었을지도 모른다.

그날 오후에 라틴계 가족이 미루나무 근처 풀밭에 돗자리를 펴고 피크닉 바구니를 연다. 엄마는 감독관이 되어 할아버지, 할머니와 아이들을 자리에 앉히고 음식을 나눠준다. 여자아이 둘이 샌드위치를 꿀꺽 삼키더니 자리를 박차고 강으로 간다. 체리크리크 물가에서 모래성을 쌓으며 자신을 잊은 듯 즐거워한다. 서로 비밀 이야기를 속삭이며, 미루나무 잔가지와 버드나무 덤불에서 뽑은 작은 해바라기 한 송이를 탑 위에 올린다.

콩배나무

맨해튼
40°47′18.6″ N, 73°58′35.7″ W

이방인이 맨해튼에서 불통과 익명성의 벽을 깨뜨리는 한 가지 방법은 나무에 선을 연결하는 것이다. 맑고 싸늘한 4월 어느 날 아침, 나는 86번가와 브로드웨이 대로의 교차로에 선 채 센서에 왁스를 발라 콩배나무 껍질에 장착한다. 센서는 일종의 전자 귀로, 크기와 색깔은 검은콩을 닮았다. 파란색 전선이 책 크기의 프로세서 두 개를 거쳐 내 노트북으로 연결된다. 헤드폰을 쓰면 나무와 인간의 음향 통로가 완성된다. 전선의 한쪽 끝에는 내 귀가 있다. 다른 쪽 끝에는 가로수가 보도의 직사각형 맨땅에 심겨 있다. 맨땅은 나무 밑동이 간신히 들어갈 만큼밖에 안 된다. 나무줄기는 풍채 좋은 사람의 몸통만큼 굵다. 위쪽 가지는 길가 아파트 3층까지 올라가며 사방으로 뻗은 가지들은 보도와 브로드웨이 대로의 한 차로를 덮었다.

전선을 연결한 나무 옆으로 보행자 행렬이 머뭇거리다 매듭이 생긴다. 눈과 눈이 마주치고, 모여 선 사람들은 이야기를 나눈다. 처음에는 측정 장치에 호기심을 보이지만 이내 나무에 눈길을 돌린다. 나무의 종명을 묻는 요식 절차를 마치고 나면, 처음 보는 사람들끼리 기쁨과 근심에 대해 이야기한다. 봄에 꽃이 피면 얼마나 멋진지 몰라요. 여기 뿌린 소금은 끔찍해요. 여름이면 가지가 그늘을 드리우는데, 정말 근사하죠. 때마침 시 당국에서 나무를 더 심고 있어요. 그때 누군가가 족보를 따지기 시작한다.

한 남자가 말한다. 나무는 우리와 같아서 타고난 자극이 필요해요. 지독한 소음일지라도 말이죠. 마침내 꽁지머리 묶은 백인 남자가 9·11 음모의 증거가 있다며 장광설을 편다. 매듭이 풀린다. 나는 그가 인터넷에 올린 장문의 글을 읽겠노라고 거짓말한다. 나는 브로드웨이 대로에서 나무와 파란색 전선과 함께 남겨졌다. 지나가는 눈길을 다시 한번 일부러 피한다.

나무껍질에 꾹 눌러 장착한 센서는 단단한 부위의 음향 진동을 기록하며 공기 중의 파동은 무시한다. 인간의 목소리는 껍질의 위쪽 표면을 간질이며 녹음 파일에 허깨비 같은 자국을 남긴다. 우리의 말은 떨리다 껍질의 스펀지에서 소멸된다. 나무의 진동 세계—나무의 존재를 통과하여 흐르는 소리—를 지배하는 것은 더 강력한 수다쟁이다. 7번가 급행열차가 나무에서 열 발짝 떨어진 지하철 터널을 쿵쾅거리며 지나간다. 지표면 아래로 계단을 두 단 내려가면 선로가 있다. 지하철 바퀴와 금속 철길이 요란하게 부딪히는, 지하철 승객의 귀에는 너무나 친숙한 소리가 뿌리를 타고 나무로 흘러들어 찰나 동안 나무를 뒤흔든다. 환풍구를 통해 소리가 터져 나오는 것은 1초 뒤다. 콘크리트와 목재를 지나는 압력파는 공기를 지날 때보다 열 배 빠르다. 공기를 통해 전달되는 충돌음, 마찰음, 진동음은 1초 만에 도시의 블록 하나를 이동할 뿐이지만, 같은 소리가 도로의 고체를 통과할 경우는 1초에 3킬로미터 넘게 이동한다. 이는 센트럴 파크의 길이와 맞먹는다. 화강암 갓돌에서는 소리의 속도가 다시 두 배로 빨라진다. 단단한 매질에서는 소리가 더 빨리 진행할 뿐 아니라 에너지 손실도 거의 없다. 콩배나무 아래의 낮은 보호 철책에 앉아 있으면 지하철이 금속 레일을 통해 궁둥이와 척추를 요동치게 한다. 하지만 공기로 전달되는 음파는 속귀의 가장 가는 털을 떨리게 할 뿐이다.

이 움직임은 나무의 일부가 된다. 도시는 콩배나무 안에 있다. 콩배나무는 진동을 받아 흔들리면 뿌리를 더 뻗어 자신을 단단히 고정시키는 데 훨씬 많은 자원을 투자한다. 뿌리는 흔들림과 구부림에 저항할 수 있도록 뻣뻣해진다. 섬유소와 목질소 가닥이 증가하여 길이 방향의 힘도 커진다. 따라서 도시의 나무는 시골의 사촌보다 더 단단하게 땅을 움켜쥔다. 나무줄기는 움직임에 반응하여 둘레가 굵어진다. 내부에서는 목질부를 이루는 세포들이 더 촘촘하게 자라 벽을 강화한다. "삶의 사관학교로부터: 나를 죽이지 않는 것은 나를 더욱 강하게 만든다"라는 니체의 금언은 개인주의를 넘어서는 의미로 수정해야 할지도 모르겠다. 생명의 관계 학교에서는 나를 죽이지 않는 것이 또 하나의 경계선을 지우고는 나의 일부가 된다. 나무는 몸을 구부려 바깥에 있던 것을 안으로 품는다. 식물의 삶, 땅의 진동, 바람의 하품이 나누는 대화가 몸을 얻으면 나무가 된다.

맥주 운반 트럭이 나무 앞에 정차한다. 디젤 엔진의 진동이 느껴진다. 내장이 맥박치고 식도가 역류하는 것으로 알겠다. 손바닥 밑에서 나무줄기가 부드럽게, 거의 감지하지 못할 정도로 떨린다. 운전자가 적재함의 금속 셔터를 드르륵 올린다. 내 두개골을 드르륵 긁는 것 같다. 물결처럼 덮치는 잔향 아래서 1밀리초 동안 눈이 깜박거리고 앞이 빙글빙글 돈다.

트럭 엔진의 저주파음은 너울이 바다풀의 줄기를 그냥 지나치듯 나무의 잎을 그대로 통과하고 우회한다. 길거리 색소폰 연주자의 촘촘한 리프, 빨간불 앞에서 급정거하는 배달 오토바이의 브레이크 소리, 기쁜 표정으로 휴대폰을 귀에 댄 여인의 웃음소리, 신난 참새의 피리 소리 같은 고음은 1센티미터 길이의 기압파를 방출하는데, 이것은 콩배나무의 잎 크기보다 작거나 같다. 보도 위에 드리운 수천 개의 잎이 매끈한 반사판 역할을 하여 도시의 소음 중에서 높은 음은 고여 있는 반면에, 저음은 사라져버린다. 그러면 음색이 미묘하게 달라지는데, 나무 아래에서 콘크리트 보도블록을 밟으면 더 가볍고 밝은 소리가 들린다. 나무 사이의 공간에서는 음향 표면의 금박이 떨어져나간다. 소리는 넓은 홀에서 울려퍼지듯 날아간다. 맨해튼에서는 몇 걸음만 가면 공터와 협곡을 가로지르게 된다. 나는 이것을 귀로 듣기보다는 피부로 느낀다. 소리의 산들거리는 바람을.

콩배나무처럼 우리도 몸 전체로 소리를 받아들인다. 듣는 것은 단순한 청각 작용이 아니다. 나의 귀길 안에서는 털 다발이 바닷물 몇 방울에 잠긴 채 떠다닌다. 각 다발은 세포 표면에 뿌리를 내린 채 높고 낮게 깜박거리는 공기 압력을 신경 신호로 바꾼다. 다발 전체는 액체의 잔떨림을 전하로 바꿔 뇌에 전달한다. 진동은 여러 경로에서 도착한다. 가운데귀의 작은뼈는 지렛대 구조로 고막과 연결되어 있다. 머리의 관자뼈는 속귀를 감싼 채 안팎의 소리에 따라 흔들린다. 두개골은 드럼이고, 입은 축축한 호른이며, 목과 척추는 몸 아랫부분에서 위로 통하는 통로다. 몸통은 호박으로, 절반은 씨앗이 가득한 내장이고 절반은 텅 빈 허파 공간이다. 피부는 얼굴과 귀를 타고 올라 귀길을 따라 내려간다. 귀고리는 안테나로, 유실된 주파수를 탐색한다. 우리가 자각하기 전에 신경이 뒤섞이고 수다를 떨고 무엇을 의식으로 올려보낼지 결정한다. 듣기를 조절하는 것은 혀에서 느끼는 맛, 감정, 발바닥, 피부의 털이다. 우리가 지각하는 것은 온갖 소리로 가득한 세상 속에서 우리 몸이 대화를 통해 내리는 결론이다.

도시의 소리들은 내게 이 진실을 깨우친다. 감각이란 하나의 축에 존재하는 자극과 반응이 아니며 공동의 노력으로서 의식 안에 표현된다는 사실을. 나무에서 북쪽으로 서른 발짝 거리에 포장마차가 있는데, 고기와 채소를 불판 위에서 익히고 있다. 이 음식은 소금과 양념을 꼭 쳐야 한다. 길거리의 소음 속에서는 혀에 자극을 가하지 않고는 어떤 맛도 느끼지 못한다. 양념 맛을 가라앉히고 미묘함을 표현할 수 있는 것은 주위가 고요할 때뿐이다. 맨해튼 식당들이 청각적 군비경쟁을 벌이면 우리의 입안이 유탄을 맞는다. 공장 조립라인처럼 시끄러운 테

이블에서는 단맛, 매운맛, 짠맛조차 느끼기 힘들다. 과일이나 잎채소의 속삭임은 어림도 없다.

피부도 우리가 듣는 소리에 질감을 부여한다. 트럭이 지나가면서 돌풍이 일어 나뭇가지가 휘청거리면 우리의 청각적 해석에 혼란이 일어난다. 실험에 따르면 우리가 마음속에서 '듣기'로 경험하는 것 중에서 일부는 귀를 통해 전달되지만 나머지는 몸을 통해, 특히 피부 위의 공기 움직임을 통해 전달된다고 한다. 고요한 공기가 우리 몸을 쓸면 뇌의 지각이 달라진다. 공기가 피부의 촉각 수용체를 건드리면, 상대방이 목구멍만 울리는데도 우리는 입술소리를 듣는다. '다다da-da'는 '파파pa-pa'로 들리고 '타르tar'는 '바bar'로 들리고 '다인dine'은 '파인pine'으로 들린다. 단어를 귀에 속삭일 때는 이러한 촉각 민감성이 놀랍지 않을지도 모른다. 하지만 공기가 얼굴 피부가 아니라 손의 피부를 스칠 때에도 우리가 듣는 소리가 달라진다. 그런 까닭에, 지나가는 자동차 때문에 보도의 공기가 흔들리거나 건물 때문에 보행자가 맞는 하강기류의 방향이 달라지면 도시의 물질성은 사회적 세계에 대한 우리의 지각에 뒤섞인다. 바깥 환경을 의식이라는 내밀한 경험과 나누는 뚜렷한 경계선 같은 것은 없다.

감정, 생각, 판단 같은 내면의 느낌이 스스로를 짜맞춰 외부 자극처럼 보이는 것을 만들어낸다. 음악의 높이와 장르가 달라지면 음식과 포도주의 맛이 달라진다. 저음을 들으면 혀에서 쓴맛이 느껴지고 신나는 곡을 들으면 생기가 느껴진다. 차이콥스키 왈츠가 입안에서 일으키는 섬세한 감각은 신시사이저로 연주하는 록 음악을 들으며 식사할 때는 경험할 수 없다. 도시의 소리는 엉뚱한 상황에서—이를테면 길거리가 아니라 공원에서—들리면 음량이 똑같아도 더 크게 느껴진다. '소음'은 트럭 엔진에서 생기지만, 무엇이 친숙하고 무엇이 낯선가에 대한 내면의 해석에서도 생길 수 있다.

요란한 차 소리와 기계 소리 사이에서 이야기할 때는 목소리가 더 커지고 높아지며 모음이 길어진다. 우리는 허파를 부풀리고 얼굴 근육을 일그러뜨려 표정을 강조하느라 더 많은 에너지를 쓴다. 우리만 그런 것이 아니다. 새들은 차 소리가 나면 노랫소리의 음높이를 높여서 도시 소음 위로 울려퍼지도록 한다. 음량도 키워야 한다. 여기에 적응하지 못하는 종은 청각적 사회망을 잃고 단절되어 사라진다. 콩배나무에서 들리는 인간 아닌 생물의 소리 중에서 가장 흔한 것은 찌르레기의 지저귐이다. 끽끽 깩깩 하는 노랫소리는 도로 소음의 끈적끈적한 진창 위에서 춤추며 청각적 무주공산으로 도피한다.

도시의 소리는 그 밖의 새로운 감각과 결합하여 이곳의 많은 종을 혼란에 빠뜨린다. 전자제품과 무선 신호에서 발생하는 전자기파의 아지랑이는 시골보다는 전선과 송신기로 가득한 도시에서 더 강한데, 귀에 들리지는 않지만 새의 나침판을 교란한다. 새들은 전파의 안개 속에서 갈 곳을 모른다. 경유 매연은 꽃향기의 화학물질과 결합하고 이를 왜곡하여 벌들을 어리둥절하게 한다. 도시의 향에 둘러싸인 나방은 냄새로 길을 찾지 못한다. 나뭇잎에 사는 미생물은 서로를 찾고 말을 걸지 못하는 듯하다. 도시에서는 미생물의 다양성이 매우 낮다. 이 새로운 세상을 헤쳐 나가는 것은 소수의 몇 종에 불과하다. 콩배나무도 그중 하나다. 비결은 사람들에게 환심을 사는 것이다.

밤 10시가 되자 콩배나무 꼭대기의 꽃들이 보름달 달빛을 반사하여 은빛으로 빛난다. 빛은 직진하지 않는다. 꽃잎이 받아들이는 것은 도시 협곡의 창문에서 반사된 달빛이다. 달 또한 햇빛을 반사하는 거울이다. 빛은 꽃에서 꽃으로 흘러내린다. 아래쪽에서는 달빛이 뉴스 가판대 네온등의 붉은 기둥과 뒤섞인 채 호박색 가게 정문을 비춘다. 해에서 석탄으로, 전구로, 꽃잎으로. 햇빛은 느릿느릿 지상을 활보하며 브로드웨이 대로에 아치를 드리운다. 남동쪽으로 몇 블록 가면 골목길이 온통 은은하게 빛나는 콩배나무 꽃터널이다. 운수평惲壽平(중국 청대의 화가_옮긴이)이 달빛 머금은 꽃을 그리다 이곳에도 붓질을 한 듯하다.

아침이면 17세기 중국의 이미지는 자취를 감춘다. 맥주 운반 트럭이 정차한다. 연소실에서 폭발이 일어나 피스톤 로드가 위아래로 움직이면 흰 배꽃 1만 송이가 흔들린다.

콩배나무가 맨해튼 거리에서 자랄 수 있는 것은 살모넬라균의 식물 친척인 에르위니아 아밀로보라Erwinia amylovora 덕이다. 이 세균은 북아메리카가 원산지인데, 사과, 검은딸기, 산사나무hawthorn, 배 같은 장미과 식물을 좋아한다. 식물학자들이 유럽산 배를 북아메리카에 들여오자 에르위니아는 신출내기 식물에게 본때를 보이기 시작했다. 벌집 속의 벌처럼 서로 끊임없이 정보를 주고받으며, 식물을 공격하는 화학물질을 언제 만들어낼지, 경쟁자 세균에 맞서 언제 방어 조치를 취할지 결정하기 위해 자신들의 집단적 지식을 이용한다. 20세기 초에 이 세균 지능이 무리를 이뤄 미국의 과수원을 쑥대밭으로 만들었다. 에르위니아에 감염된 잎과 잎줄기는 시커메진 채로 가지에서 말라비틀어지기 때문에 '화상병fire blight'에 걸렸다고들 한다. 수확량이 90퍼센트 가까이 줄었다. 1916년에 미국 농무국 국장은 네덜란드 출신 식물학자이자 탐험가 프랑크 메이어르Frank Meyer에게 중국에 가서 중국 배의 종과 변종을 최대한 많이 수집하는 임무를 맡겼다.

농학자들은 아시아 배와 유럽 배를 교잡하면 화상병에 저항력이 있는 종을 개발할 수 있으리라 기대했다. 메이어르는 씨앗 여러 자루를 미국에 보냈다. 메이어르는 옛 유럽 탐험가(조제프마리 칼레리Joseph-Marie Callery _옮긴이)의 이름을 딴 콩배나무Callery pear에 대해 중국의 온갖 해로운 토양에서 무럭무럭 자라는 것이 '경이롭다'고 말했다. 그러나 메이어르는 자신의 나무가 미국 토양에서 자라는 것을 보지 못했다. 배를 타고 또 다른 수집 장소로 가다가 양쯔강에서 익사했다. 하지만 그가 남긴 나무들은 지금까지도 북아메리카 전역에서 자라고 있다.

식물 육종업자들의 바람대로 콩배나무의 일부 변종은 화상병에 저항력이 있었으며 이제 그 콩배나무는 많은 배나무의 (접붙이기용) 뿌리줄기로 쓰인다. 실험용 과수원에서 몇 그루가 (특히 봄철에) 눈에 띄었다. 이 새하얀 꽃잎 횃불은 1950년대에 원예가들의 눈길을 사로잡았다. 당시는 교외가 뻗어 나가고 있어서, 빨리 자라고 예쁜 나무가 필요했다. 그중에서 난징에서 온 '브래드퍼드'—메릴랜드 출신 식물 육종업자의 이름을 땄다—를 뽑아 접붙이기로 복제했다. 이 한 그루에서 탄생한 수백만 그루의 콩배나무가 길가, 주택단지, 산업단지에서 자라고 있다. 식물학자들이 1960년대와 1970년대에서 떠올리는 것은 다채로운 사랑의 여름이 아니라 무성생식하는 흑백의 브래드퍼드다.

레나페족 말로 '언덕이 많은 섬'을 뜻하는 마나하타Mannahatta(맨해튼의 옛 지명_옮긴이)에서는 8번가와 브로드웨이 대로가 만나는 지점에서 참나무, 히코리, 소나무가 자랐다. 동쪽으로 몇십 발짝 떨어진 곳에서 개울이 초원 위로 굽이굽이 흘렀는데, 초원은 레나페족이 불을 놓아 유지되었다. 내가 이런 생태적 역사를 알게 된 것은 에릭 샌더슨Eric Sanderson이 이 지역의 옛 지도와 문헌을 탐구한 덕이다. 샌더슨은 1630년대 네덜란드인들—요한 더라트Johann de Laet, 다비트 피터르스존 더프리스David Pieterszoon de Vries, 니홀라스 판바세나르Nicholas van Wassenaer—을 인용했는데, 이에 따르면 섬에는 "어마어마하게 큰 나무들"이 자랐고 "사슴, 여우, 늑대, 비버가 아주 많"았으며 "새들이 숲에 가득하여 늘 휘파람 소리, 소음, 재잘거리는 소리가 들렸"다. 하지만 400년 가까이 지난 뒤에 또 다른 네덜란드인의 식물학적 유산인 프랑크 메이어르의 배나무를 수십 시간 관찰했으나 꽃들 사이에 벌 한 마리 보이지 않았다. 어느 나무에서든 나를 귀찮게 하던 각다귀와 모기도 없었다. 새는 다섯 종 목격했다. 유럽찌르레기*European starling, 유라시아집참새*Eurasian house sparrow, 유라시아바위비둘기*Eurasian rock pigeon, 붉은꼬리말똥가리red-tailed hawk가 건물 협곡의 가장 높은 곳에 쪼르르 앉아 있었고 솔새 한 마리가 나무에 2초간 머물다 86번가를 따라 리버사이드 공원 쪽으로 잽싸게 날아갔다.

연안도沿岸島의 이름이 마나하타에서 니우 암스테르담으로, 다시 뉴욕으로 바뀌는 동안 인간 아닌 생물의 다양성이 급감했다. 도시에서 생물이 감소하는 이러한 패턴이 전 세계에서 되풀이되었다. 주변 시골에 서식하는 토착종 조류 중에서 도시에 깃들어 사는 것은 평균 8퍼센트에 불과하다. 식물은 상황이 조금 나아서, 토착종의 4분의 1가량이 도시에서도 서식한다. 토착종의 다양성이 낮아지는 것과 더불어 균질화 현상이 일어난다. 전 세계 도시의 96퍼센트에 새포아풀Poa annua이 자란다. 유럽이 원산지로 키가 작은 새포아풀은 여러 풀이 교잡하여 진화했다. 이처럼 계통이 섞인 탓에 새포아풀은 부모가 많으며, 유전적 기억 덕에 도시에 적응하여 인류의 이동을 따라 전 세계 도시에 잽싸게 퍼졌다. 조류 공동체도 몇몇 코스모폴리탄 종이 지배한다. 콩배나무에서 본 비둘기, 찌르레기, 참새는 전 세계 도시의 80퍼센트 이상에서도 관찰된다.

이런 패턴을 보면 많은 환경주의자들이 도시를 반대하는 것도 수긍이 간다. 하지만 도시는 지표면의 3퍼센트를 차지하고서 인구의 절반을 수용한다. 이러한 인구 밀집은 효율적이다. 뉴욕 시민이 평균적으로 배출하는 대기 중 이산화탄소의 양은 미국민 평균의 3분의 1에도 못 미친다. 뉴욕은 애틀랜타나 피닉스처럼 확장 중인 도시와 달리 교통수단으로 인한 탄소 배출이 지난 30년 동안 제자리다. 덴버는 잔디밭이 아주 많은데도, 콜로라도 주 인구의 4분의 1을 차지하는 덴버 시민의 물 소비량은 주 공급량의 2퍼센트에 불과하다. 따라서 시골의 생물 다양성이 높은 것은 도시가 있기 때문이다. 전 세계 도시 인구가 모두 시골로 이주하면 토착종 조류와 식물은 날벼락을 맞을 것이다. 숲이 벌목되고 개울이 흙탕물로 바뀌고 이산화탄소 농도가 치솟을 것이다. 이것은 탁상공론이 아니다. 수십 년에 걸쳐 도시 거주민이 교외와 준교외로 피신하면서 숲이 개간되고 이산화탄소 배출량이 증가한 것에서 분명히 알 수 있다. 도시 지역에서 생물 다양성이 감소하는 전 세계적 패턴을 개탄하기보다는, 빽빽한 도시 덕분에 시골의 생물 다양성이 증가할 수 있었다고 생각하는 편이 나을 것이다.

심지어 건물과 도로가 지표면의 80퍼센트를 차지하는 도심에서도 어떤 종은 여전히 생존하고 있으며 잘만 서식하는 종도 있다. 뉴욕 시 깃발에는 네덜란드 모피 무역을 상징하는 비버 두 마리가 그려져 있다. 두 마리 비버는 친구 없는 강물 위로 200년 동안 펄럭였다. 하지만 브롱크스강의 물이 맑아지고 식물이 건강해지면서 덴버에서처럼 비버가 돌아왔다. 새들이 이주하는 봄철, 콩배나무에서 동쪽으로 몇 블록 떨어진 센트럴파크에서 몇 분 만에 조류 서른한 종을 목격했다. 대부분은 토착종 식물 옆에 있었다. 일부는 텃새였으며, 해안 비행길을 따라 북쪽 한대림 전나무 숲으로 가는 도중에 공원 녹지에 들른 철새도 있었다. 맨해튼 숲에서 "휘파람 소리, 소음, 재잘거리는 소리"가 완전히 사라지지는 않았다.

이전 세대의 도시계획가들 덕에 뉴욕 시 지표면의 20퍼센트는 숲 지붕으로 덮여 있다. 이 나무들은 거의 전부 사람 손으로 심은 것들이다. 1904년에 86번가 전철역(뉴욕 시에 맨 처음 건설된 28개 전철역 중 하나)을 짓기 위해 브로드웨이 대로가 굴착되었다가 매립되었다. 굴착 과정에서 살아남은 나무는 단 한 그루인데, 지금 콩배나무가 있는 곳 근처에 서 있었다. 아서 호스킹Arthur Hosking이 1920년에 찍은 거리 사진들은 너무 흐릿해서 이 선배 나무의 위치를 정확하게 알 수 없지만, 이 흑백의 거리 풍경에서는 브로드웨이 도로와 보도의 키 작은 어린나무 몇 그루만이 눈에 띈다. 몇몇 블록에 나무 한두 그루가 있는 것을 빼고는 식물을 통 찾아볼 수 없다. 그 뒤로 수십 년 동안 폭넓은 조림 활동을 통해 도시가 녹화되었지만 지난 30년 동안은 오히려 녹색이 옅어졌다. 녹지에 건물이 들어섰으며 새로 심은 나무는 녹지를 보충하기에 역부족이었다.

뉴욕 시와 뉴욕복원프로젝트New York Restoration Project가 2007년에 출범시킨 '나무 100만 그루 심기MillionTreesNYC' 사업은 어린나무 100만 그루 이상을 심고 가꿔 녹지 면적을 다시 늘리려는 시도다. 2015년 겨울까지 100만 그루를 심는다는 계획은 달성했으나, 녹지 공간의 전체적 유실을 감소시킨다는 장기적 계획은 아직 요원해 보인다.

브래드퍼드 콩배나무는 이 100만 그루에 포함되지 않는다. 이 종은 (적어도 전문 원예가들 사이에서는) 인기를 잃었다. 브래드퍼드의 조상에게 있던 유전적 결함 때문에 후손들은 모두 가지가 약했다. 나무는 얼음이나 눈의 무게를 이기지 못하고 쪼개졌다. 지하철의 진동으로 단련이 되었어도 소용없었다. 따라서 수목의樹木醫(나무를 보호하는 기술자_옮긴이)가 브래드퍼드의 부상을 치료하고 예각을 이룬 연약한 가지를 쳐서 건강한 가지들이 튼튼한 형태로 갖추도록 하려면 여느 나무보다 시간이 오래 걸린다. 브래드퍼드는 1960년대의 스타 가로수였으나 미래 세대에게는 유지 관리가 힘든 골칫거리가 되었다. 생태적 가치를 중시하는 오늘날의 분위기에서는 다른 대륙 출신이라는 점 또한 불리하게 작용한다. 토착종 나무는 잎을 갉아 먹고 꽃에서 꿀을 빠는 곤충이 더 많이 서식하기 때문에 더 풍요로운 공동체를 이룬다. 곤충이 풍부하면 거미, 큰벌, 새 같은 포식자도 많아져 종 다양성이 더욱 커진다.

이곳 동물들은 콩배나무의 화학적 방어 물질에 맞설 방법을 아직 진화시키지 못했다. 따라서 콩배나무 잎은 털애벌레나 잠엽충潛葉蟲(잎 속에 서식하며 잎을 먹고 사는 곤충_옮긴이)에게 먹히지 않아서 말끔하고 온전하다. 전에는 벌레 먹지 않은 잎을 보기에 좋다고 생각했지만, 지금은 생태학적으로 죄악시한다. 도시 바깥에서 브래드퍼드가 보이는 행태도 평판을 떨어뜨리는 데 한몫한다. 브래드퍼드는 자화수분을 못하지만, 꽃가루나 밑씨가 딴 콩배나무 변종과 결합하면 조약돌처럼 생긴 열매에 임성稔性(식물이 수정 과정을 통하여 싹틀 수 있는 씨를 이루는 일_옮긴이) 씨앗이 맺힌다. 프랑크 메이어르가 중국에서 배 씨앗을 실어 보낸 지 100년 뒤, 메이어르를 파견한 미국 정부는 콩배나무를 외래종 잡초로 분류하고 있다.

이렇게 위상이 낮아진 것은 콩배나무만이 아니다. 18세기와 19세기에 정부 식물학자와 민간 종묘상의 권고에 따라 미국 전역의 정원에서 유럽쥐똥나무*European privet와 아시아쥐똥나무Asian privet를 울타리용으로 심었다. 이 외래종 쥐똥나무는 현재 미국의 숲 수십만 헥타르를 덮고 있다. 현대의 대다수 생태학자와 원예학자는 쥐똥나무를 유독성 잡초로 간주한다. 예쁜 노란색 꽃이 피는 해란초Toadflax는 약용과 관상용으로 유럽에서 미국으로 이식되었다. 이 종은 아메리카 대륙 전역의 강가, 풀밭, 들판을 비집고 들어오고 있으며, 때로는 서식 면적이 수천 헥타르에 이르기도 한다. 이 밖에도 수백 종이 유독성 잡초로 분류된다.

한때는 칭송받고 수입되던 식물들이 지금은 비난을 사고 있다. 우리는 조상들이 업신여긴 현지 식물을 떠받든다. 우리 것이 아니라고 간주되는 외래종은 억압한다. 하지만 이런 판단은 실용적이고 가변적인 입장에서 비롯한 것이다. 우리는 이제 콩배나무의 화상병 저항력이 필요하지 않고 쥐똥나무 울타리가 필요하지 않고 수백 가지 외래종의 약효가 필요하지 않다. 화상병이 미국의 과수원을 휩쓸거나 금속 울타리의 공급이 달리거나 약국이 문을 닫으면 어떤 종이 우리 것이냐에 대한 판단이 틀림없이 달라질 것이다. 사람의 마음은 막무가내에다 변덕스러워서 생명 그물망에서 제 자리를 찾고 자신의 필요에 따라 그물망을 뜯어고친다.

밤이 깊어지자 통행이 뜸해진다. 어퍼웨스트사이드 길가에 늘어선 고급 아파트의 문들이 잠기고 보도의 인파가 드문드문해진다. 이제 콩배나무는 잠을 잘 수 없는 사람들이나, 잠을 잘 수 있으나 잘 데가 없는 사람들 차지다. 때 묻은 외투 차림의 여인이 가로수 철책에 앉아 고개를 떨군 채 기침을 한다. 화창한 오후 지하철 환풍구에서 피어오르는 연기 속에서 아이들이 웃음을 터뜨리며 목 뒤에서 내뱉는 기침이 아니다. 여인의 기침은 주름진 얼굴의 갈라진 입술에서 터져 나온다. 시가 꽁초를 빠는 중간중간에 누더기 같은 허파에서 가래가 끓으면 그녀의 구부정한 어깨가 흔들린다. 기침 소리는 내 신경계의 어떤 부위와 맞물려 공포의 떨림을 유발한다. 사람의 귀와 뇌는 허파에서 나는 소리의 의미를 이해한다.

도시의 공기가 스며들어 망가진 허파에 시가의 푸른 연기가 도달한다. 숨을 들이마실 때마다 200만 대 가까운 뉴욕 시내 차량의 배기관에서 나온 가스와 매년 겨울 수십억 리터의 난방유를 태우는 보일러 굴뚝에서 나온 연기가 따라 들어온다. 어퍼웨스트사이드의 오래된 최고급 건물과 고급 주택가에는 아직도 저질 연료유인 타르 슬러지로 난방을 하는 곳이 있다. 이곳의 굴뚝은 올드 리키의 19세기 굴뚝과 맞먹는다. 지난 10년간 가장 더러운 기름은 단계적으로 퇴출되어 검댕은 4분의 1이 줄었으며, 산성비의 원인인 아황산가스는 4분의 3 가까이 감소했다. 하지만 뉴욕 시의 공기가 50년 만에 가장 깨끗해졌다고는 하나 어퍼웨스트사이드는 공기 오염 지도에서 최악의 지역으로 표시되어 있다.

기침하던 여인이 자리를 뜨자 비가 내리기 시작한다. 나무 밑에 있으면 몇 분간은 비를 맞지 않는다. 빗물이 잎에 달라붙었다가 잔가지를 따라 줄기로 흘러내리기 때문이다. 아마존의 비와 달리 빗방울이 잎에 떨어지는 소리만 들린다. 나머지 모든 소리는 자동차 바퀴에서 부서지고 튀어 오르는 물소리에 묻혀 사라진다. 천둥소리마저도 머리 위에서 들리지 않는 이상 타이어 소리에 씻겨버린다. 귀가 막히자 다시 한 번 피부가 비 센서 노릇을 한다. 숲지붕이 완전히 젖은 뒤에야 콩배나무 잎에서 떨어지는 차가운 물방울이 얼굴에 떨어지기 시작한다. 세 발짝 옆의 보도는 하늘을 가리는 덮개가 없어서 비를 나보다 훨씬 많이 맞는다. 잎은 물을 표면에 담았다가 흐름의 방향을 바꾼다. 어떤 물은 나무 표면에 달라붙은 채 결코 땅에 내려가지 않는다. 나무에 붙잡힌 물은 대부분 껍질로 흘러 밑동 옆 땅으로 내려간다. 내려온 물은 불투수성 거리를 따라 흘러 빗물받이로 떨어지기보다는 다공성 흙에 스며든다.

나무가 빗물을 가로채 흐름을 바꾸는 것은 지상에 도움이 된다. 뉴욕 시 우수의 절반 이상은 하수도를 겸하는 파이프로 흘러든다. 폭우가 내리면 하수 처리 시설의 용량이 초과되어 미처리 하수가 하천에 배출된다. 나무는 폭우의 흐름에 완충 작용을 하여 "통합 하수 범람"으로 인한 강의 오염을 완화한다. 주변에 나무와 흙이 있고 저류지가 새로 건설된 곳에서는 폭우로 인해 하수가 강에 흘러드는 비율이 1980년의 70퍼센트에서 오늘날에는 20퍼센트로 감소했다. 따라서 허드슨강에 물고기가 살 수 있는 한 가지 이유는 브로드웨이 대로의 흙과 나무다.

나무껍질에 손을 대자, 손바닥의 압력에 차가운 액체가 조금 배어

나오는 것이 느껴진다. 껍질의 잔주름은 일종의 도랑과 빗물받이다. 꼬불꼬불한 강을 축소하여 세워놓은 셈이다. 물길은 거품으로 덮여 있다. 손을 떼니 놀랍게도 손바닥에 훈액燻液(연기 중의 유효 성분을 물에 녹여 식품을 훈제하는 대신으로 쓰는 액체_옮긴이)이 묻어 있다. 나무에 손을 대고 있을 때 재 슬러리가 묻었나보다. 손을 뺀는다. 몇 분간 빗물이 손바닥에 떨어져 더께를 씻어낸다. 나무 밑동에서는 염성소택鹽性沼澤(염분함량이 높은 해안의 토지_옮긴이)의 진흙처럼 새까만 웅덩이 위에 거품이 쌓여 있다. 배수로를 흐르는 물도 도시의 더께가 섞여 시커멓다. 이 나무는 물만 가로챈 것이 아니다. 비가 계속 내리면 나무껍질에 에메랄드빛으로 광이 나는 부분이 생긴다. 표면이 씻겨 나가면서 조류藻類 군집이 다시 한 번 전면에 등장한다.

연소 부산물인 알갱이와 얼룩 같은 미립자 오염 물질이 껍질과 잎에 내려앉는다. 비가 오면 이 더께는 땅으로 흘러내린다. 건조하고 바람이 심한 날에는 쌓여 있던 물질이 마치 진공청소기 먼지통을 흔들 때처럼 공기 중으로 흩날린다. 하지만 전체적으로 따지면 정화 효과가 우세하다. 여름에는 잎이 검댕과 오염 물질 분자를 숨구멍에 끌어당겨 정화 효과를 증가시킨다. 이 화학물질은 잎의 축축한 내부에서 녹아 식물 세포에 융합된다.

모든 나무가 독을 삼키고도 살 수 있는 것은 아니지만, 중국의 해로운 토양에서 살아남은 콩배나무의 생명력은 도시에서도 여지없이 발휘되었다. 화학물질은 나무의 세포 안에서 결합하여 카드뮴, 구리, 나트륨, 수은 같은 무해한 금속으로 바뀐다. 유전학자들이 이 화학물질을 만들어내는 DNA가 세균 안에서 발현되도록 조작하면 이 세포는 유독성 금속으로 된 액체를 해독解毒할 수 있다. 이 혁신적 방법을 실험실 바깥에 적용할 수 있다면 콩배나무의 세포 안에 숨겨진 유전자는 산업 폐기물을 정화하는 데 요긴할지도 모른다. 나무 안에서 일어나는 화학 작용은 나무가 도시의 대기 오염뿐 아니라 겨울에 뿌리에 스며드는 제설제를 이겨내는 데도 도움이 된다. 겨울철에 주변 아파트의 관리소와 브로드웨이 대로 관리 트럭에서 소금을 흩뿌려도, 콩배나무는 단풍나무 같은 연약한 종과 달리 이겨낼 방법이 있다. 미국 서부에서 미루나무가 그랬던 것처럼 여러 세대에 걸쳐 경험을 쌓은 덕에, 도로의 얼음을 녹이려는 인간의 시도로 인한 부작용에도 끄떡없을 수 있었던 것이다.

뉴욕 시의 나무 500만 그루는 해마다 대기 중 오염 물질 약 2000톤과 이산화탄소 4만 톤 이상을 제거한다. 숲지붕이 두텁게 드리운 최적의 조건에서는 여름철에 나무가 오염 물질을 (종류에 따라 다르지만) 시간당 10퍼센트나 없앨 수 있다. 하지만 조건이 이 정도로 좋은 경우는 드물며 새로운 오염 물질은 언제나 넘쳐난다. 1년으로 따지면 나무는 도시의 대기 중 오염 물질을 약 0.5퍼센트 제거한다. 평균에는 드러나지 않지만 지역 간에는 편차가 있다. 나무가 많은 지역에 사는 사람은 나무가 별로 없거나 아예 없는 지역에 사는 사람보다 숨 쉬기가 편하다. 기침하던 여인이 1960년대에 어디서 어린 시절을 보냈느냐에 따라 다르겠지만, 그녀의 젖은기침은 시가와 자동차 배기관, 가로수 없는 보도 때문인지도 모른다.

사람 허파의 방과 나뭇잎의 내부 공간은 생물학적 검댕 포집기로, 서로 또한 도시와 연결되어 있다. 시의 매립지에는 큰 쓰레기가 격리 보관되지만, 우리는 모두 (수십억 개의 미세한 쓰레기 조각이 떠다니는) 하늘의 쓰레기 구름에 푹 잠겨 있다. 이제 도시의 식수植樹 계획에서는 이 관계를 고려한다. 나무가 없는 지역의 천식 입원율이 높을 경우 공원 관리부에서는 블록 전체를 재식수한다. 이 전술은 주민들이 나무를 심어달라고 시에 요청한 지역에 식수하던 예전 방식과 대조적이다. 예전 방식을 쓸 때는 울창한 지역은 더 울창해졌고 길거리에서 나무가 사라져 방치된 지역은 아예 나무의 필요성조차 느끼지 못했다. 시 당국은 현재 두 접근법을 병행하고 있지만, 최근에는 블록 단위 식수에 치중하여 가장 필요한 지역에 도심 숲지붕을 설치했다. 결과는 아황산가스 측정기가 없어도 알 수 있다. 나무 아래를 걷다가 공터로 나오면 도시의 소리 질감이 달라지는데, 공기의 맛도 마찬가지다. 나무를 잘 심은 곳에서는 샐러드와 흙의 냄새가 입에 감돈다. 분자들은 나뭇잎의 숨구멍에서, 나무줄기 밑동 주변의 흙에서 흘러나온다. 우리는 호흡하면서 코와 혀로 숲을 맛본다. 나무를 심은 블록과 블록 사이에 서서 나무와 멀리 떨어져 있으면 공기에서 엔진과 하수도와 아스팔트 냄새가 섞인 연한 갈색 산취酸臭가 난다. 이 대조가 가장 뚜렷한 것은 버스가 늘어선 대로를 걷다가 공원에 들어섰을 때다. 나무가 우거진 숲이나 탁 트인 잔디밭에 서면 잎의 진한 맛이 입안으로 밀려든다.

나무 심기는 도심 숲을 조성하는 데 필수적인 첫 단계이지만, 갓 심은 어린나무 주변에 포슬포슬한 최고의 흙을 덮어준다고 해서 나무의 생존이 보장되지는 않는다. 어린나무가 죽는 이유로는 교통사고, 고의적 훼손, 가뭄, 오염, 개똥 중독, 보도 물청소로 인한 토양 영양소 고갈, 그 밖에도 도시에서 일어날 수 있는 수만 가지 사건이 있다. 공업지역과 인근 유휴지에서는 심은 나무의 40퍼센트가 열 번째 생일을 넘기지 못한다. 수종樹種마다 인내력이 다르지만—콩배나무는 뉴욕의 가로수 중에서 가장 회복력이 뛰어나, 최약체인 단풍버즘나무London plane tree에 비해 생존율이 30퍼센트 높다—식물학적 차이보다는 나무가 인간 공동체와 맺는 관계가 더 큰 영향을 미친다. 어린나무가 인간의 사회망에 섞여들면 생존율이 커진다. 이웃 주민이 심은 나무는 익명의 식목업자가 심은 나무보다 오래 산다. 나무에 이름표가 달려 있고 물 주기, 바닥덮기, 흙 갈아주기, 낙엽 치우기 등의 할 일이 적혀 있으면 생존 확률이 100퍼센트 가까이 급증한다. 인격과 성원권을 가지는 덕에 관심과 사랑과 정체성과 역사를 부여받는 가로수는 맥락 없이 존재하고 돌봐주는 사람 없이 살아가는 공용 시설물로서의 가로수보다 오래 산다.

도시에서는 사람들이 나무에 대해 열렬한 심리적 유대감을 느끼기도 한다. 뉴욕 사람들과 나무 얘기를 해보면 그들에게서 아마존 와오라니족의 모습이 보인다. 그들과 나무와의 관계는 깊고 개인적이다. 건설 공사 때문에 맨해튼 가로수가 훼손되든, 석유 운반로를 내려고 아마존 케이폭 나무를 베든, 나무와의 대화가 갑작스럽게 훼방되면 사람들은 분노를 터뜨린다. 나무와 더불어 사는 사람들, 자신의 삶을 나무의 서사로 둘러싼 사람들은 이 상처를 뼈저리게 느낀다. 뉴욕이나 시골 지역 할 것 없이 나무의 미래를 이야기하다보면 낯선 사람끼리도 열띤 대화를 나누고 서로 친해진다. 나무, 특히 주택 가까이에서 자라는 나무는 탈아 경험의 관문이다. 뉴욕의 아파트 앞쪽에 서 있는 이 타자는 잎의 속삭임과 봄철의 초록 불꽃을 통해 숲의 옛 기억을 환기시킨다. 이런 관문은 희귀해질수록 가치가 커진다. 숲과 과수원에서 살지 않아도, 나무가 인간 생존과 번영의 핵심임을 매일같이 상기할 기회는 없어도, 이런 사람들이 얻는 지식을 도시 거주민이 접할 수 있는 수단이기 때문이다.

숲이 아름다움으로 통하는 관문이라는 생각에 모두가 동의하는 것은 아니다. 인간과 나무의 관계가 얼마나 다양한가는 나무줄기 주변의 흙 상태에서 뚜렷이 알 수 있다. 콩배나무 주변에는 무릎 높이의 철책이 쳐져 있는데, 여느 수목 보호 시설과 마찬가지로 보도에 면한 아파트 건물 소유주가 설치했다. 콜레우스*Coleus*나 베고니아*Begonia*를 줄기 밑동에 목걸이처럼 심어 보도의 맨땅에 해마다 꽃이 피게 하기도 한다. 두 식물 다 동아시아가 원산지로, 콩배나무 입장에서는 뜻하지 않게 동포를 만난 격이다. 하지만 1년 중 대부분의 기간 동안 이곳의 흙은 빈 캔버스다. 도시는 점묘화를 그리듯 이곳을 장식한다. 한여름 어느 날 이곳에 버려진 쓰레기를 세어보니 담배꽁초 대여섯 개, 풍선껌 아홉 개(나무껍질 틈새에 박혀 있는 것도 두 개 있었다), 멋진 빨대가 꽂힌 포도 주스 깡통 한 개, 끊어진 고무줄 한 가닥, 뭉쳐진 신문지 한 장, 파란색 플라스틱 병뚜껑 한 개가 있었다.

콩배나무 남쪽 블록에는 나무를 돌볼 아파트 경비원이 없다. 그 대신 식료품점에서 매일 고압 호스로 보도를 청소하고 콘크리트를 닦는다. 보도의 은행나무는 밑동 주변이 파여 뿌리 위쪽이 드러나 있다. 북동쪽에는 누군가 우유 상자 옆면으로 나무 보호틀을 만들어 설치했다. '마시오'에 밑줄을 세 번 그은 손글씨 팻말은 개 주인에게 딴 데서 볼일을 보게 하라고 부탁하는 내용이다. 또 다른 주민은 철물점에서 울타리를 사다 설치하고 대리석 조각을 깔았다. 콩배나무에서 다섯 나무 북쪽으로 가면 포장마차들이 무방비 상태의 나무 옆에 주차되어 있는데, 배고픈 사람들은 보도를 밟을 때와 같은 세기로 흙을 밟는다. 인근 86번가에서 아파트 개축을 하면서 비계를 설치한 탓에 나무는 2년 동안 빛과 물을 차단당했다. 12월이 오면 약해진 나무에 조명이 매달린다. 콘센트에 꽂은 전선은 보도 아래를 지나 나무에 연결된다. 몇 블록 동쪽으로 박물관들과 센트럴 파크 근처에 있는 흙은 손으로 포슬포슬하게 매만졌으며 (철에 따라 다르지만) 곧게 뻗은 자주색 튤립이나 메인 주의 전나무 가지로 장식된다. 나무가 인간 너머 공동체로 통하는 관문이라면 나무 보호틀과 식재 구멍은 사람들의 다양성을 들여다볼 수 있는 창문이다.

나무 보호틀은 뿌리와 줄기를 자동차가 들이받거나 보행자가 밟지 않도록 설계되었다. 하지만 때로는 사람도 나무로부터 보호받아야 한다. 가지치기를 하지 않으면 위에서 나뭇가지가 떨어져 아래 서 있던 사람이 다칠 수도 있다. 내가 콩배나무를 찾아온 지 이태째에 봄철에 꽃을 피운 가지 몇 개에서 잎이 제대로 나오지 않았다. 잎과 가지는 딱딱해지고 비틀린 채 갈색으로 변했다. 이 콩배나무는 화상병에 면역력이 없었다. 세균이 꽃을 통해 들어와 가지와 잎에 침투한 것이었다.

인근 아파트 입구에 모여 있던 경비원과 청소부가 내게 걱정이 이만저만이 아니라고 말했다. 이 블록의 가로수를 잃으면 슬플 것이라고 했다. 죽은 나뭇가지가 떨어져 통행인이 맞을 수도 있었다. 나중에 가지치기 인부들이 줄기에서 가지 밑동을 하나하나 잘라냈다. 이것은 전문가만이 할 수 있는 일이었다. 정확한 위치와 각도로 잘라야만 상처가 치유될 수 있기 때문이다.

가지가 떨어지면 위험한데도 죽은 (또는 죽어가는) 나뭇가지에 대한 뉴욕 시의 대처에는 일관성이 없었다. 2010년에는 가지치기 예산이 말 그대로 가지치기를 당했다. 이듬해에는 나무에 부상당했다며 시를 상대로 제기하는 소송이 급증하여 합의금으로 수백만 달러가 지출되었다. 벤치에 앉아 있다 가지에 맞아 중상을 입은 사건에서 지급된 합의금은 지난해 가지치기 예산의 두 배에 달했다. 뉴욕 시에서는 나무가 쓰러지면 소리가 날 뿐 아니라 법적 구제 수단을 갖춘 사람이 아래에 있을 가능성이 크다. 나무 돌봄 예산은 2013년에 원상으로 복구되었다. 86번가와 브로드웨이 대로에서 콩배나무 아래를 걷는 사람들은 이 조치의 수혜자다. 지금은 병든 가지를 잘라냈기 때문이다. 도심 숲에서는 나무에게 혜택을 얻는 만큼 가지 하나하나에 관심을 기울임으로써 보답해야 한다.

오전 러시아워가 시작되고 보도는 발, 우산, 어깨의 강이 된다. 강

물 소리는 신발 밑창 찰싹거리는 소리, 남성용 가죽 구두의 채찍 소리, 하이힐 뒷굽 딱딱거리는 소리, 달리기하면서 땅을 박차는 소리, 개 발톱이 땅에 부딪히는 소리, 지친 산책자가 발을 질질 끄는 소리로 이루어졌다. 86번가 지하철역이 강바닥 싱크홀처럼 우리를 전부 집어삼키고 더 많은 사람들을 지상으로 게워낸다. 광역 버스가 정류장에서 포효하며 통근자들을 내려놓는다. 무리는 보도 곳곳으로 금세 흩어진다. 86번가와 브로드웨이 대로의 교차로에서 두 물길이 만난다. 이 격렬한 합류의 리듬을 조율하는 것은 신호등의 빨간색과 초록색 수문이다. 콩배나무는 강기슭 가까이에 단단히 자리 잡은 채 이 흐름의 한가운데에 서 있다. 나무가 움직이지 않으니 보행자 흐름의 물결 옆에 웅덩이가 생긴다. 사람들이 지느러미를 파닥거리며 급류에서 벗어난다. 그들은 나무와 철책이 만들어낸 잔잔한 물 위를 떠다닌다. 겨울에는 땅을 한번 슬쩍 보아도 패턴을 알 수 있다. 나무 아래에서 눈밭이 파인 곳은 꽃잎처럼 제멋대로 찍힌 발자국뿐이다. 보도 바로 옆은 발자국으로 진창이 되었다. 발자국은 모두 같은 축을 따라 나 있다. 강기슭에 서식처를 마련하는 덴버의 미루나무처럼 이 콩배나무도 주변에 인간을 위한 새로운 가능성을 열었다.

콩배나무 둘레의 고요한 공간은 성별화, 인종화된 공간인 듯하다. 보도의 행진 행렬에서 비켜난 (내가 목격한) 수십 명 중에서 4분의 3은 여성이었다(인종과 계급은 다양했다). 남성 중에서 백인은 (나를 빼면) 한 명도 없었다. 하지만 나무 앞의 급류를 타는 백인 남성은 결코 적은 수가 아니었다. 나무 옆 잔잔한 물속에서 사람들은 휴대폰으로 통화하거나 담배에 불을 붙여 음미하거나 핸드백이나 우산을 정돈하거나 선 채로 휴식을 취하거나 철책에 앉아 신문을 펼쳤다.

뉴욕에서는, "정당한 이유" 없이, 또는 (더 심각하게는) "공공에 불편을 야기할 의도로" 보행을 방해하는 행위는 주 형법 준수 의무를 위반한 것으로 간주된다. 위반시에는 라이커스 섬 교도소에서 15일간 구류되는 처벌을 받을 수도 있으나, 대부분은 벌금이나 사회봉사 명령으로 끝난다. 물론 도시의 보도에서 걷거나 서 있으면 남에게 방해가 될 수 있으며, 그렇기에 경찰이 누구든 불시에 검문할 수 있는 세상에서는 법률이 비슷한 역할을 맡을 수도 있다. 가로수는 영구적 범법자다. 다들 (하워드 네메로브Howard Nemerov 말마따나) 의도와 목적에 대해서는 "포괄적 침묵"을 지킨 방해꾼이다. 사색하는 인간 또한 나무와 마찬가지로 범법자다. 목적 없이 집중하는 것은 풍기 문란이요, 움직임을 멈추는 것은 법률 위반이다. 도시의 나무 아래 서 있는 것은 미소전복微小顚覆 행위다. 콩배나무 그늘에 한 번도 들어와보지 않은 반듯한 사람은 무슨 말인지 잘 알 것이다. 도시의 음향과 규칙을 존재하게 하는 것은 나무만이 아니다.

나무의 공간 밖으로 발을 디디면 나의 존재는 뜻하지 않게 미소전복에서 미소공격으로 바뀐다. 보도에 선 백인은 또 다른 형태의 성별화된 공간을 창조한다. 가게에 등을 기대고 손에 수첩을 든 나는 강가에 박힌 그루터기였다. 보도의 가용 너비 중에서 10퍼센트를 내가 점유하고 있었다. 내가 이 자리를 차지한 지 몇 분 지나지 않아 남성 1~5명이 합류하여 1미터 떨어진 곳에 선 채 길거리 음식을 먹거나 전화 통화를 했다. 여성은 한 명도 없었으며 남성은 대체로 백인이 아니었다. 이 경험을 세 번 반복한 뒤에—두 번은 본의 아니게, 한 번은 실험의 의도로—내가 만들어낸 불쾌한 거품이 10퍼센트를 훨씬 넘으며 공공 보도를 지나는 사람들에게 불편을 끼친다는 사실을 깨달았다. 정지해 있는 나의 덩치는 '맨슬래밍manslamming'(보도에서 남성이 여성에게, 부딪힐 때까지 길을 비켜주지 않는 행위를 일컫는다_옮긴이)의 수동적 버전이었다. 노조운동가 베스 브레슬로Beth Breslaw가 실험 삼아 뉴욕 시의 길거리를 남성처럼 걸었더니 한 걸음 한 걸음마다 아이스하키 선수처럼 갈지자로 발을 디뎌야 했다. 남성 중에서 '자신의' 공간을 털끝만큼이라도 양보하려는 사람은 한 명도 없었다.

벽에 기대 서 있으면서 교훈을 얻은 나는 수첩을 들고 가게 출입문과 지하철 출구 사이의 구석에 자리 잡았다. 손에 수첩을 들고 있는 동안은 아무도 내게 눈길을 주지 않았다. 그런데 멍한 얼굴로 서 있었더니 또 거품이 커지기 시작했다. 흐름에서 벗어나 있었는데도 말이다. 나는 나무 아래에서는 다른 사람들의 공간을 침범하지 않고서 앉거나 서 있을 수 있었다. 나무의 웅덩이는 보도의 일반적 규칙에서 부분적으로나마 도피할 수 있는—적어도 도시의 이 부유한 지역에서는—공간인 듯하다. 내가 다른 몸으로 다른 장소에 서 있었다면 웅덩이는 이런 안전을 제공하지 못했을 것이다.

가로수는 인간 움직임의 동역학을 다양하게 만든다. 특히 '벤치 100만 개 놓기' 같은 사업이 존재하지 않고 앞으로 걸어가는 것만이 유일하게 가능한 움직임인 도시에서는 더더욱 그렇다. 뉴욕 시의 나무는 직선의 물길을 곡선과 샛길로 바꾼다. 다양한 사람들, 권력의 비대칭, 공간 경쟁으로 가득한 붐비는 도시에서 가로수는 '의도'가 있든 없든 사회문화적 행위자다. 저술가 제인 보든Jane Borden은 뉴욕 길거리를 걷는 암묵적 규칙을 배우는 것에 대해 이렇게 썼다. "뉴욕에서 얻을 수 있는 것은 전치사적 삶뿐이다. 어떤 행위도 수식어 없이는 존재하지 않는다." 나무는 도시의 문법을 바꿔, 다른 때였다면 침묵당했을 문장을 허용한다.

나무는 날씨를 바꿈으로써—보도라는 작은 규모에서, 또는 도시 전체라는 훨씬 큰 규모에서—인간 경험을 다양화하기도 한다. 7월 하순의 어느 오후, 나무 아래 보도 표면에 온도계를 댔다. 27도였다. 몇 걸음 떨어진 곳은 그늘을 드리울 잎이 하나도 없었는데, 표면 온도가 36도였다. 콩배나무의 방해꾼적 물질성은 인간 움직임의 수평면뿐 아니라 빛의 수직축에도 새로운 공간을 만들어낸다. 노점 상인들은 이를 잘 안다. 콩배나무 그늘에는 신문 가판대와 어린이책 노점이 있다. 1분도 걸리지 않는 거리에 노점 세 곳이 햇볕을 고스란히 받으며 서 있는데, 파라솔로는 콩배나무 숲지붕의 넓이와 깊이를 흉내 낼 수 없다. 신문 가판대는 온도계의 증언을 뒷받침한다. 맨해튼의 여름에는 그늘이 반갑다.

신문 가판대 노점 주인 스탠리 버데이Stanley Bethea는 여름 더위가 기승을 부릴 때는 피서 겸 교외 여름 캠프에서 일하지만 나머지 시기에는 나무 그늘이 뙤약볕을 막아준 덕에 하루에 여덟 시간을 탁 트인 보도에서 버티고 있다. 하지만 주변 가판대와 달리 버데이 씨의 진짜 관심사는 그늘이 아니라 꽃의 미학이다. 그는 콩배나무 꽃이 피었다가 지는 것이 기쁨과 슬픔의 원천이라고 말한다. 잎은 더운 날 햇볕을 막아줄지는 모르지만 4월에 잎이 피는 것은 꽃이 진다는 뜻이다. 버데이씨는 콩배나무 잎이 꽃을 빼앗아 가는 것에 분노하지 않을 수 없다고 말한다. 그는 도시의 꽃이 피는 계절을 좋아하기에 꽃들의 개화 시기를 꿰고 있다. 꽃 핀 나무 한 그루를 보려고 몇 블록을 걸어가기도 한다. 그는 넓은 중앙로인 브로드웨이 상점가에서 각각의 꽃이 언제 피는지 안다. 그의 명함에는 상점가에 핀 꽃 옆에서 웃으며 포즈를 취한 그의 사진이 박혀 있다. 공원관리부와 브로드웨이 상가 협회(조경을 계획하고 관리하는 비영리 지역 단체)에서는 도시 전역에 걸쳐 아름다움의 끈을 수놓았다. 이 초록의 생명선을 따라 소리와 냄새와 움직임이 쾌적해지고 보도의 열기가 가라앉고 시간이 계절 따라 흐른다.

7월이 지나기 전 어느 날 밤에 돌아와 콩배나무 잎의 진갖빛 밑면에서 반사된 햇빛의 온도를 온도계로 잰다. 나무 아래 보도의 온도는 불과 몇 도 떨어진 25도다. 노지露地의 온도는 콩배나무 아래보다 약간 높은 27도이지만, 오후의 최고 온도보다는 훨씬 서늘하다. 콘크리트와 아스팔트에서 열기가 재발산되는 원리는 전기 히터가 방을 데우는 것과 같다. 하지만 7월의 뉴욕 시에는 복사열 히터가 필요 없다. 그늘에 있지 않은 도로와 건물의 단단한 표면은 이미 땀 흘리는 도시를 더욱 달군다. 그 결과, 도시 온도가 주변보다 몇 도 높아지는 '도시 열섬urban heat island' 효과가 생긴다. 여름철에 뉴욕 시 기온은 주변 지역보다 평균 4도 높다. 나무는 열이 땅에 닿기 전에 차단하고 잎의 증산 작용으로 공기를 식혀 열섬 효과를 가라앉힌다. 불덩이 같은 이마 위에 올려 둔 젖은 수건처럼 나무는 도시의 열을 식힌다. 나무(우툴두툴한 우듬지 윗면)는 공기역학적 거칠기aerodynamic roughness가 큰데, 이 또한 열섬 효과를 가라앉히는 데 한몫한다. 도시가 숲으로 둘러싸였으되 안에는 나무가 거의 없다면 도시 주변은 거칠기가 높고 안은 낮다. 이 조건에서는 대류의 소용돌이 운동이 열을 위쪽의 대기로 밀어올리지 못한다. 이렇게 대류가 정체되면 열이 도시 위쪽에 머물러 있게 된다. 보스턴, 필라델피아, 애틀랜타 같은 미국 동부 도시들은 여름 내내 가열 램프를 쬐는 셈이다. 따라서 도시에 나무가 있으면 여러 면에서 열을 가라앉힐 수 있다. 뉴욕 시에서는 매년 여름 냉방비의 1100만 달러가 절약된다.

작은 시골 마을에서 온 방문객에게 맨해튼의 첫인상은 거대한 고독의 장소다. 눈을 마주치거나 고개를 끄덕이거나 '안녕하세요'라고 인사를 건네면 상대방은 오히려 걸음을 재촉한다. 이곳에서는 일반적으로 적용되는, 아마도 인류 역사 대부분에 적용될 비공식적인 사회적 유대가 단절된다. 이로써 우리는 개인이 된다(자신의 기질에 따라 이것은 자유의 축복일 수도 있고 저주일 수도 있다). 외부인이 보기에 이것은 도시의 매력이자 슬픔이다. 생물학적 공동체를 잃어버린 나무는 도시의 원자화된 고독이 형상화된 알레고리처럼 보인다. 하지만 콩배나무를 3년

넘도록 찾다보니 이런 첫인상이 방문객이나 (심지어) 일부 주민에게는 진실일 수는 있겠지만 도시 전체로 보면 오류임을 깨달았다.

가로수에 이어폰을 갖다 댄, 나의 무해한 호기심은 사회적 침묵의 벽을 깨뜨리는 (본의 아닌) 첫 실험이었다. 소수의 군중은 열성적이고 수다스러웠으며 자신의 이야기와 의견을 자유롭게 들려주었다. 격렬한 사회적 교류의 매듭이 무無에서 스스로를 창조했다. 창조주 신이 보도에 손을 얹기라도 한 듯. 하지만 신에게도 재료가 필요하다. 사교적 담소는 무심히 지나치는 침묵 속에 내재해 있었다. 그때 한 남자가 불만을 터뜨리기 시작했다. 매듭은 생길 때처럼 금세 풀어졌다. 나무 아래에서 생겨난 사회적 삶은 튼튼하고 개방적이었으나, 면역계가 민감하기에 신호가 옳을 때에만 연결되고 그렇지 않을 때는 물러난다. 이것은 나무뿌리, 세균, 균류의 대화에 적용되는 것과 같은 규칙이다. 흙의 생물학적 군중 속에서는 오로지 선택적 연결만이 현명하다. 하지만 한 번 형성되고 나면 이 연결에는 힘이 있다.

볼거리로 사람들을 끌 수는 있지만 오랜 유대 관계를 맺을 수는 없다. 나는 몇 주에 걸쳐, 나중에는 몇 해에 걸쳐 이곳을 거듭 찾으면서 또 다른 장기적 관계를 보고 들었다. 보도에서 저마다 자리를 차지한 사람들이 내게 인사를 건네기 시작했다. 몇몇은 악수를 하고 "어떻게 지내슈"라고 말하는 사람도 많았다. 이런 연결에는 근사한 공간적 질감이 있다. 나는 콩배나무가 있는 교차로 북서쪽에서는 얼굴이 알려졌지만 비둘기 날갯짓 다섯 번만큼 떨어진 남동쪽 모퉁이에서는 이방인이었다. 나는 일정이 들쭉날쭉했다. 몇 달씩 떠나 있다가 돌아와 밤을 새우거나 낮 동안 몇 시간씩 띄엄띄엄 서 있기도 했다. 이렇게 드문드문 자리를 지킨 탓에 나와 사람들의 연결은 기껏해야 느슨한 정도였다.

이곳에서는 여러 공동체가 한 장소에 존재한다. 날, 철, 달의 시간이 장소를 나눈다. 오전 7시 30분에는 통근자들, 오후 2시 30분에는 유모차들, 한밤중에는 기침 환자와 담배꽁초 줍는 사람들, 일요일 아침에는 회당에 가는 유대교도들, 토요일 밤에는 취객들, 여름 새벽에는 조깅하는 사람들, 겨울 오후에는 개를 산책시키는 사람들을 볼 수 있다. 이 사회적 토양의 각 층에서 사람들이 뒤섞인다. 사회적·경제적 계층의 장벽을 넘어. 내 시골 고향에 장이 서면 사람들이 서로 만나 인사하고 잡담하고 눈빛을 교환하고 상대방을 나무 아래에 데려가 낮은 목소리로 심각한 얘기를 하고 웃고 울고 끌어안고 제 갈 길을 간다. 하지만 수천 명이 지나치는 와중에 사회망의 이러한 발현을 알아차리기란 쉬운 일이 아니다. 만남은 주변의 움직임에 가려 흐릿해진다.

처음에 익명성처럼 보이던 것은 알고보니 수많은 공동체의 공존이었다. 나는 거리의 소음을 방향 잃은 원자들의 충돌로 착각했다. 내가 들은 것은 관계의 팽팽한 끈 수천 개가 동시에 울리는 소리였다. 마을 장날이 떠들썩하기야 하겠지만, 이 소음을 만들어내는 그물망 개수에는 한계가 있다. 참여를 가로막는 장벽도 높다. 장터에서는 장애인의 목소리가 들리지 않는다. 차는 고장 나고 집은 저 아래 먼지투성이 길가에 있고 말동무라고는 시커먼 지빠귀뿐인 가난한 사람들의 목소리도 간 데 없다. 시골은 빈민과 환자를, 도시가 못 하는 방식으로 숨긴다.

전 세계에서 인간 거주지의 규모가 커지면서 사회망의 풍부함이 (수학 용어로) '초선형superlinear'으로 증가한다. 도시 인구가 두 배로 증가하면 사람들의 연결은 두 배 이상으로 증가한다. 연결의 개수만 증가하는 것이 아니라 타인과 교류하는 시간도 급증한다. 이러한 연결성은 여전히 증가하고 있는지도 모른다.

뉴욕 시, 필라델피아, 보스턴의 공공 공간에서 사람들을 찍은 기록 영상을 보면 1980년에 비해 지금의 사람들이 공공 공간에서 더 많은 시간을 보내고 더 많은 여성이 공공 공간에 진출했음을 알 수 있다. 휴대폰은 이러한 연결에 거의 영향을 미치지 않았으며, 주로 사람들이 혼자일 때 이용됨으로써 연결성을 더욱 증가시켰다. 따라서 도시는 우리의 존재를 더더욱 관계 속으로 끌어들인다. 인간의 연결성이 강화되고 그로 인해 상호작용, 창의성, 행위가 증가함을 보여주는 지표들도 인구와 함께 상승한다. 이러한 기준은 여러 영역에 걸쳐 있다. 도시 규모가 커지면 임금, 연구 및 창의적 분야의 일자리 수, 특허 수, 폭력 범죄 건수, 전염병 발생 건수가 모두 증가한다. 우림에서처럼 도시의 복잡성 안에서는 협력과 갈등의 세기가 둘 다 커진다. 이러한 사회적 변화는 물리적 성장의 패턴과 대조적이다. 인구가 증가하면 기반 시설의 규모 확대는 가속되는 것이 아니라 감속된다. 도시가 커지면 인구에 비례한 토지 이용률은 감소한다. 도로 길이와 수도관 길이, 불투수성 토지 면적 같은 그 밖의 물리적 특성에서도 이와 같은 효율성을 똑똑히 확인할 수 있다. 이런 물리적 추세와 사회적 추세는 방향이 다르지만—도시 규모가 커짐에 따라 사회적 연결은 증가하고 물리적 토대는 감소한다—둘 다 맥락은 같다. 압축되고 꽉 짜인 환경에서는 사람들 사이에 연결이 맺어질 기회가 많아진다. 콩배나무의 흔들리는 줄기나 허파의 건강과 마찬가지로 우리 삶의 사회적 결은 우리 터전의 구조가 낳은 직접적 산물이다.

도시의 인공은 우리를 본성으로 인도한다. 우리는 연결된 동물이다. 우리는 자신이 만든 것 주위에 모여 서로의 노래에 귀를 기울인다. 다른 종도 도시 안에 서식하면서 사람들과의 관계를 통해 생명을 받고 돌려준다. 도시의 사회망에 대한 통계 분석에는 아직 인간 아닌 생물이 포함되지 않는다. 하지만 콩배나무 꽃잎에 비친 달빛, 도로 중앙 꽃들의 개화 시기, 공원을 누비고 다니는 휘파람새는 풍요로운 인간적 관계 못지않게 도시의 사회적 삶을 구성하는 일부다. 뉴욕 시민이 가로수에 보이는 열렬한 애착에서 나무와 인간의 관계가 지닌 생명력을 알 수 있다. 이 활력은 엮고 합치는 도시의 힘에서 탄생한다. 이 활력은 뮤어의 "곰팡내 나고 쪼그라들고 북적거리는 도시"에도 불구하고 존재하는 것이 아니다. 도시 덕분에 존재한다.

올리브나무

예루살렘
31°46′54.6″ N, 35°13′49.0″ E

고양이 세 마리—얼룩이, 노랑이, 커다란 검둥이—가 올리브나무 아래에 저마다 자리를 잡았다. 야옹거리면서 서로 때리고 잘 다져진 흙 위를 뒹군다. 알 악사 사원의 금요 기도회는 몇 시간 전에 끝난 터라, 예루살렘 옛 성벽의 다마스쿠스 성문으로 빠져나오는 인파가 수천 명에서 수십 명으로 줄었다. 올리브나무를 둘러싼 낮은 벽 아래쪽 광장에서 노점상들이 고함을 지른다. 신발, 오이, 오디, 허리띠, 자두, 커피 머신 등이 든 상자가 주 통행로 주변을 덮어 바닥이 보이지 않는다. 군중의 의복이나 말소리에 묻힐 일이 없기에, 상인들의 고함 소리는 성문의 높은 돌벽에서 부딪혀 메아리친다. "아샤라, 아샤라, '열' 냥이요!"

군인 몇 명이 손가락을 총열에 올려둔 채 광장 주변에 서 있지만, 이날 오후에 경비를 서던 검은색 복장의 보안군 수십 명은 떠났다. 그들의 무장 트럭과 눈가리개 쓴 말馬도 막사로 돌아갔다. 해가 지평선에 접근할 때 깨어난 서풍이 열기와 먼지를 가라앉힌다. 올리브나무는 빗자루 같은 가지를 흔들어 바람에 응답한다. 혹투성이 줄기는 2미터를 뻗었다가 네 가닥의 가지로 갈라져 2~3미터를 더 올라간다. 돔 형태의 무성한 우듬지는 8미터 너비로 벌어졌다. 올리브나무가 서 있는 곳은 도로에서 광장으로 이어지는 넓은 돌계단의 안쪽 만곡부다. 해가 중천에 뜨면 잎들이 이곳의 유일한 그늘을 드리운다. 고양이 세 마리가 등을 대고 뒹굴며, 허브 상인의 짐에서 떨어져 발길에 짓밟힌 세이지와 박하에 털을 비빈다.

한가롭게 놀던 검둥이가 갑자기 긴장한다. 순식간에 몸을 일으켜 배를 깐 채 살금살금 올리브나무에서 멀어지더니 나무를 둘러싼 낮은 벽 위로 올라간다. 주위에는 변화가 전혀 없어서 녀석이 한눈파는 참새를 발견했겠거니 생각한다. 그때 남자아이 둘이 버스로 가득한 도로에서 계단을 쿵쾅쿵쾅 내려와 경찰의 차단벽을 잽싸게 돌더니 얼룩이와 노랑이에게 돌진한다. 두 마리는 돌벽의 매끄러운 표면에 발톱을 긁으면서 눈 매서운 동료를 따라 광장 아래로 달아난다. 아이들이 함성을 지르며 계속 쫓아간다. 쇼핑백과 노인들의 지팡이 사이를 요리조리 피하며 쌩 하니 성문 안으로 들어간다.

성문에 들어선 아이들은 자갈과 판석을 가로질러 아래쪽 옛 시가지의 회교도 구역으로 내달린다. 고양이들은 아래쪽의 다른 경로를 따라 도시에 남은 로마의 지하 유적으로 내려갔다. 사람들이 발을 디디고 있는 예루살렘에서 한 층 이상 내려가면 보이지 않는 도로와 하천이 흐르고 있다. 입구의 쇠 빗장은 고양이를 막지 못한다. 옛 돌벽의 틈새가 녀석들의 출입문이다. 고양이들은 돌로 남은 도시의 기억 속에 은신한다.

다마스쿠스 성문이 오래되어 보이긴 하지만 — 총안銃眼이 뚫린 요새는 오스만 제국의 술탄 쉴레이만 1세 시대인 1537년에 건설되었다 — 실은 제 1천년기 들머리부터 이 공간을 감싸고 덮었다. 이 오래된 잔해는 1930년대까지는 6세기의 지도로만 그 존재가 알려져 있었다. 그러다 영국 발굴단이 성문 앞 광장을 정리하다 로마 시대의 파사드(건물의 출입구로 이용되는 정면 외벽 부분_옮긴이)를 파냈다. 이스라엘은 1970년대 후반에 광장을 개축하면서 맨 먼저 고고학자들을 보내어 유적을 탐사하도록 했다. 고고학자들의 임무는 로마의 성문, 망루, 도로를 찾는 것이었는데, 전부 현대의 도시 아래에 묻혀 있었다. 새로 발견된 방들 중 하나에서는 7세기 올리브유 압착기가 발견되었다. 아랍이나 비잔티움의 상인들이 만든 것으로, 재료인 돌의 일부는 로마의 기둥 잔해에서 가져온 것이었다. 고고학자들의 발굴 작업이 끝난 뒤에 도시계획가들이 성문 앞 광장을 새로 지었다. 1984년에 광장이 완공되자 위쪽 입구 근처에 낮은 벽을 두르고 올리브나무를 심었다. 고양이들이 있던 나무도 이 중 하나였는데, 이곳으로 옮겨졌을 때 수령이 30년이었을 테고 지금은 60년을 넘었을 것이다. 오늘날 로마 유적 중에서 보존 상태가 좋은 일부 유적은 일반인에게 개방되어 있다. 나머지 일부는 잠기지 않은 철문을 더듬어 열고는 비집고 들어가야 볼 수 있다. 그러나 대부분은 발굴되지 않은 채 널브러져 있거나 벽 안에 있어서 접근할 수 없다. 하지만 이 모든 공간에 고양이들이 굴을 파놨다. 내가 땅속 탐사를 할 때마다 고양이의 똥 냄새와 싸우는 비명 소리가 함께했다.

예루살렘의 공기는 1년 내내 눅눅하지만 여름만은 예외다. 성문 밖에서 올리브나무 아래에 앉아 있으면 햇볕이 사납게 내리쬐어 모든 것을 바싹 말린다. 몇 주 동안 나무가 맛보는 유일한 습기는 일찍 일어난 노점상들의 오줌뿐이다. 맨해튼에서는 수많은 개들이 나무에 오줌을 싸대지만, 이곳에서는 흙의 염도를 높여 뿌리에 피해를 주기에는 턱없이 모자란다. 나중에 비가 오면 올리브나무는 요소와 (가판대에서 나온) 썩은 식물에서 질소를 흡수한다. 하지만 지금의 지표면은 다진 흙이다.

올리브나무는 지중해의 고된 여름에 잘 적응했다. 가장 뜨거운 시기에는 왁스를 잔뜩 칠한 것 같은 불투수성 잎의 숨구멍을 꽉 닫은 채 혼수상태로 여름을 난다. 여름이 지나면 성문 옆 올리브나무의 잎들은 모양을 바꾼다. 햇볕에 마르지 않으려고 주맥主脈 둘레로 대롱처럼 말려 가지 쪽으로 구부러지는 것이다. 그래야 다공성인 은빛의 잎 밑면을 햇볕으로부터 보호할 수 있다. 밑면이 은빛인 것은 잎의 표면 바로 위에 있는 투명한 세포 수천 개가 반짝거리기 때문이다. 이 세포들은 작디작은 파라솔처럼 기둥에 얹혀 있으며 숨구멍 주변의 잎 표면 가까이에 수증기를 붙잡아두어 얇은 수분층을 만들어냄으로써 숨구멍이 더 오래 열려 있도록 한다.

대다수 올리브나무의 뿌리는 빗물을 흡수하기 위해 표토에 넓게 퍼져 있다. 이곳의 빗물은 깊이 스며들기 전에 말라버리기 때문이다. 하지만 흙과 수분의 공급 패턴이 달라지면 올리브나무 뿌리의 구조는 환경에 맞게 변화한다. 관개 시설이 있는 과수원에서는 뿌리가 관개수로 근처에 뭉쳐 있으며 1미터 넘게 파 들어가는 일이 드물다. 성기고 마른 흙에서는 굵은 뿌리 대여섯 가닥이 제각각의 경로를 따라 6미터 깊이로 뻗는다. 나무뿌리는 다 적응력이 있지만, 올리브나무 뿌리는 그 중에서도 독보적이다. 뿌리의 역동성은 줄기에서도 확인할 수 있다. 늙은 나무의 줄기는 근육질의 이랑 사이사이에 깊은 골이 파여 있어 세로로 홈이 난 모습이다. 이랑 하나하나가 원뿌리 하나하나와 이어져 있다. 그 뿌리가 물을 찾으면 거기에 연결된 줄기와 가지는 수십 년 동안 생장한다. 뿌리가 죽거나 뿌리 주변에서 물이 마르면 연결된 땅 위 부분들도 죽는다. 수령이 몇십 년 이상인 올리브나무는 이렇듯 반半독립적인 뿌리·가지 덩이의 결합체다.

다마스쿠스 성문 옆 나무는 큰 줄기덩이*trunk segment가 두 개 있고 작은 이랑 두 개가 서로 꼬이며 올라간다. 몇백 년이나 (심지어) 천 년을 산 아주 오래된 나무에서는 원래 줄기가 없어져서 나무 속이 비어 있는 경우가 많다. 이런 나무에 남아 있는 것은 원줄기에 달라붙었던 작은 줄기와, 뿌리에서 새로 자란 줄기다. 올리브나무가 장수를 누리는 것은 주변 환경이 달라질 때마다 스스로 새로워지는 능력 덕분이다. 하지만 이 모든 유연성에는 대가가 따른다. 올리브나무는 햇빛이 듬뿍 내리쬐는 곳에서만 자랄 수 있다. 그늘진 숲이나 흐린 기후에서는 에너지가 고갈되어 시든다.

고양이를 따라 올리브나무에서 몇 미터 아래 땅속으로 내려왔다. 올리브나무의 뿌리가 미치지 못하는 곳, 로마 병사들의 말판이 새겨진 보도 사이에 서니, 돌 사이로 난 수로를 따라 물 흐르는 소리가 들린다. 이런 수로 중에는 조잡한 홈통도 있지만 대부분은 말끔하게 끌질한 물길이다. 물은 성벽 밖에서 들어와 장터와 신전 근처에 묻힌 수조로 흘러든다. 올리브나무는 성전산Temple Mount 주변의 수로와 저수조로 흐르는 물길 바로 위에서 자란다. 이것 말고도 수없이 많은 수로와 저수조가 묻혀 있다. 예루살렘 주변으로 수십 킬로미터에 걸쳐 집수정과 수도관이 안쪽으로 이어져 있다. 상당수는 로마인이 건설했거나 착공한 것들이다. 몇몇은 로마 시대 이전으로 거슬러 올라간다. 그 뒤로 모든 통치자들은 옛 물길을 이용하고 변형했으며 일부는 새로 물길을 만들었다. 이곳에서 물은 모든 왕조와 시대의 관심사였다. 예루살렘은 올리브나무처럼 자랐다. 눈에 보이는, 낡고 근사한 도시를 지탱하는 것은 숨은 상수도 체계다. 도시의 생존을 보장하려면 이 체계를 끊임없이 손봐야 하며, 어마어마한 비용이 들 때도 많다.

1세기 로마인·유대인 학자 플라비우스 요세푸스Flavius Josephus에 따르면 당시 유대 총독이던 폰티우스 필라테Pontius Pilate는 공공 기금으로 "상수원을 가로채 물길을 예루살렘으로 돌리는 수로를 건설하"고자 했다고 한다. 필라테는 물의 정치학을 오판했다. "수만 명이 운집하여 수로 건설을 포기해달라고 탄원했다." 뒤이은 봉기에서 필라테의 병사들은 "필라테의 명령보다 훨씬 가혹하게 진압에 나서, 봉기에 참여한 사람과 참여하지 않은 사람을 가리지 않고 처벌했"다. 필라테 이후로―어쩌면 기록되지 않은 이전 역사에서도―예루살렘을 다스린다는 것은 물의 정치학에 관심을 쏟는다는 뜻이었다.

예루살렘의 길고양이들이 살아온 도시는 대대로 비잔티움, 칼리프 왕조, 십자군, 맘루크, 오스만 제국, 요르단, 영국, 이스라엘, 그 밖에 대여섯 개의 정권으로부터 지배를 당했다. 수천 년 동안 고양이들은 수많은 정치적·종교적 혁명, 봉기, 학살의 아수라장에 쫓겨 땅속으로 달아났다. 보도 아래에 은신한 녀석들의 발을 적시는 것은 예루살렘에서 가장 끈질긴 정치행위자다.

내가 고양이를 좇아 도시 아래로 내려가기 전날 올리브나무에는 의료 장비와 형광 안전조끼가 걸려 있었다. 팔레스타인 의무대醫務隊는 다가올 5월 15일 '나크바의 날' 시위를 준비하는 집결지로 이 나무를 선택했다('나크바'는 아랍어로 '재난'이라는 뜻이다). 해마다 벌어지는 이 시위는 이따금 폭력 사태로 번지기도 하는데, 2014년에는 이스라엘 정착촌 확장, 양측의 간헐적 폭력, 이스라엘과 요르단강 서안지구와 가자지구 정부 사이의 교착 상태로 인해 긴장이 고조되었다. 말썽이 일어날 것을 예상한 기자들은 헬멧과 방독면을 촬영 장비 끈에 매단 채 나무 그늘에서 서성거렸다. 다마스쿠스 성문 안쪽과 광장 서쪽에서는 폭도 진압 장비를 갖춘 남자 60명이 대기하고 있었다. 대부분 총을 가지고 있었으며 몇몇은 가스탄이나 고무탄이 장착된 탄피를 어깨에 메고 있었다. 그들은 불볕더위에 통기성 없는 제복을 입고 있었다. 후미에는 플라스틱 물병이 차곡차곡 쌓여 있었다.

시위를 시작한 것은 아이들이었다. 손에는 열쇠와 손팻말을 들었다. 열쇠는 '복귀'를 상징했다. 이스라엘이 건국한 1948년에 빼앗긴 집과 마을을 되찾겠다는 다짐이었다. 한 집단이 해방 전쟁을 벌이고 귀향한다는 것은 다른 집단이 집과 마을과 농장을 잃는다는 뜻이었다. 할아버지 할머니가 손자 손녀 곁에 섰다. 몇몇은 (지금은 낯선 사람들이 살고 있는) 집 열쇠를 들고 있었다. "출근할 때마다 옛 집을 지나친다. 저놈들이 우리 집을 차지했다. 내게는 아무것도 없다. 시민권조차." 한 남자가 말한다. 그는 동예루살렘의 무국적 주민이다. 대부분의 열쇠는 진짜가 아니라 목걸이 장식이나 열쇠고리 장식 같은 상징물이었다.

목걸이나 열쇠고리에는 열쇠와 함께 작은 한달라Handala 금속 장식이 매달려 있었다. 한달라는 맨발의 어린아이로, 머리가 프리클리페어선인장prickly pear처럼 뾰족뾰족하다. 팔레스타인의 만평가 나지 알알리Naji Al-Ali의 만평에 등장하는 인물인데, 사브르선인장*sabr의 끈기, 깊은 뿌리, 역경을 이겨내는 의지를 나타낸다. 그런데 이스라엘 사람들에게는 똑같은 선인장이 '사브라sabra', 즉 이스라엘에서 태어난 유대인을 상징한다. 겉은 뾰족뾰족하지만 속은 달짝지근하다는 뜻이다. 만평가 카리엘 가르도시Kariel Gardosh는 '사브라'를 자신의 만평 등장인물(상냥하고 대담한 스룰릭)로 삼았다. 이스라엘 유대인에게든 팔레스타인인에게든 프리클리페어선인장은 땅에 속해 있음을 의미하는 중요한 상징이다. 하지만 정작 프리클리페어선인장은 멕시코와 미국 남서부가 원산지인 외래종이다. 들판 가장자리나 옛 팔레스타인 마을의 폐허에서 흔히 찾아볼 수 있는 이 선인장은 고요히 서 있기에—어떤 농부에게 물어봐도 아무 소리도 나지 않는다고 대답했다—우리는 선인장의 가시와 줄기에 대고 우리 자신의 노래를 부르며 선인장 캐리커처를 시위에 쓴다.

아이들이 떠난 뒤에 시위대는 100명으로 늘었다. 그들은 광장의 남은 벽에 등을 대고 무리 지어 있었다. 보안군이 이동하여 광장 출구를 봉쇄했다. "돌아가리라", "팔레스타인은 전부 우리 것이다", "가자"라고 쓴 깃발들이 펄럭였다. 몇몇은 주머니와 배낭에서 깃발을 꺼냈다. 한 여인이 조그만 폴리에스테르제 이스라엘 국기에 라이터를 대고 불을 붙였다. 검은 연기가 뭉게뭉게 피었다. 십대 세 명이 팔레스타인 국기를 들고 성문을 통과하려 하자 이스라엘 보안군이 억센 손으로 제지했다. 그때 소리가 들렸다. 시위대는 손뼉을 치며 박자에 맞춰 발을 구르고 목소리를 높였다. 구호 소리. 신은 위대하다! 우리의 땅에 돌아갈 권리는 신성하다! 손뼉이 빨라지고 함성이 커졌다.

30분간 구호를 메기고 받다가 경찰 하나가 메가폰을 들고 시위대에게 해산 명령을 내렸다. 1~2분이 지났을까, 무장 병력이 군중 속으로 진격했다. 목표물은 정해져 있었다. 두 남자가 목을 붙들려 제압당한 채 도로의 무장 트럭으로 끌려갔다. 시위대는 계단으로 이동했다. 한 소년이 울타리로 끌려갔다. 소년은 팔이 비틀려 비명을 질렀다. 검은색

튜닉 차림의 노파가 보안군에게 떠밀려 쓰러졌다. 보안군은 “봉기에 참여한 사람과 참여하지 않은 사람을 가리지 않고 처벌했”다. 노파는 일어서더니 절뚝거리며 다마스쿠스 성문을 통과했다.

몇 분 뒤에 20세의 팔레스타인 청년이 물병 뚜껑을 보안군에게 던졌다. 보안군의 반격은 신속했다. 물건을 던지는 행위는 인티파다(반란)로 간주된다. 보안군이 밀집했다가 산개하여 군중 속으로 밀고 들어갔다. 팔레스타인 의무대가 부상자를 끌어냈다. 이스라엘 보안군이 스크럼을 짜고 의무대장을 쓰러뜨렸다. 그는 돌에 머리를 찧어 의식을 잃었다. 사방에서 몇 차례 더 병력이 진입하여 시위대를 흩어놓았다. 십대 소녀 대여섯 명이 다시 모여 군인들에게 야유를 보냈다. 군인들이 쫓아가 손목을 낚아챘으나 소녀들은 손을 빼내고는 계속해서 구호를 외쳤다. 병사 한 명이 성난 표정을 지으며 몸을 홱 돌렸다. 병사가 한 소녀의 바로 앞에서 고무탄을 발사하려는 순간 동료들이 그를 제지하고, 방아쇠에서 손을 떼어내고, 고함과 포옹으로 그의 분노를 가라앉혔다. 소녀들은 비웃으며 구호를 외쳤다.

그날은 아무도 죽거나 중상을 입지 않았다. 다른 날에는 칼로 찌르거나 총을 쏘는 소리의 충격파가 올리브나무 가지를 지나간다. 몇 달에 한 번씩 시신이 들것에 실려 거리를 지나간다. 이스라엘인들은 성문을 지나다 칼에 찔리고, 팔레스타인인 공격자들은 공격 이후에 총에 맞아 죽는다. 다마스쿠스 성문은 갈등의 핵이다. 예루살렘의 회교도 구역과 옛 시가지(유대인 구역) 사이의 말썽 중 상당수가 이 광장에서 불거진다. 덩달아 올리브나무도 신문과 텔레비전 뉴스에 곧잘 출연한다. 하지만 올리브나무가 방관자인 것은 아니다. 이 지역에서는 올리브나무와 사람들의 운명이 얽혀 있다. 둘은 유대교, 회교, 근대 국가 이전으로 거슬러 올라가는 호혜적 관계로 묶여 있다.

'나크바의 날' 시위가 끝나고 한 시간이 채 지나지 않아 다마스쿠스 성문 앞 장터가 다시 열렸다. 그 모든 공간의 아래에서는 물이 돌 위로 흘렀다. 병사들은 서예루살렘으로 돌아갔다. 관개수로를 갖춘 잔디밭, 물놀이장, 분수가 있는 곳으로. 시위대는 이스라엘이 설치한 분리장벽을 통과하고 나서는 옛집 열쇠를 써보지 못한 채 서안지구와 수용소로 돌아갔다. 서안지구는 50년간 군사 통치를 받았다(오슬로 협정 이후로 제한적 자치가 허용되기는 했지만). 이 지역에서는 장벽과 경비대가 보호하는 이스라엘 정착촌이 팔레스타인 마을, 농장과 붙어 있다. 정착촌과 마을은 몇 킬로미터 밖에서도 구분된다. 팔레스타인 마을의 지붕에는 검은색 물탱크가 빼곡하지만, 이스라엘 정착촌의 지붕에 있는 (수로를 갖춘 야자나무 뒤로 슬쩍슬쩍 보이는) 저수 시설은 몇 개 보이지 않을 뿐 아니라 그마저도 생존이 아닌 태양열 난방용이다. 현지 타운과 마을을 그대로 통과하여 정착촌으로 곧장 흐르는 이 수로는 봉기의 도화선이 되었던 필라테의 수로를 연상시킨다. 팔레스타인 마을의 지붕 물탱크는 군사적·정치적 갈등으로 물 공급이 차단되거나 연례행사처럼 (이스라엘 정착촌에는 풍부하게 공급되면서) 배급이나 제한 급수가 이루어질 경우를 대비한 비상용이다.

예루살렘 북쪽, 즉 서안지구를 가르는 장벽의 이스라엘 쪽에는 아마겟돈의 들판에 올리브 농장이 서 있다. 성경 요한계시록에서는 종말의 군대가 이 지역에 모일 것이라고 예언한다. "번개와 음성들과 우렛소리가 있고 …… 만국의 성들도 무너지니 …… 각 섬도 없어지고 산악도 간 데 없더라." 종말의 맛이 나는 올리브유는 누군가의 혀에는 달콤할 것이다. 농장의 나무 중 상당수에는 텍사스 복음주의 기독교 후원자들의 이름표가 붙어 있다. "데이스타 텔레비전 방송국: 턱 부부를 위해 심었음." 세상의 종말에 눈독을 들이는 미국인들은 이스라엘 농부들에게 고마운 존재다. 이 외국인들이 나무를 심는 비용의 일부를 댔다.

2014년 말엽에 방문했을 때는 11월 올리브 수확기였는데 "음성들과 우렛소리"라고는 떠나는 두루미의 두루루 소리, 기계를 손보는 농부들의 말소리, 올리브 수백만 개가 수확기에서 떨어지는 소리뿐이었다. 이런 농사 소리는 수천 년간 이곳에 울려 퍼졌다. '아마겟돈'을 뜻하는 그리스어 '하르마게돈Ἁρμαγεδών'은 '므깃도 언덕'을 뜻하는 히브리어 '하르 므깃도הר מגידו'에서 왔다. 올리브나무 숲에서 바라본 지금의 므깃도는 밋밋하게 솟은 모래땅이다. 지금은 조용한 지역이지만, 도시국가로서, 이 지역의 농업·상업·통치 중심지로서 9000년의 역사를 자랑한다. 예루살렘과 마찬가지로 므깃도 아래의 바위에도 굴이 뚫리고 벽이 세워지고 구멍이 파였다. 므깃도의 장수長壽와 권력은 이 수로에서 비롯했다. 이 중 상당수는 손수 정으로 쪼아 만들었으며 높이가 사람 키만 하다.

지금은 므깃도의 발치에서 뻗어 나온 수천 미터의 플라스틱 파이프가 석공의 작업을 이어받았다. 검은색 튜브를 따라 올리브나무들이 줄지어 서 있다. 타이어 자국이 난 넓은 길이 줄과 줄을 나누고 있는데, 튜브는 길에서 멀찍이 떨어져 올리브나무 줄기 근처의 검고 기름진 흙 위에 놓여 있다. 튜브마다 연필심만 한 구멍이 뚫려 있다. 단순하게 보이지만 실제 작동 방식은 복잡하다. 젊은 농장주 레온 웹스터Leon Webster가 올리브 수확용 트랙터에서 내려 관개 파이프가 어떻게 작동하는지 설명했다. 그가 튜브 마디를 잘라 안쪽 면을 보여주었는데, 플라스틱 상자가 일정한 간격을 두고 부착되어 있었다. 상자는 물의 흐름을 조절한다. 밭의 조절 밸브가 열려 있으면 각 구멍에서 물이 일정한 속도로 빠져나온다. 방울방울 떨어진 물이 올리브나무의 얕은 뿌리를 적신다.

1950년대에 이스라엘 발명가들이 유속 조절용 플라스틱 상자와 구멍을 개발했다. 이 방식에다 호주와 유럽의 점적관수(가는 구멍이 뚫린 관을 땅속에 약간 묻거나 땅 위로 늘여서 작물 포기마다 물방울 형태로 물을 주는 방식_옮긴이) 파이프를 접목한 덕에 젊은 나라 이스라엘의 농부들이 독립 선언을 재천명하고 메마른 땅과 사막이 "백합화 같이 피어 즐거워할" 수 있었다. 관개용수는 저수지나 희석한 하수나 (일부 지역에서는) 짠물에서 얻었다. 아마겟돈 숲에서는 키부츠와 교도소에서 배출된 하수가 파이프를 통해 흘렀다. 겨울철 몇 달간만 비가 내리는 곳에서는, 남들이 폐수로 치부하는 것이 귀중한 액체가 된다. 이스라엘 농부나 올리브 연구자와 이야기를 나누다보면 "필요는 좋은 스승이다"라는 유럽의 옛 속담을 여러 번 들을 수 있었다.

점적관수는 올리브나무에 물을 공급했을 뿐 아니라 나무의 성질 자체를 바꿨다. 아마겟돈의 올리브나무는 다마스쿠스 성문의 근육질 나무나 껍질에 골이 파인 고목古木처럼 빗물에만 의존하는 나무와는 전혀 닮지 않았다. 이곳의 올리브나무는 신품종의 어린 나무로, 빨리 자라고 기름을 많이 내도록 개량되었다. (포도 수확기를 개조한) 집채만 한 수확기가 가랑이를 벌린 채 굉음과 함께 올리브나무 위로 지나가며 가지의 올리브를 흔들어 따서 호퍼(석탄, 모래, 자갈 따위를 저장하는 큰 통_옮긴이)에 담는다. 흙이 축축하면 가지를 흔들 때 줄기가 통째로 뽑히기도 하는데, 그러면 새 어린나무로 대체한다. 어떤 나무도 수확기 입구보다 높거나 넓게 자랄 수 없다. 높이는 약 2미터, 너비는 1미터가 최대다. 나무들을 양팔 간격으로 심어서 울타리처럼 우듬지가 겹친다. 이 방식을 개발한 이스라엘인 라비 시몬Lavi Shimon은 국제 학술회의에서 포도나무를 재배하는 것처럼 관개수로를 설치하고 올리브나무를 빽빽하게 일렬로 심어 재배할 수 있다고 말했다가 비웃음을 샀다. 수십 년이 지난 지금 그의 혁신적 재배 방식은 스페인과 호주에까지 보급되었다.

올리브나무가 풍부한 물에 이토록 훌륭하게 대응한다는 것은 식물학적으로 흥미로운 현상이다. 여기서 올리브나무의 진화사에 대해 실마리를 얻을 수 있다. 건조한 땅에서 자라는 대다수 식물은 물을 추가로 공급받으면 무럭무럭 자라거나 꽃을 피워 보답한다. 하지만 반응의 정도는 대개 일정한 한계를 넘지 않는다. 모든 식물 종의 물관, 잎, 광합성 화학물질은 서식지에 적응하며 다른 존재 양식은 배제된다. 그늘진 숲에서 진화한 들꽃은 햇빛을 좀 더 받으면 유리하지만, 프레리에서 햇빛을 고스란히 받으며 진화한 사촌의 생명력에는 결코 미치지 못한다. 사막 식물에 물을 주면 뿌리가 해갈하기는 하지만, 이 식물은 마른 땅에 적응했기에 축축한 흙에 옮겨 심어도 처리할 수 있는 물의 양에는 한계가 있다. 하지만 올리브나무는 이 법칙을 따르지 않는다. 건조한 땅에서 자라는 종이지만, 축축한 흙에 옮겨 심어도 원래 그랬던 것처럼 잘 자란다.

올리브나무는 지금의 지중해 지역 중에서도 건조한 땅에서만 자라지만 예전에는 분포 지역이 훨씬 넓었다. 약 6500년 전에 작물화되기 전까지만 해도 수십만 년 동안 지중해를 둘러싼 전 지역에 서식했다. 빙하기가 주기적으로 반복되었는데, 수만 년 동안 빙기가 머물러 있다가 따뜻한 간빙기가 찾아오고 그 뒤에 빙기가 돌아왔다. 가장 추운 시기에는 해안을 따라 흩어진 무빙無氷의 절멸면제지역refugium(환경의 변화로 어떤 지역의 생물이 절멸했을 때, 일부 생물이 살아남을 수 있는 극히 좁은 범위의 특정한 지역, 즉 유존종遺存種이 서식하고 있는 지역_옮긴이)에 서식하는 올리브나무만이 남쪽을 향한 비탈과 하천 기슭을 보금자리 삼아 살아남았다. 따뜻한 시기에는 올리브를 먹는 서양낭비둘기wood pigeon를 따라 서식 범위를 넓혔다. 이 범위 중에는 건조한 언덕도 있었지만, 많은 올리브나무는 버드나무처럼 뿌리가 항상 젖어 있는 나무들과 함께 강가 서식지에서 살았다. 미루나무나 콩배나무가 조상의 진화적 경험 덕에 도시에서 살 수 있게 되었듯 올리브나무도 과거 덕에 새로운 농업 기술의 혜택을 얻을 수 있었다. 20세기 후반 점적 파이프가 도입되었을 때 올리브나무의 뿌리는 촉촉한 흙에서 무럭무럭 자랄 채비가 되어 있었다.

올리브나무의 서식 범위가 마른 땅으로 축소된 것은 전적으로 인간 탓이다. 우리는 습한 지역에 감귤나무, 곡물, 채소처럼 물을 많이 필요로 하는 작물을 우선적으로 심는다. 이런 작물은 가뭄을 견디지 못하기에 가장 무성한 들판을 차지한다. 올리브나무 뿌리의 적응력과 잎의 가뭄 저항력에 범접할 수 있는 것은 하나도 없다. 그래서 계절성 가뭄이 극심한 지역만이 올리브나무에 허락되었다. 그곳에서 올리브나무는 어떤 나무 종보다 풍부한데, 이렇게 된 것은 사람들이 올리브유를 무척 좋아하기 때문이다.

이스라엘 농부들은 올리브나무와 올리브유를 풍부하게 생산한다. 이 생산성은 올리브나무의 생리학적 성향과 점적관수 기술의 결합, 플라스틱을 제조하고 펌프를 가동할 연료, 물을 확보하여 보급할 만큼 강하고 조직된 국가로부터 비롯한다. 이토록 많은 장점이 있음에도 이스라엘 올리브 농부의 상당수는 채산성을 맞추느라 허덕인다. 올리브유가 핵심 상징물인 종교를 바탕으로 건국한 나라인 이스라엘에서 올리브 재배업자들의 최대 난관이 문화적 변화임은 역설적이다. 이스라엘은 디아스포라(흩어진 사람들이라는 뜻으로, 팔레스타인을 떠나 온 세계에 흩어져 살면서 유대교의 규범과 생활 관습을 유지하는 유대인을 이르던 말_

옮긴이)들이 최근에 이주하여 형성된 나라이기 때문에, 레반트(그리스와 이집트 사이에 있는 동지중해 연안 지역을 통틀어 이르는 말_옮긴이) 지역의 식습관을 가지지 않은 사람들은 올리브유를 소비하지 않는다. 설상가상으로 유럽연합의 농업 보조금을 등에 업은 값싼 올리브유가 이스라엘 슈퍼마켓을 장악했다. 이스라엘 농부들은 가격 경쟁력을 잃었다.

이스라엘 유대인의 연평균 올리브유 소비량은 약 2킬로그램으로, 아랍인의 4분의 1에 해당한다. 올리브유가 팔리지 않으면 농부들은 땅을 떠나고 개발업자와 지방정부가 버려진 올리브나무 숲에 주택을 짓는다. 이스라엘은 올리브나무를 법으로 보호하지만, 방치된 농장은 나무가 웃자라 화재에 취약하다. 큰불이 나면 올리브나무가 죽어 법적 제약이 사라진다. 성냥은 쉽게 구할 수 있다. 따라서 이스라엘의 연구자와 정부 관료들의 임무는 올리브나무 해충과 싸우고 신품종을 개발하는 것과 더불어 이스라엘 유대인의 식탁에 올리브유를 올려놓는 것이다. 인증제를 시행하여 올리브유의 품질을 보증하고 올리브유가 몸에 좋고 맛도 좋다는 마케팅 캠페인을 벌이면 모세가 말한 "감람나무[의] 소산지"에서 올리브 농장이 계속 유지될 수 있을지도 모른다. 하지만 모세는 판촉에 도움이 되지 않는다. 이스라엘 올리브유 협회Israeli Olive Oil Board 최고경영자 아디 날리Adi Naali는 아마겟돈 예언이 미국인의 돈을 끌어들일 수는 있을지 모르지만 성경에 호소해서는 올리브유를 이스라엘 가정에 보급하기 힘들다고 말했다.

다마스쿠스 성문 앞에는 올리브나무 아래로 쇠파이프 토막과 플라스틱 점적 튜브가 땅 위로 삐죽 튀어나와 있다. 그런데 봄, 여름, 초겨울 할 것 없이 수십 번을 방문했지만 튜브 구멍에서 물이 나오는 것은 한 번도 못 봤다. 올리브나무는 빗물에 의존하거나 상인이나 관광객이 땅에 흘리는 물로 살아간다. 다마스쿠스 성문 앞에서 인파와 더불어 살아가는 것은 올리브나무에게 알맞은 삶의 방식인 듯하다. 오래된 가지의 돌처럼 딱딱한 회색 껍질 틈새로 어린 가지 다발이 늘어져 있다. 가지는 진녹색의 기다란 잎으로 덮여 있다. 지금은 11월, 늘어진 가지마다 검은 올리브 열매가 수십 개씩 달려 있다.

'퍽.' 군데군데 젖은 보도에 열매가 떨어진다. 먼저 떨어진 것들은 발에 짓이겨져 으깨졌다. 손에 닿는 곳에 매달린 올리브는 사람들이 다 따버렸기 때문에, 지금 떨어지는 열매는 더 높은 가지에 있던 것들이다. 단단한 껍질의 열매가 웅덩이에 떨어지는 소리는 케이폭나무에서 만들어진 커다란 빗방울이 떨어지는 소리와 비슷하다. 올리브 한 줌을 손수건으로 싸서 내가 머무는 옥탑 숙소에 가져간다. 그곳에서 수탉이 기도 소리에 질세라 목청을 높이듯 올리브 열매의 과육을 갈아 물컹물컹하게 으깨면서 손가락을 보라색으로 물들인다. 분홍색 기름 거품이 표면에 떠오른다. 다 익은 올리브 껍질에 있던 안토시아닌 색소의 잔류물이다. 맛을 본다. 고약하다. 시큼하고 퀴퀴한 냄새 때문에 코가 아리고 혀에 쓴맛이 감돈다.

압착한 기름은 버렸지만 올리브나무에 대한 교훈을 얻었다. 다마스쿠스 나무의 발치에는 올리브 씨 수백 개가 굴러다닌다. 나는 몇 분 만에 한 끼 분량의 식사를 수확했다. 너무 익기는 했지만. 올리브나무는 물이 부족하고 뿌리가 돌 사이 얕은 흙에 끼어 있어도 넉넉한 소출을 낸다. 초기 인류와 우리의 호미닌 조상이 야생 올리브를 먹고 (수만에서 수십만 년 뒤에 이스라엘 고고학자들이 발견하게 될) 씨를 뱉은 뒤로 레반트의 돌투성이 언덕은 에너지 밀도가 높은 식량의 생산지로 탈바꿈했다. 올리브유 한 사발에 함유된 에너지의 양은 같은 무게의 고기보다 두 배나 많다. 올리브유 생산은 가축 사육에 비해 일손과 물이 덜 든다. 중석기 스코틀랜드의 개암처럼 올리브 열매는 지형을 인간 친화적으로 바꿔놓았다. 구리의 시대인 금석병용기에 지중해 서부의 농부들은 줄기의 돌기를 베어내어 다시 심거나 줄기와 뿌리에서 난 채찍처럼 생긴 싹을 자르면 생산성 높은 올리브나무를 번식시킬 수 있음을 알아냈다. 훗날 그리스인들은 좋은 품종을 생명력이 강한 뿌리줄기에 접붙였다. 올리브나무의 유전적 특성을 연구했더니 지중해에서 자라는—'야생'에서든 과수원에서든—올리브나무는 거의 모두가 재배종의 후손이었다. 계보의 어디에선가 사람 손을 타지 않은 나무는 매우 드물다. 인간과 올리브나무의 안녕과 지속은 수천 년 동안 서로 연계되어 있었다.

물, 관개수로, 자금이 부족한 곳에서는 농부들이 옛 방식으로 올리브를 재배하고 수확한다. 이 방식을 구경하고 싶어서 버스를 타고 예루살렘 북쪽 지닌Jenin 근처에 있는 올리브 농장과 올리브유 압착기를 찾아갔다. 그곳은 아마겟돈의 이스라엘 분리 장벽 건너편에 있었다. 그곳에서 나는 빗물만 가지고 올리브나무를 재배하는 팔레스타인 농부들과 함께 지냈다. 올리브나무는 돌밭에서 자랐는데, 서로 몇 미터씩 떨어져 있었다. 몇 그루는 밑동 너비가 1미터를 넘었다. 심은 지 1000년은 지났을 것이다. 대부분의 줄기는 굵기가 사람 가슴만 했으며 수령은 수십 년이나 수백 년이었다. 대다수가 수리*Souri* 종이었는데, 비가 내리지 않는 긴 여름과 얕은 토양에 생리적으로 적응한 변종이었다.

농부들은 가장 오래된 나무를 루미Rumi라고 불렀다. 로마인을 일컫는 이름이다. 이 고목古木 중 몇 그루는 그들이 심었을지도 모른다. 농부들은 신품종을 시도해보았으나 관개를 하지 않았더니 시들어버렸다고 말했다. 물이 부족한 곳에서는 건조한 비탈에서 여러 세대를 살아남은 변종의 후손을 고수하는 것이 최선이다. 이 나무들의 DNA는 물을 쉽게 얻을 수 없음을 전제하고 있다.

우리는 나무 아래에 천막을 깔고 손으로 올리브를 땄다. 올리브는 1950년대식 트랙터가 끄는 트레일러 화물칸에 실려 운반되었다. 당나귀들이 근처 밭에 서 있다가 일꾼들에게 물을 날라주고는 올리브 자루를 집과 압착기로 가져갔다. 나 같은 풋내기가 올리브를 따는 밭에서는 머뭇머뭇 띄엄띄엄 소리가 났다. 농부와 가족은 수확 솜씨가 뛰어나서, 손가락이 잔가지를 훑으면 올리브가 두두둑 우박 소리를 내며 천막을 두드렸다. 사람 목소리가 각각의 나무를 후광처럼 둘러쌌다. 나의 서툰 아랍어 실력과 유창한 동료들의 통역을 통해 몇 마디는 알아들을 수 있었다. 사다리에 올라선 남자들은 가지치기 하는 법, 양고기 요리하는 법, 올리브유를 최대한 많이 짜내는 법을 놓고 설전을 벌였다. 여자들은 남자 방문객이 있으면 대부분 입을 다물었지만, 외국인이 다른 나무로 이동하면 웃음소리와 가족 이야기가 가지 사이로 터져 나왔다.

수확하는 동안 각 나무는 인간적 스토리텔링의 중심이 되었다. 이야기의 주제는 사람, 나무, 땅, 그리고 이들의 관계였다. 들판의 수확이 끝나갈 즈음이면 수만 개의 단어가 입에서 귀로 흘러들었다. 이렇듯 풍경의 마음—기억, 연결, 리듬—중 일부는 인간의 의식 속에 간직된다. 올리브나무에서 일한다는 것은 단순히 기름을 생산하는 것이 아니다. 우리를 인간으로, 생태 공동체로 만들어주는 이야기를 지어내고 살을 붙이는 것이다. 다마스쿠스 성문 옆의 올리브나무와 맨해튼의 콩배나무는 비슷한 역할을 한다. 그것은 사람들이 소식과 물건을 교환하는 그늘이 되어주는 것이다. 맨해튼에서는 참여하는 사람이 더 많지만—매일 수천 명이 나무 주위에서 교류한다—도시의 교류는 팔레스타인 올리브 농장에서 가족과 이웃이 나누는 대화의 단단한 매듭에 비하면 짧은 접촉에 불과하다.

분리 장벽 건너편에서 올리브를 따는 것은 대부분 기계 아니면 태국 이주 노동자다. 태국 노동자들은 수확과 괭이질과 땅파기를 하던 팔레스타인인과 시오니스트 농민을 대신하기 위해 이스라엘로 파견되었다. 여느 산업국과 마찬가지로 이스라엘의 사회망은 이제 나무에게서 거의 도움을 받지 않는다. 농업에 종사하는 이스라엘인의 수가 하도 적어서 키부츠의 95퍼센트가 외국인 노동자에 의존한다. 농장 노동자 중에서 히브리어를 할 줄 아는 사람은 거의 없다. 에레츠 이스라엘Eretz Yisrael('이스라엘의 땅'이라는 뜻으로 본래 이스라엘 사람들이 살던 땅으로 일컬어지는 곳이다_옮긴이)에 대한 농업 지식은 이제 태국어로 사람들의 마음속에 간직된다. 농업부는 이스라엘인들에게 농업을 장려하는 사업을 추진 중이다. 이 시민들에게 농사를 가르치는 일꾼들은 여권에 외국인이라고 표시되어 있지만 이스라엘의 땅에 대한 그들의 지식은 토종이다.

아마겟돈에 갈 때는 서유럽이나 미국에서 자동차 여행을 할 때처럼 무료했는데, 지닌의 들판에 갈 때는 모퉁이마다 군인이 지키고 있는 지역을 지나야 했다. 나의 이곳 방문은 2014년 가자지구 분쟁이 일어나기 전에 시작되어 포격이 가장 거세던 시기를 거쳐 8월 휴전 몇 달 뒤에 끝났다. 이스라엘에서 '국경선'—이스라엘 정치인은 좋아하지 않는 표현이지만 현지 군인들은 엄연히 쓰고 있었다—을 건너 서안으로 갈 때마다 검문소를 향해 디젤 연기 속으로 몇 시간 동안 굼벵이 걸음을 하여 자동화기의 총구 아래에서 신분증을 제시하고 곳곳이 파인 도로 표면을 달려야 했다(기반 시설의 유지는 금전적으로나 물류적으로나 불가능했다). 전쟁이 가장 극심할 때는 차량이 더 길게 늘어섰고 군인들이 더 무뚝뚝했지만, 더 평화로운 시기에조차 검문소를 통과할 때면 서안의 이스라엘 군대가 가진 절대적 권위를 실감할 수 있었다. 철조망과 장벽 건너편에서는 이스라엘인 전용의 신속 통과 검문소가 정착촌으로 연결된다.

이스라엘인 차량으로는 2분 만에 주파한 거리를 이튿날 팔레스타인용 도로로 지나는 데는 2시간 30분이 걸렸다. 군인들이 공영 버스를 검문하는 동안 차 안에서 기다리는데, 예루살렘·라말라 도로의 장벽에 스프레이로 그린 올리브나무가 눈에 들어왔다. 그림 속 장면은 예루살렘의 성지 순례 기념품을 장식하는 "성서 민족"의 목가적 풍경이 아니라 뿌리 뽑힌 나무를 부둥켜안은 채 탄식하는 여인들의 모습이다. 성을 함락시키거나 전쟁을 벌일 때에도 "나무를 찍어내지 말"라는 신명기의 명령은 지난 수십 년간 제대로 지켜지지 않았다.

나와 이야기를 나눈 팔레스타인 농부들은 하나같이 이스라엘 군이나 분리 장벽이나 정착민에게 나무를 빼앗겼다. 장벽이나 정착촌 울타리 때문에 땅이 잘려나간 사람도 많았다. 농부들은 정착민들이 나무를 베고 제초제를 뿌리는 장면, 사람들을 쏘거나 때리는 장면, 농장에 불을 놓는 장면을 찍은 휴대폰 사진을 보여주었다. 장벽 너머의 과수원을 방문하려고 해도 군인들이 잠깐씩밖에 허가를 내주지 않는다고 불평하기도 했다. 어떤 농가는 할아버지만 허가를 받았는데, 올리브 농장을 손으로 가꾸고 수확하려면 1헥타르당 300~400시간을 투입해야 하기 때문에 나무들이 방치된 채 농장이 폐허가 되어간다. 많은 관문에서 연장과 물병의 반입이 금지되는 바람에 팔레스타인 농부들은 자기네 예전 과수원을 차지한 이스라엘 정착민에게서 마실 물을 사야 한다.

이런 조치가 나무와 사람의 유대 관계를 끊는 데는 몇 년밖에 걸리지 않는다. 농장은 잡초밭이 되고 화재에 취약해진다. 나무는 제멋대로 가지를 뻗는다. 서안에서는 장벽 너머의 올리브 수확량이 평균 75퍼센트 감소했다. 3년간 경작하지 않은 땅은 국가에서 소유권을 주장할 수 있다. 안보에 필요하다고 간주되는 땅은 군대에 징발된다. 팔레스타인 정치인들의 행동이 이스라엘 정부의 심기를 거스르면 불법이던 정착촌이 합법으로 둔갑한다. 서안의 땅은 한 조각 한 조각 합병되고 주민들은 점점 좁아지는 거주 구역으로 내몰린다. 희망도 점점 쪼그라든다. 농부 한 명이 장벽 너머의 몇 그루 남지 않은 나무를 돌보고 나서 철조망 사이를 걸어 돌아오며 내게 말했다. "지금보다 더 비참해질 수는 없습니다. …… 무슨 말을 해도 무슨 짓을 해도 달라지는 게 없습니다." 그는 예전에는 트랙터를 타고 왔다 갔다 했지만 지금은 늙은 당나귀를 몰고 걸어다닌다.

선동가들이 이 좌절을 정치적이나 군사적으로 활용하는 것은 식은 죽 먹기다. 비좁은 통로와 급조된 콘크리트 주택뿐인 지닌 난민촌의 벽에 붙은 포스터들은 이스라엘과 싸우다 죽거나 자살폭탄 공격을 저지른 사람들을 기리는 것뿐이다. 난민촌 가장자리의 자유극장Freedom Theater에서 젊은이들은 적들에게 피해를 입히고 죽는 것이 어릴 적 유일한 희망이었다고 말했다. 그들은 이스라엘에 의한 점령이 땅뿐 아니라 생각과 꿈까지도 점령하고 식민지화하고 파괴한 것이라고 말했다.

이스라엘에서도 꿈이 폭력에 꺾인다. 하마스는 가자에서 이스라엘 민간인을 향해 로켓을 발사한다. 자살폭탄과 나이프 공격이 연일 신문

헤드라인을 장식하며, 누구도 안전하지 않다. 유럽의 집단살해를 계기로 건국했으며 적대국에 둘러싸여 있는 이스라엘에서 과거의 그림자와 미래의 절멸 가능성은 깊이 뿌리 내린 현실이다. 가자지구 전쟁이 벌어지는 동안 내가 만난 이스라엘인은 거의 전부 가족 중 누군가는 참전 중이었다. 자동차 라디오는 음악이나 뉴스 채널이 아니라 로켓 경보를 방송하는 채널에 맞춰져 있었다. 이렇게 지속적인 공격과 위협을 받다보면 장벽 건설이 불가피해 보인다.

이스라엘과, 군사적으로 이스라엘의 통제하에 있는 지역은 아마존 생태계와 맞먹는 문화적 생태계의 터전이다. 이곳에서는 서로 얽힌 갈등의 가닥들이 끝없이 돌고 돈다. '수막 카우사이'에 이르는 길은 분간하기 힘들다.

지닌 근처에서 올리브유를 파는 미국인 상인을 만났다. 그는 유대인이었으며 이스라엘에서 팔레스타인의 자살폭탄 공격으로 가까운 친척을 잃었다. 그런 그가 수많은 자살폭탄 공격자와 전사가 태어난 장소인 지닌 근처에 머무는 것이 의아했다. 하지만 그의 대답은 간단했다. 자신은 과거에는 관심이 없으며 미래를 위해 이로운 것을 찾아 북돋우고 싶다는 것이었다. 그가 지닌에 온 것은 공정무역 올리브유를 거래하기 위해서다.

이 올리브유는 가나안 공정무역 회사Canaan Fair Trade와 팔레스타인 공정무역 협회Palestinian Fair Trade Association의 합작으로 생산된다. 이러한 협력을 통해 수확기 올리브나무에서는 더욱 활발한 변화가 일어난다. 원자화된 공동체가 재결합하고 이 지역에서 모든 농업의 바탕인 인적 그물망이 복원·재발명된다. 19세기와 그 이전에 팔레스타인 마을들은 '무샤musha'a'라는 절차를 통해 농지를 관리했다. 각 가정은 경작 능력에 따라 땅을 분배받았다. 인적 구성이 달라짐에 따라 1~2년마다 경작 면적이 재조정되었다. 하지만 1858년 오스만 토지법을 유지하고 수정한 영국과 (뒤이어) 이스라엘은 명확한 과세를 위해 개인 경작을 강요함으로써 이 관행에 종지부를 찍었다. 팔레스타인 공정무역 협회는 소통과 협력의 옛 정신을 되살려 이를 현대 경제에 맞게 변용한다. 자원을 공유하고 행동을 통일함으로써 농부들은 더 높은 가격을 협상하고, 식목 계획을 짜고, 힘을 합쳐 올리브유 품질을 향상시킨다. 그러면 가나안 공정무역 회사가 농민 조합을 미국과 유럽의 올리브유 시장에 연결해준다. 현지 시장을 개척하는 이스라엘 판촉업자처럼, 서안의 농부와 수출업자는 혀를 즐겁게 하면 나무와 사람을 지킬 수 있음을 안다.

그렇다면 이곳에서 레반트의 '두려움의 지리'에 맞설 대안을 찾을 수 있을지도 모른다. 저주와 장벽의 끝없는 악순환을 끝낼 수 있을지도 모른다. 지닌 근처에 있는 가나안 공정무역 회사 올리브 가공 공장의 벽에는 죽은 자들의 포스터가 붙어 있지 않다. 그 대신 벽 안의 올리브유 압착기에 붙은 타일에는 아랍어로 이렇게 쓰여 있다.

جذور 주두르Juthur 뿌리

زيتون 자이툰Zaytoon 올리브

الذوق 앗 다우끄Adh-dhawq 맛

جمال 자말Jamal 아름다움

تعاون 타아운Ta'won 협력

ماء 마Maa' 물

지금의 시리아에는 우가리트 설형문자가 새겨진 점토판이 3500년 동안 묻혀 있었다. 이제야 출토된 바알 신은 가나안 필경사를 통해 말한다. 그는 '나무의 말'과 '돌의 속삭임', 비의 소리에 대해 이야기한다. 가을이면 그는 구름을 타고 온다. 점토판에 따르면 땅이 그를 비로서 맞아들이면 지상에서 전쟁이 사라지고 사랑이 깃든다고 한다.

"땅을 굽어살펴 바알의 비를 내리소서"라는 가나안의 옛 기도는 인간의 고대 도서관에 있는 점토판에만 기록된 것이 아니라 식물학적 설형문자—흙에 새겨진 꽃가루의 흔적—로도 남아 있다. 이 꽃가루 기록은 수십만 년을 거슬러 올라가 기후의 리듬을 드러낸다. 인류 문명은 이 리듬과 더불어 진화하고 번성하고 (때로는) 쇠퇴했다.

예루살렘이 자리 잡은 석회암 산지의 서쪽에는 지중해 해안평야가, 동쪽에는 사해와 요르단이 있다. 봄에 작고 하얀 올리브 꽃이 나무마다 수백 송이씩 피면 노란 꽃가루가 지중해 바람을 타고 동쪽으로 향해한다. 꽃가루는 다마스쿠스 성문의 나무에서 옛 시가지의 벽을 넘고 키드론 계곡을 가로질러 올리브 산에 이르러서는 분리 장벽과 마을과 정착촌을 지나고 언덕을 내려가 쿰란 동굴들을 가로지른다. 꽃가루 알갱이가 이른 곳은 해발 마이너스 400미터인 사해다. 여기서 바다를 넘어 요르단으로 가거나 소금물 속으로 가라앉는다. 해마다 꽃가루와 먼지가 쌓여, 바다 밑바닥에는 봄철 개화의 기록이 흩뿌려져 있다. 바다의 침전물과 그 속의 꽃가루는 수천 년에 걸쳐 수 미터 두께의 층을 이루었다.

사해는 말라붙고 있다. 비가 많이 내리지 않고, 상류에서 관개용수를 지나치게 끌어다 쓰고, 소금을 채취하려고 커다란 염전을 만들었기 때문이다. 수위가 낮아지면서 오래된 해저 퇴적물이 드러난다. 플로리선트 페이퍼 셰일에서와 마찬가지로 지질학자와 생물학자는 이 소금물 도랑에서 코어를 파내고 옛 퇴적물 층을 벗겨냄으로써 과거를 재구성한다. 갈릴리해에서 추출한 비슷한 코어들도 최근 1000년간의 사해 기록을 뒷받침한다.

퇴적물과 꽃가루 침전물을 보면 바알이 만물의 으뜸임을 알 수 있다. 강수량이 달라지면서 사해와 (사해의 빙기 선조 격인) 리산호의 수위가 지난 25만 년간 수백 미터씩 오르내렸다. 몇백 년은 푹 젖었다 몇백 년은 바싹 말랐다 했다. 꽃가루 기록은 비를 따른다. 울창한 숲에서 사막으로, 다시 숲으로, 다시 또 다시.

이 순환의 원동력은 지구 반대편에 있다. 마지막 빙기 말에 얼음 녹은 물이 대서양에 주기적으로 흘러들면서 바다가 차가워지자 지중해로 밀려드는 열과 습기가 줄었다. 비가 그치면 사해가 낮아지고 땅은 사막이 되었다. 얼음물의 대서양 유입이 느려지거나 중단되면 레반트에 다시 비가 내렸다. 이렇게 습한 시기가 찾아오면 사람들이 이동했다. 아프리카를 떠난 최초의 호미닌과 인류가 이 지역과, 인접한 아라비아를 들어오고 통과한 것은 대부분 이 습한 시기였다. 레반트를 처음으로 여행하고 식민화한 사람들—이 지역을 거쳐 간 수많은 디아스포라의 물결 중 첫 번째—의 후손이 현재 유럽, 아시아, 호주, 아메리카의 토착민이다.

작물, 특히 올리브의 꽃가루 기록을 보면 더 최근에 이 지역에서 인간의 경작 활동이 흥망성쇠를 겪었음을 알 수 있다. 6500년 전 사해 퇴적물에서는 올리브 꽃가루가 갑자기 풍부해지는데, 마침 이때 올리브가 작물화되었다. 약 4000년 전 청동기 초기에는 기후가 다습하여 올리브나무가 잘 자랐다. 그 뒤로 청동기 후기에 이르기까지 2000년 가까이 기후와 식생이 온건하게 변동했다. 기원전 1250~1100년의 퇴적물에서는 올리브나무 같은 지중해 나무의 꽃가루를 거의 찾아볼 수 없다. 그러다 퇴적물 자체가 사라진다. 지질학자들의 코어에 들어 있는 빈 공간은 질서 정연한 축적이 교란되었음을 뜻한다. 사해가 하도 낮아져서 꽃가루가 물이 아니라 (바람을 맞는) 사구에 내려앉았다. 한 세기 뒤에 비가 돌아오자 꽃가루는 인간과 작물화된 나무가 드문 땅에 떨어졌다. 고고학자들은 뒤이은 문화적 격변을 '청동기 후기 붕괴late Bronze Age collapse'라 부른다. 이 시기의 우가리트 문서에서는 곡물 운송을 "사느냐 죽느냐"의 문제로 언급한다. 아프리카 북동부와 레반트의 필경사들은 기근을 탄식했다. 이번에도 북쪽의 얼음이 영향을 미쳤을 가능성이 있다. 지중해 동부가 마르기 전에 그린란드의 결빙 지역이 최대치에 이르렀는데, 이 빙상의 일부가 녹으면서 지구 반대편에 가뭄이 찾아온 것이다.

그린란드가 다시 한 번 녹고 있는 지금, 이것이 중동의 미래 농업에 이롭지 않으리라는 것은 분명하다. 세계자원연구소World Resources Institute에서 향후 수십 년 내에 '물 부족'이 예측되는 수준에 따라 나라들의 순위를 매겼는데 이스라엘과 팔레스타인은 농업, 공업, 가사의 세 부문 모두에서 수위를 차지했다. 사해의 꽃가루가 다시 한 번 물이 아니라 흙에 떨어질 지경이 되었다.

엘리야는 가나안인의 가짜 신 바알을 물리친 것으로 알려져 있다. 하지만 아마겟돈 과수원의 관개 수로와 서안 고목古木의 유전학적 절수법에서는 바알의 손길을 뚜렷이 확인할 수 있다. 바알은 관개 시설을 갖춘 정착촌과 가뭄에 시달리는 팔레스타인 마을에서 자신의 힘을 과시한다. 농부들이 물을 가지고 분리 장벽을 건너지 못하게 하는 군인들은 바알의 힘을 빌리고 있는 것이다. 시장에서도 바알의 이름이 들린다. 팔레스타인 시장에서든 이스라엘 시장에서든 상인들은 관개 없이 재배하는 과일과 채소를 '바알'이라고 부른다. 내 제한적 경험과 언어학자이자 역사가 바셈 라드Basem Ra'ad의 방대한 연구에 따르면 아브라함 시대 이전의 신 바알을 염두에 두고 그렇게 부르는 상인은 아무도 없지만.

"땅을 굽어살펴 바알의 비를 내리소서." 이것은 생태적으로 적절하며 (아마도) 필사적인 기도다. 강수, 꽃가루, 인간 사회의 운명, 이 세 가지 기록의 상관관계는 숙명론을 뒷받침하는 것처럼 보인다. "무슨 말을 해도 무슨 짓을 해도 달라지는 게 없습니다." 하지만 꽃가루 기록은 바알의 기분이—그의 힘이 강할 때라도—사람과 나무의 운명을 전적으로 결정하지는 않음을 보여준다. 올리브 꽃가루가 약 3000년 전의 건기에도 살아남은 것을 보면, 건조한 땅에서 과수원을 일궈낸 (거의 알려지지 않은) 문화의 저력을 알 수 있다. 이와 마찬가지로 그리스인, 로마인, 비잔티움인의 욕망과 솜씨는 유대 고지대에서 동쪽으로 드문드문 날아온 꽃가루에 포도 꽃가루를 덧붙여 두터운 꽃가루 구름을 만들었다. 이들은 올리브유와 포도주를 좋아하는데다 관개와 중앙 계획에 일가견이 있었기에 언덕을 과수원과 포도밭으로 변모시켰다. 기후도 한몫했지만—로마 시대에는 호수 수위가 대체로 높았는데, 이는 강수량이 충분했음을 뜻한다—건기에도 이 언덕들에서는 올리브 꽃가루가 듬뿍 흩날렸다. 로마의 수많은 수도 시설 중 하나인 필라테의 예루살렘 수로는 사람들과 바알의 관계를 재규정했다. 반대로 어떤 시기에는 기후는 좋았지만 올리브 꽃가루가 거의 없었다. 청동기에 초목이 무성하던 시기에도 꽃가루 수치가 간헐적으로 낮아졌는데, 이때는 전쟁과 정치적 불안정 때문에 사람들이 나무를 돌보지 못했다. 그러다 기원전 750~550년경 철기 후기에 유다 왕국과 이스라엘 왕국에서 번성하던 올리브 농업이 아시리아와 바빌로니아의 침공으로 궤멸되었다. 바알에게 의지해야 하는 것은 맞지만, 사회가 분열되면 농부와 나무가 얽히지 못하고 (그리하여) 땅에서 식량을 거두지 못한다.

아마존 브로멜리아드, 한대림 전나무 뿌리, 맨해튼 거리 콩배나무의 동물 공동체가 그렇듯, 레반트의 올리브나무 숲이 생명력과 끈기를 유지하려면 다른 종과 안정적 관계를 맺어야 한다. 올리브나무의 그물망에서 가장 중요한 종은 '호모 사피엔스'다. 이 관계를 끊으면 나무를 베는 것 못지않게 확실히 나무가 죽는다. 청동기 시대의 전쟁, 바빌로니아의 침공, 현대의 분리 장벽이 바알의 관용을 짓눌러 사람과 나무가 생명의 연결을 잃으면 땅은 메마른다.

전쟁이 일어나고 인간 공동체가 떠나면 지금 이 순간의 관계만 단절되는 것이 아니다. 사람들이 땅을 등지면 장소에 대해 체득된 지식이 지워진다. 아마존 와오라니족이 공장에 밀려나고, 북아메리카 인디언이 식민주의자들에게 살해당하고 쫓겨나고, 유다 왕국이 바빌로니아에 끌려가고, 팔레스타인인들이 나크바 추방을 당하고, 심지어 평화시에도 농사의 수지가 맞지 않아 농부들이 땅을 등지면 사람과 여타 종의 연결에 담긴 기억이 사라진다. 비록 추방당하더라도 머릿속에 간직한 것은 기록하고 보존할 수 있지만, 현재형의 관계를 통해 창조되고 유지되는 지식은 연결이 끊어지면 죽는다. 그 뒤에 남는 생명 그물망은 덜 슬기롭고 덜 생산적이고 덜 강인하고 덜 창조적이다.

우리는 이러한 추방과 상실을 물려받고 그 속에서 살아간다. 하지만 우리는 연결을 새로 맺음으로써 생명을 다시 직조하여 그물망의 아름다움과 잠재력을 키운다. 에콰도르에서는 오마에레 재단이 황폐화된 땅을 입수하여 식물을 재배하고 식물 공동체 속에서 사람들의 관계를 복원하면서, 조부모에게서 지식의 가닥들을 받아 젊은이 수백 명에게

이를 전수한다. 오마에레 재단 창립자인 슈아르족 여인 테레사 시키는 나에게 이렇게 말했다. "수첩을 치워버리세요. 쓴 것은 죽어요. 관계 안에서 살아가는 것만 남는다고요." 뉴욕 시 공원관리부에서는 나무 심기에 지역 주민을 참여시키는데, 이 덕분에 사람들은 살아있는 연결을 얻는다. 맨해튼 가로수의 다양성은 아마존 숲보다 훨씬 낮지만, 이러한 연결은 나무와 사람에게 더 나은 삶을 만들어낸다. 한대림에서는 정치 투쟁을 벌이던 과거의 적들이 대화를 나누면서 삶의 경험과, 숲 생명에서 비롯한 생각의 그물망을 공유한다. 가나안 공정무역 회사, 팔레스타인 공정무역 협회, 이스라엘 농업부는 관계와 대화의 그물망을 북돋우고자 한다. 이를 통해 나무와 사람의 '더불어 삶'을 이해하고 기억하고 돌볼 수 있다.

사이렌 소리가 울려퍼지는 가운데 하마스의 로켓이 가자지구의 장벽을 넘어 예루살렘으로 날아간다. 이 로켓은 2014년 7월 분쟁 때 양편이 날린 수천 발의 포탄 중 하나다. 다마스쿠스 성문 올리브나무 주변에서 사이렌이 울려도 라마단 장터의 인파는 느려지지 않는다. 장터 구석구석에 비집고 들어앉은 상인들을 향해 사람들이 어깨를 맞댄 채 서로 밀치며 나아간다. 북적거리는 좌판과 통로를 덮은 천막의 지붕은 올리브나무에 묶은 밧줄로 고정했다. 천막은 낮에는 햇볕을, 밤에는 먼지와 바람을 막아준다. 팔레스타인 시장 상인 말로는 전쟁 때문에 분리 장벽 검문소를 지나기가 힘들어져서, 장벽 건너편에 집이 있는 사람들은 차라리 여기 나무 아래서 잔다고 한다.

상인들은 과일을 진열하려고 골판지 상자를 쌓아 탁자를 만들었다. 상자에는 이스라엘 농업 회사들의 이름이 쓰여 있다. 이 회사들의 과수원은 분쟁 지역인 예루살렘과 서안지구에서 벗어나 해안을 따라 자리 잡았다. 아마겟돈의 올리브처럼 이 시장의 자두와 오렌지가 자란 밭도 점적 파이프 덕에 "백합화 같이 피어 즐거워했"다. 하지만 이곳 동예루살렘에는 관개에 쓸 물이 없다. 이스라엘의 급수 정책 때문에 수만 명이 물을 공급받지 못하고 있다. 주민 중에는 생수를 사서 마셔야 하는 사람들도 있다. 현지의 빗물로 재배한 올리브 몇 개를 빼면 시장의 과일은 모두 수입한 물의 작은 덩어리다.

해가 지기 전에 카타르 구호 단체에서 온 사람들이 트럭의 열린 문 앞에 서서 군중에게 도시락을 나눠준다. 궁핍한 이들에게 베푸는 '사다카sadaqah'('자선'이라는 뜻)다. 시장의 과일과 마찬가지로, 도시락에 든 음식은 전부 다른 곳—예루살렘의 생명을 지탱하는 필라테의 수로—에서 온 물을 담고 있다. 날이 저물고 얼마 지나지 않아 군중이 자취를 감췄다. 단식을 끝내는 '이프타르iftar' 축제를 하러 간 것이다. 상인 몇 명이 텅 빈 장터에 남아 도시락을 연다. 땅거미가 밀려오자 검둥이, 노랑이, 얼룩이가 벽에서 기어나와 올리브나무의 주름진 줄기 주위로 조용히 모여든다. 그곳에서, 녀석들의 조상들이 1000년간 그랬듯 시장 상인들이 버린 부스러기를 먹는다. 바알이 가져다준 선물의 자투리를.

섬잣나무

일본 미야지마 섬
34°16′44.1″ N, 132°19′10.0″ E

워싱턴
38°54′44.7″ N, 76°58′08.8″ W

향나무와 소나무가 쇠 가마솥 밑에서 통나무째로 불타고 있다. 오랜 세월 연기에 그을려 실내가 온통 시커멓다. 탄소가 종유석처럼 천장에서 흘러내려, 천장에 고정된 채 가마솥을 잡고 있는 쇠고리에 달라붙는다. 나무로 된 벽과 의자에서 송진이 듬뿍 든 숯과 재의 냄새가 난다. 안에 들어가려면 허리를 숙인 채 낮은 문간을 통과해야 한다. 문 위에는 '불소영화당不消靈火堂'(기에즈노레이카도오. 꺼지지 않는 신령한 불의 사당)이라고 새겨진 현판이 걸려 있다. 문턱을 넘자 깨끗한 공기가 발 주위로 흘러 실내 한가운데서 불로 솟구치는 게 보인다. 매운 연기가 가마솥을 휘돌아 열린 문 위쪽으로 빠져나간다. 불이 문밖으로 토해 낸 날숨이 사당의 굽은 처마를 돌아 산속으로 들어간다.

안에서는 연기가 어찌나 짙은지 기침 소리와 말소리가 스모그에 묻혀 잘 들리지 않는다. 참배객과 관광객은 쓰라린 가슴으로 찻잔을 든 채 불을 바라본다. 술통만 한 가마솥 가장자리에서 뚜껑을 들어올려—널빤지 같은 뚜껑을 밀자 펑 하는 소리가 난다—국자로 물을 뜬다. 몇 모금만 마시면 온갖 병이 낫는다고 하지만, 굳이 그런 미신이 아니더라도 바닷가에서 산꼭대기까지 500미터를 올라온 뒤여서 물맛이 달다.

나무는 이곳에서 1200년 동안 탔다. 일본 진언종의 창시자 홍법대사弘法大師(구카이空海)를 따르는 사람들이 통나무로 불을 지폈다. 당나라에서 공부를 하고 806년에 귀국한 홍법대사는 세토 내해의 (히로시마를 마주 보는) 섬에 있는 이 산꼭대기에서 100일간 고행했다. 그가 피운 모닥불인 기에즈노히消えずの火(꺼지지 않는 불)는 자신이 창시한 종단 덕에 그 뒤로 계속 타고 있다. 불로 끓인 물은 병을 고칠 뿐 아니라 불꽃으로 정화된다. 17~19세기 에도 시대에 승려들은 불로 끓인 물을 산 아래 절들에 가져다주었다. 절에서는 이 물에 먹을 갈아 불경을 필사했다. 이 섬에 사당을 지은 종교·정치 지도자는 홍법대사만이 아니다. 불소영화당 주변에는 신사와 절이 수십 곳 자리 잡고 있다. 이 섬의 공식 명칭은 이쓰쿠시마 신사의 '이쓰쿠시마厳島'이지만, 보통 '미야지마宮島'(신사의 섬)라고 부른다.

나는 신사를 보러 왔지만, 통상적인 참배객은 아니다. 나는 워싱턴에 있는 나무의 고향을 찾겠다는 식물학적 목표로 이곳에 왔다. 여정의 출발점은 미야지마의 신사들이다. 신성한 건물은 주변의 숲을 성화하여 섬의 식물들에 강력한 문화적 친화력을 부여한다. 신도神道에서는 이를 특히 중요시하는데, 인간, 영계, '자연'의 경계가 환상이며 미야지마 같은 특수한 장소에서 이 경계를 초월할 수 있다고 믿기 때문이다. 신보쿠神木(신성한 나무)로 이루어진 신사 주변 숲은 인간과 인간 아닌 존재, 산 것과 죽은 것, 영계와 물질계를 잇는 접합점이다. 미야지마에서는 섬 전체가 성소다. 세상과의 연결성을 모시는 살아있는 신사. 뭇 나무의 뿌리가 생태 공동체를 하나로 묶듯 신보쿠 숲의 나무들은 (생태계를 포함한) 신도神道 우주의 여러 차원을 하나로 묶는다.

나는 섬잣나무의 발상지를 찾으러 이곳에 왔다. 1625년에 이 나무의 어린나무가 채근採根되어 일본 본토로 옮겨졌다. 그곳에서 더 단단한 곰솔의 뿌리에 접붙여져 조금씩 분재盆栽로 다듬어졌다. 사람이 돌보지 않으면 이 나무는 콜로라도에서 내게 그늘을 드리운 폰데로사소나무처럼 20미터까지 자랄 수 있었을 것이다. 하지만 규칙적으로 가지치기를 해서 성장을 억제한 탓에 이 나무의 도기 화분 옆에 서면 그늘이 무릎 높이 위로는 올라오지 않는다. 가지와 뿌리를 쳐주면 나무가 왜소해질 뿐 아니라 줄기도 곧고 바늘잎 우듬지가 균형을 이룬 형태로 자란다. 게다가 여느 분재와 마찬가지로 가지에 철망을 둘러 인간의 눈에 보기 좋은 형태를 이끌어냈다.

폰데로사소나무의 뿌리와 균류 그물망은 뿌리 끝이 닿지 않는 흙속 깊숙한 곳에서 물을 끌어당길 수 있다. 접붙인 섬잣나무는 여느 분재와 마찬가지로 이런 거대한 근계根系를 가지고 있지 않아서 사람이

유심히 살피며 매일—때로는 하루에 두 번씩—물을 줘야 한다. 또한 1~2년에 한 번씩 오래된 뿌리를 잘라내어, 넓고 얕은 화분의 제한된 공간을 어린 잔뿌리가 고루 채우도록 해야 한다. 분재 화분에서도 공생 균류가 흙에 서식하기는 하지만, 인간의 노동이 균류의 일을 대부분 대신한다.

350년 동안 야마키山木라는 한 가문이 여러 세대에 걸쳐 조상의 일을 이어받았다. 1945년 히로시마에서 원자폭탄이 터졌을 때, 이 나무는 야마키 가문 종묘장의 벽에 둘러싸인 덕에 살아남았다. 종묘장은 폭발의 중심부에서 3킬로미터 떨어져 있었기에, 유리창이 깨지고 가문의 몇 명이 찰과상을 입기는 했지만—모두 실내에 있었다—벽이 건재했던 것이다. 이 나무는 히로시마에 머물다가 1976년에 에놀라 게이Enola Gay(히로시마에 원자폭탄을 투하한 폭격기_옮긴이)의 반대방향으로 여정을 떠난다. 야마키 가문과 일본 정부는 미국 건국 200주년을 기념하여 이 나무를 미국에 선물했다.

야마키 섬잣나무는 미국 국회의사당 북동쪽 교외에 있는 국립수목원 내 국립분재박물관에 있다. 분재 치고는 크기가 크다. 도기 화분은 너비가 팔 길이만 하고 깊이가 한 뼘이다. 줄기는 길이가 내 팔뚝만 하고 너비가 날씬한 몸통만 하며 껍질은 뒤틀리고 골이 파였다. 껍질의 유합조직과 혹을 보면 나무가 얼마나 오래되었는지 알 수 있다. 층층이 쌓인 조각과 벌어진 틈새가 눈길을 끈다. 위는 돔 형이고 아래는 평평한 바늘잎 우듬지가 줄기 꼭대기에 대칭을 이룬 채 얹혀 있다. 우듬지 꼭대기의 호弧를 떠받친 것은 부푼 가지들이다. 우듬지의 호는 목가적 언덕을 연상시키기에는 좀 가파르지만, 그럼에도 완만한 곡선을 이루고 있다. 살아있는 조각이 나의 눈을 편안하게 한다.

이 나무 주위에는 18세기와 19세기의 고목古木들이 놓여 있다. 하지만 야마키 섬잣나무만큼 오래된 것이나 높은 묘판에서 싹튼 것은 없다. 야마키 가문이 보관하다 현재 국립수목원에 소장된 기록에 따르면 야마키 섬잣나무는 미야지마에 있는 홍법대사의 불 근처 미센산山 비탈에서 1600년대 초에 태어났다.

나는 불소영화당의 연기를 뒤로하고 섬잣나무 분재의 발상지를 찾아 떠난다. 이 숲의 식물을 보면 평행우주에 들어선 기분이 든다. 모든 것이 낯익다. 참나무와 단풍나무의 바람 소리는 일본에서나 아메리카에서나 같다. 참나무에서는 굵은 알갱이가 서걱거리는 깊은 소리가 나고 잎이 얇은 단풍나무에서는 모래가 구르는 가벼운 소리가 난다. 하지만 잎의 윤곽, 껍질의 골, 열매의 빛깔 같은 시각적 단서를 자세히 들여다보고 있으면 낯섦이 나를 일상으로부터 격리시킨다. 이것은 신전에서 연기를 쐰 후유증이 아니다. 내 마음은 식물 진화 심층사深層史의 지리적 표현 속으로 가라앉는다. 언뜻 보기에 동아시아와 북아메리카 동부는 뚝 떨어진 것 같지만, 사실 동아시아의 식물은 애팔래치아 산비탈의 식물과 가까운 친척이며 미국 북서부나 플로리다, 남서부 건조지의 식물보다도 훨씬 가깝다. 미야지마에서 길을 걸으면 옻나무, 단풍나무, 물푸레나무, 향나무, 소나무, 전나무, 참나무, 감나무, 감탕나무, 작살나무, 블루베리, 만병초를 만난다. 속속들이 애팔래치아 생태 공동체와 판박이인 이곳에 아시아 특산종인 삼나무, 함박이snake vine, 금송umbrella pine이 점점이 박혀 있다.

참나무와 단풍나무의 친숙한 소리에 삼나무의 부드럽고 긴 한숨이 어우러진다. 소수의 아시아 고유종을 제외하면 내가 만나는 식물은 거의 모두 친숙한 모습이다. 하지만 가까이 다가가 자세히 들여다보면 어리둥절하다. 바늘잎은 특이하게 벌어져 있고 도토리깍정이는 너무 연약하고 물열매漿果는 기이한 형태로 뭉쳐 있다. DNA, 화석, 식물 해부학으로 이 식물들의 분류군을 추측했더니 이 식물들은 애팔래치아 숲에 서식하는 식물의 사촌이었다. 지인들의 형제자매로 구성된 가족 재회 현장에 온 듯 어리둥절하다.

현대 지리를 봐서는 동아시아의 식물과 북아메리카 동부의 식물이 이토록 가까운 관계임을 짐작하기 힘들다. 하지만 온대림이 형성되는 온난하고 습한 기후는 한때—특히, 플로리선트 숲이 형성되던 시기와 그 이후에—지금보다 훨씬 넓게 퍼져 있었다. 북반구를 덮은 숲 지대에는 지금의 동아시아와 애팔래치아에 서식하는 식물의 조상이 서식했다. 그러다 북아메리카 중부에서 기후가 한랭·건조해지면서 이 숲이 조각조각 나뉘었다. 빙기에 숲들의 사이가 더 벌어지자 온대 수종은 점점 좁아지는 남쪽의 절멸면제지역으로 밀려났다. 가족을 해체하고 흩은 것은 기후 변화였다.

따라서 야마키 섬잣나무의 수백 년 전 발상지를 찾는 여정은 이 나무의 발아 시점보다 훨씬 과거로 나를 이끌었다. 이곳에는 플로리선트의 죽은 화석에서 경험한 살아있는 유산이 있었다. 숲의 친족 관계를 보여주는 식물학적 흔적은 적어도 3000만 년 이전으로 거슬러 올라간다.

하지만 미야지마 섬에서는 섬잣나무를 한 그루도 찾아볼 수 없었다. 적송red pine과 흑송은 산꼭대기를 가득 메웠지만 내가 찾는, 바늘잎 다섯 장이 뭉쳐 난 나무나 어린나무는 하나도 없었다. 일본의 식물학자와 일본을 방문한 서양 과학자들도 내 말에 동의했다. 내가 알기로 이 섬에 남은 섬잣나무는 분재 화분이나 공공장소에서 자라는 것이 전부다. 야마키의 구전 역사가 윤색된 것이 아니라면—초기 식물 수집가들은 분재에 미야지마의 후광을 씌우고 싶어 했다—이 섬은 섬잣나무를 채근하고 접붙여 화분에 심은 400년 전과 달라졌을 것이다.

이름을 날조하지 말라는 법도 없다. 분재 원예학에서는 특정 품종에 유명한 지명을 붙여서는 안 된다는 규칙이 없다. 원산지와 무관한 지명이어도 상관없다. 오늘날 여행 안내책자와 포스터에서는 미야지마라는 이름을 마음대로 쓰고 있다. 섬의 식물, 도리이, 신사의 이미지도 흔히 볼 수 있다. 히로시마에서 상점을 한 블록만 둘러봤는데도 신사의 축소판 모형, 미야지마 섬 단풍나무 잎으로 만든 패스트리, 신전 사진을 박은 장신구, 굴 판매대에 그려진 도리이 장식, 절을 그린 근사한 목판화를 볼 수 있었다. 이런 전유專有는 틀림없이 과거에도 일어났을 것이다. 따라서 미야지마는 야마키 섬잣나무의 기원에 대한 기록이 아니라 별명에 불과할지도 모르겠다.

하지만 야마키 가문의 구전 역사에 믿을 만한 기억이 담겨 있을 가능성도 있다. 수 세기 동안 매일같이 나무를 돌볼 만큼 근면성실한 가문이라면 나무의 사연에도 그만큼 정성을 들였을 것이다. 입에서 귀로 전해진 이야기는 지난 400년간 섬잣나무의 지리적 범위가 달라졌음을 가르쳐주는 것인지도 모른다. 학술적 기록이 이 이야기를 뒷받침한다. 야마키 섬잣나무의 씨앗은 17세기 초의 소빙기에 방울에서 떨어졌을 것이다. 강의 결빙과 벚꽃 개화를 기록한 문서에다 나이테와 꽃가루의 정보를 접목하면 일본이 빙기를 겪었음을 알 수 있다. 유럽 문헌도 소빙기가 전 세계에 걸쳐 있었음을 뒷받침한다. 동아시아에서는 그 전 몇백 년—야마키 섬잣나무의 조상들이 성목成木으로 자라던 시기—도 지금보다 추웠다. 그때는 소나무 꽃가루가 더 흔했다. 참나무 같은 활엽수는 쇠퇴하고 있었다. 그러니 지금의 미야지마는 섬잣나무가 자라기에는 너무 온난한 남쪽일지 모르지만 400년 전에는 기후가 달랐다. 1600년대에 분재 수집가들이 미야지마 섬의 비탈을 올랐을 때의 기후는 현대 일본의 추운 고지대와 비슷했을 것이다. 수백 년간 불린 나무의 '클레오스'에 따르면 이 수집가들은 미센산에서 섬잣나무를 발견했다.

미야지마의 나무들은 염불 소리에 둘러싸인 채 자란다. 신사의 처마에는 도르레가 달려 있고 오렌지만 한 나무 공이 도르레 밧줄에 매

달려 있다. 참배객이 밧줄을 당기면 공이 도르레 위로 올라갔다가 떨어져 다른 공에 부딪치면서 소리가 난다. 이것은 신사의 신들에게 올리는 음향 염불이다. 손으로 산가지 통을 흔들면 가느다란 막대기가 서로 쓸리고 부딪히면서 소리가 나는데, 이것으로 미래를 점친다. 참배객이 간구와 감사의 의미로 손뼉을 두 번 치면 나무로 조각된 벽에서 메아리가 울린다. 질긴 밧줄에 매달린 통나무를 흔들어 범종을 때리면 오랜 세월의 타격으로 늘어진 나무섬유가 날카로운 타격음을 은은하게 가라앉힌다. 북처럼 생긴 불전함에 동전이 딸랑 하고 떨어진다. 이 모든 소리는 숲과 신사에 사는 '가미', 즉 정령들에게서 온다. 이 성화된 공간에서 인간의 활동은 대체로 나무의 음향화를 통해 작용한다. 진동하는 섬유소는 우리의 발원과 영계 사이를 중개한다. 이곳의 정령은 세상과 동떨어진 하늘이 아니라 나무 안에, 숲 안에, 나무 신사 안에 산다. 나무의 타악기 소리가 지구의 속나무心材에 있는 보금자리에서 정령을 불러낸다.

이런 숲에서 야마키 섬잣나무가 히로시마로 옮겨졌다. 그곳에서 손수레와 말이 지나는 길보다 더 오래 살아, 엔진의 화석 냄새 나는 기침과 굉음을 견디다, 아스팔트를 쌩쌩 달리는 타이어의 연기까지 겪었다. 1945년에 '커다란 소리'가—생존자들은 '부웅'이라고 회상했다—섬잣나무를 흔들었다.

워싱턴에 자리 잡은 지금은 헬리콥터가 허공에 파문을 일으키고 먼 고속도로 가장자리에서 들려오는 소음이 분재관 구석구석에 스며든다. 미야지마의 숲은 분재관에도 있다. 가지치기를 하지 않은 온전한 크기의 삼나무와 일본단풍나무에서 부드러운 산들바람 같은 소리가 들려온다. 분재박물관 관람객의 동작과 목소리에는 미야지마 참배객들의 몸가짐이 배어 있다. 그들은 나무 앞에 멈춰, 표본 이름표를 읽으려고 허리를 숙였다 일어나서는 나무가 선사하는 감각을 받아들인다. 나무의 기원에 대해, 잎의 시각적 균형에 대해, 잎에 가린 줄기와 가지의 형태에 대해 소곤거리는 소리도 들린다. 잠시 뒤에 숭배자들은 돌아서 자신의 걷기 명상을 계속한다. 하지만 대다수 관람객은 신사 참배객에게서는 찾아볼 수 없는 음향적 활력을 불러일으킨다. 축제에라도 온 듯 뛰고 몸을 흔들며 아무렇게나 눈길을 돌리고 웃음을 터뜨린다. 어떤 나무도 눈길을 몇 초 이상 받지 못한다. 압축된 심미적 감상은 원소적 상태—나무와의 신속한 감각적 연합—가 된다. 이 만남에서 놀람, 신남, 당혹감이 터져 나온다. 나무의 나이를 보고는 믿기지 않는다며 탄성을 지르고, 모양이나 색깔 좀 보라며 일행을 부르고, 이 신기한 나무들이 어디서 왔는지 질문을 던진다.

분재는 여느 나무는 못 하는 방식으로 박물관 관람객에게서 대화를 이끌어낸다. 어쩌면 맥락이 한몫하는지도 모르겠다. 큐레이터들은 호기심을 불러일으키도록 나무를 진열하니 말이다. 하지만 화분, 이름표, 관람 규칙이 보내는 사회적 신호뿐 아니라 분재의 형태도 연결을 촉진한다. 나무 전체를 사람의 머리나 상체 크기로 축소하면 우리의 감각이 난생 처음으로 나무 전체를 아우르게 된다. 플로리선트의 분홍 바지 소녀처럼 관람객들은 다른 종의 삶에 자신을 여는 과정을 시작하거나 계속한다. 아이들이 야마키 섬잣나무 앞에 몰려들어 자기 몸만 한 작은 나무가 수백 년을 살았다는 것에 탄성을 지르면 연결이 형성되어 몸과 마음에 단단히 깃든다.

공기는 절과 숲과 도시에서 온 수백 년치의 모든 소리를 야마키 섬잣나무의 바늘잎과 뿌리와 줄기에 가져다준다. 나무는 공기의 잔떨림을 들이마시고 진정시켜 목질부 안에 '가미'처럼 간직한다. 해마다 생장선이 전해의 생장선을 감싸며 대기의 정확한 분자적 흔적—나무에 담긴 기억—을 층층의 내장에 붙들어둔다. 공기와의 관계에서 목재가 생겨난다. 촉매 역할을 하는 것은 막을 드나드는 전자다. 대기와 식물은 서로를 만든다. 이때 식물은 탄소의 일시적인 결정체이고, 공기는 숲이 4억 년간 숨 쉬며 빚어낸 산물이다. 나무와 공기에는 서사가, 자신의 텔로스가 없다. 둘 다 자기 자신이 아니기 때문이다.

공기, 나무, 숲의 형태와 서사는 관계에서 생겨난다. 자아는 생명을 지속시키는 성분인 연결과 대화로 이루어진 찰나적 집합이다. 이 관계 속으로 인간이 발을 디딘다. 삽과 전지가위와 도기 화분을 가지고. 분재술은 언뜻 보기에는 인류가 생명 그물망에서 벗어났음을 보여주는 구체적 표현이자 비유인 듯하다. 제조된 날을 이용하여 우리는 자신의 목적론을 나머지 모든 생물에 부여하는 것처럼 보인다. 뿌리와 가지를 치고 접붙이고 껍질을 벗기고 흙을 갈아주면 분재는 주인에게 매인다. 나무의 미래는 주인의 마음에서 생겨난다.

이것은 야마키 섬잣나무라는 원자적 나무에서 이끌어낼 수 있는 한 가지 결론인지도 모른다. 식물이 노예가 되었다가 폭격을 맞는 이야기.

하지만 야마키 섬잣나무에 대한 관람객의 반응은 이런 해석에 이의를 제기한다. 분재는 생명 그물망을 벗어나지 않는다. 올리브 농장에서처럼, 분재는 다른 곳에서는 알아차리기 힘든 사실—인간의 삶과 나무의 삶은 언제나 관계에서 만들어진다는 것—을 표면으로 끌어올린다. 많은 나무에서 그물망의 주된 구성 요소는 세균, 균류, 곤충, 새 같은 인간 아닌 종이다. 올리브나무와 분재는 인간을 한가운데로 보내어 우리로 하여금 지속적 관계의 중요성을 직접 경험하게 한다.

이 연결이 끊어지면 생명이 위축되고 때로는 끝난다. 레반트에서는 관계가 끊어지면 기름을 내던 나무들이 쇠락하거나 죽으며 나무에 의존하는 경제와 문화도 같은 운명을 겪는다. 분재에서는 사람들과의 접촉에서 단절된 나무는 금세 죽는다. 수 세기에 걸친 나무의 생장과 인간의 노고로 인한 결실도 함께 사라진다. 이 손실이 식량 사정과 가정경제에 미치는 영향은 올리브 농장에 비하면 크지 않지만 문화에는 깊은 타격을 가한다.

중국과 일본의 원예가들은 관계의 중심성을 수 세기 전부터 알고 있었다. 11세기 일본의 작정서作庭書(정원 가꾸기 안내서)로, 가장 오래된 경관 디자인 기록으로 추정되는 『작정기作庭記』(사쿠테이키さくていき)에서는 산세의 배치, 바람, 감정에 자신을 열라고 촉구한다. 저자는—아마도 섭정의 아들 다치바나 도시쓰나橘俊綱일 것이다—원예가들에게 '산수

山水'를 의식에 담으라고 주문한다. 여기서 산수는 별개의 비인간 세상이 아니라 인간, 다른 종, 물, 바위의 내적 본성을 뜻한다. 이 내적 본성은 애니미즘적이다. 바위는 욕망이 있고 나무에는 부처 같은 근엄함이 스며 있으며 (언뜻 보기에 개별적인) 경관 요소들의 관계—이를테면 돌과 식물의 배치—는 만물에 깃든 정령의 기분을 지배한다. 다치바나는 세상을 직접 경험하는 동시에 '옛 명인むかしの上手'의 작업을 성찰해야 한다고 생각했다. 후자는 자신을 겸손하게 타인의 지식에 여는 행위다. 정원은 자연에 대한 지배로 도피하는 것이 아니다. 정원을 가꾸려면 생명 그물망에 지속적으로 관심을 쏟아야 하며, 여기에는 (인간의 기억으로 전달되는) 이 그물망에 대한 이해가 포함된다. 주의 깊게 들으면, 정원에 있는 여러 관계에 어울리게 미감을 조절할 수 있다.

인간 아닌 것들의 내적 '본성'에 관심을 기울이고 여러 세대에 걸쳐 쌓인 인간 지식에 면밀히 귀를 기울이는 전통은 일본의 후대 원예서에서도 면면히 이어진다. 15세기 작정서 『산수병야형도山水並野形図』에서는 이렇게 주장한다. "구전[스승의 가르침]을 받지 않았거든 정원을 만들지 말라." 정원사는 이 지식을 바탕으로 바위의 방향, 새의 움직임, 나뭇가지의 형태에 '온전한 관심'을 기울여야 한다. 경외, 존경, 관심이 저자의 테마다. 지배가 아니라.

현대의 분재술은 이런 철학에서 탄생했다. 국립수목원 큐레이터 잭 서스틱Jack Sustic은 자신이 돌보는 야마키 섬잣나무 옆에 서서, 멘토에게 귀를 기울이고 나무에 관심을 기울여야 한다고 말했다. 이것은 500년도 더 전에 『작정기』와 『산수병야형도』의 저자가 설파한 것과 같은 테마다. 서스틱은 오랫동안 분재를 다루면 관심의 초점이 자아에게서 멀어져 개인이 탈중심화된다고 말했다. "저 자신에 대한 관심이 줄어들고 나무에 대한, 그리고 옛 사람이 해놓은 일에 대한 관심이 훨씬 커집니다. 삶에도 변화가 일어납니다. 더 너그럽고 이해심이 커지죠." 서스틱이 분재에 뛰어든 계기를 들으니 『산수병야형도』에서 말하는 '온전한 관심'이나 아이리스 머독이 말하는 '탈아'를 통한 심미적 경험이 떠올랐다. 그는 한국에서 군 복무를 하다가 버스 창밖으로 분재가 진열된 것을 보고는 순간적으로 시공간의 감각을 잃었다. "훌륭한 예술이란 그런 거죠."

부副큐레이터 애린 패커드Aarin Packard는 분재의 흙과 잔가지를 손가락으로 어루만지며 내게 말했다. 초심자는 자신이 나무의 미래를 내다볼 수 있다고, 줄기와 가지에 원하는 형태를 부여할 수 있다고 생각하지만 배움이 쌓이면서 형태란 생명들의 예측할 수 없는 만남에서 생기는 것임을 이해하게 된다는 것이다. "미국의 일급 분재가는 15년 이후의 형태 변화까지 내다볼 수 있을 겁니다. 존 나카John Naka 같은 대가들은 반세기까지도 볼 수 있겠죠. 그 이상은, 불가능합니다."

미래는, 전개되는 텔로스는 어떤 자아에도, 나무의 씨앗이나 인간의 마음에도 담겨 있지 않다. 그 근원과 재료는 살아있는 관계의 가닥들에 담겨 있다. 분재는 원예라는 거울을 통해 나무의 본성을 비춘다. 나무는 공생명共生命, 즉 다수의 대화로 이루어진 존재다.

나눌 수 없는 원자라는 개념은 환각임이 드러났다. 이 환각은 히로시마 상공 600미터에서 산산조각 났다. 개별성의 가면이 부서지고 이루 말할 수 없는 에너지가 분출되었다. 절에서는 돌에 새겨진 부처의 얼굴이 녹았다.

1964년에 원폭 생존자들이 홍법대사의 소나무 통나무에서 불을 가져다 히로시마 평화공원의 기념비와 공동묘지 가운데 있는 가스불을 점화했다. 나무로 종을 치자 미야지마의 숲 신사에서 들은 소리가 났다.

야마키 가문은 원자를 넘어 예술을, 생명의 통합을 이뤄냈다.

감사의 글

무엇보다 초고를 쓸 때 영감과 조언과 격려를 선사하고 나와 함께 나무들 사이를 걸으며 아름다움을 함께 나눈 케이티 레먼에게 감사한다. 이 책을 뛰어난 동료들과 함께 작업할 수 있었던 것에 긍지와 기쁨을 느낀다. 바이킹 편집자 폴 슬로백은 내가 이번 집필 작업을 구상하고 구체화하는 데 도움을 주었을 뿐 아니라 날카로운 안목으로 원고를 읽고 이 책의 형태와 내용을 개선할 수 있도록 방향을 알려주었다. 앨리스 마텔이 책의 개념과 구조를 직관적으로 분석해준 것도 큰 도움이 되었다. 마텔은 내 저작권 대리인으로서의 임무를 탁월하게 수행하면서 나의 아이디어를 성숙시키고 나를 확고하게 지원하고 이 책을 탄생시켰다. 『숲에서 우주를 보다』를 쓰면서 케빈 다우튼과 나눈 대화는 작가로서의 나를 형성했으며 이후 작업을 탐색하는 초기 단계에 생물 그물망에 대한 생각을 명확하게 해주었다. 맡은 임무를 근사하게 해낸 바이킹의 편집, 디자인, 제작, 마케팅 직원들에게 감사한다. 특히 원고를 편집하고 다듬은 헤일리 스완슨, 통찰력과 꼼꼼함으로 원고를 교정한 힐러리 로버츠, 그리고 편집, 제작, 디자인을 맡은 앤드리아 슐츠, 트리샤 콘리, 파비아나 반 아르스델, 케이트 그리그스, 커샌드라 가루초에게 감사한다.

바이킹, 존 사이먼 구겐하임 기념 재단, 미국자연사박물관, 세인트캐서린스 섬 연구 계획, 에드워드 J. 노벨 재단, 사우스 대학의 자금 지원에 감사한다. 사우스 대학의 존 가타, 매사추세츠 공과대학의 토머스 레벤슨, 윌리엄 앤드 메리 대학의 바버라 킹, 코넬 대학의 마이크 웹스터는 집필의 초기 단계에 너그러운 지원과 조언을 베풀었다. 리븐델 작가 숙소는 생산적인 집필 장소였으며, 나를 물심양면으로 도와준 카르멘 투생 톰프슨에게 감사한다. 집필 초창기에 조언, 지원, 현실적 도움을 제공한 세라 밴스에게 감사한다.

분야별로 통찰력과 조언을 나눠주고 나의 방문을 너그럽게 받아준 벅 버틀러, 존 에번스, 마크 홉우드, 케이트 레먼, 리 렌틸, 데버러 맥그래스, 스티븐 밀러, 세라 니미스, 탬 파커, 그레그 폰드, 브랜 포터, 캐리 레이널즈, 제럴드 스미스, 켄 스미스, 크리스토퍼 반 데 벤(이상 사우스 대학), 폴 베커(시카고 칼 베커 앤드 선), 렉스 코크로프트(미주리 대학), 댄 존슨(듀크 대학), 페드로 바르보사(메릴랜드 대학), 에이드리엔 크리스티(덴버 메트로폴리탄 주립대학), 피터 매슈스, 조너선 메이버그, 폴 밀러, 그레그 버드니(코넬 대학), 란다 카얄리(조지 워싱턴 대학), 토드 크랩트리(테네시 환경보전부), 빌 커핀세이, 피터 웜버거(이상 퓨젓사운드 대학), 마사 스티븐슨(세계야생동물기금), 랭 엘리엇(뮤직 오브 네이처), 더스틴 윌리엄스(윌리엄스 파인 바이얼린스), 조지프 보들리, 메리앤 틴들, 샌퍼드 맥지, 애너 하딩, 로리 페리 보건, 패디 우드워스, 맷 파(자연보호협회), 리처드 호프스테터(노던애리조나 대학), 데버러 G. 매쿨로(미시간 주립대학), 제프

브렌절, 데릭 브리그스, 데이비드 버드리스, 수전 버츠, 피터 크레인, 마이클 도노휴, 애슐리 듀발, 저스틴 아이센라우브, 존 그림, 크리스 헤브던, 슈성 후, 발레리 모이, 릭 프럼, 사이드 랜들, 스콧 스트로벨, 메리 이블린 터커(이상 예일 대학)에게 감사를 전한다. 사우스 대학 생물학 수업과 문학 수업에서 학생들과 대화를 나눈 덕에 나의 생각과 글이 한층 풍요로워졌다. 짐 피터스와 톰 워드는 우정과 대화를 아낌없이 베풀고 본보기와 자문을 통해 내 생각의 지평을 넓혔다.

에콰도르: 에스테반 수아레스, 안드레스 레예스, 콘수엘로 데 로모, 디에고 키로가, 파블로 네그레트, 호세 마타니야, 마리아 호세 렌돈, 마예르 로드리게스, 라미로 산 미겔, 켈리 스윙(산 프란시스코 데 키토 대학 및 티푸티니 생물 다양성 연구소), 에콰도르 환경부, 에두아르도 오르티스, 레네 부에노, 글라디스 아르고티, 레 르오테, 멜리사 토레스, 로렌 오스트로브스키, 존 루카스(국제학생교육원), IES 키토/티푸티니 세미나에 참가한 모든 학생과 교직원, 특히 기븐 하퍼의 우정과 생태적 통찰력에 감사한다. 예일 대학의 크리스 헤브던은 대화와 초고의 형태로 방대한 지식을 나눠주어 우리가 에콰도르에서 들은 소리의 의미를 이해하는 데 도움을 주는 등 여러 실용적 방법으로 나를 지원했다. 특히 근대성이 여러 문화를 아우르는 다양한 방식에 대한 나의 이해를 구체화하고 확장해준 것에 감사한다. 또한 크리스는 사람들이 자신의 문화를 외부인에게 표현하면서 내리는 선택의 여러 정치적·실용적 차원을 설명해주었다. 아마존 안팎의 토착 공동체 성원들은 남달리 너그럽고 나를 환대했다. 애석하게도 이들 민족과 공동체는 정치적 박해를

받는 경우가 있어서 감사는 하되 이름은 밝히지 않겠다.

온타리오: 제프 웰스(보리얼 송버드 이니셔티브), 필 프랠릭(레이크헤드 대학 지질학과)에게 감사한다.

세인트캐서린스 섬: 로이스 헤이스, 크리스타 헤이스, 제니퍼 힐번, 팀 키스루커스, 리사 키스루커스, 존 에번스, 커크 지글러, 켄 스미스, 브랜 포터, 게일 비숍, 마이크 핼더슨, 아일린 새퍼, 아든 존스, 사우스 대학의 섬 생태학 프로그램 학생들, 세인트캐서린스 섬 바다거북 보전 계획 직원과 인턴에게 감사한다.

스코틀랜드: 로라 베일리, 에드워드 베일리, 줄리 프랭클린(헤들랜드 고고학 사), 로드 매컬러(스코틀랜드 역사청), 존 가드너(포스 에너지), 도널드 돌턴, 진 해스컬과 조지 해스컬, 짐 콘월(국립광산박물관)에게 감사한다.

콜로라도 플로리선트: 제프 월린, 허버트 메이어, 알리 바움가르트너(이상 플로리선트 화석층 국립 천연기념지), 토비 웰스에게 감사한다.

콜로라도 덴버: 로리나 라일(프로젝트 웨트), 릭 사전트(사전트 스튜디오스), 맷 본드(덴버 수자원 관리국), 졸런 클라크(그린웨이 재단), 케이시 대븐힐(체리크리크 스튜어드십 파트너스), 신시아 카르바스키, 윌리엄 '팻' 케네디, 존 노빅, 테드 로이(이상 덴버 시청 및 카운티청), 데번 맥그러내헌(노스다코타 주립대학)에게 감사한다.

뉴욕: 헤일리 로빈슨, 워너 왓킨스, 스탠리 버데이, 오펠리아 델 프린시페에게 감사한다.

이스라엘과 서안지구: 조하르 케렘, 제프 카미(이상 예루살렘 히브리

대학), 예루살렘 에케 호모 수녀원의 수녀와 자원봉사자, 프레드 슐롬카, 모하마드 바라캇, 야멘 엘라베드, 브루스 브릴, 야하브 조하르(이상 그린 올리브 여행사), 아디 날리, 이브라힘 주브란, 라히나 가넴(이상 이스라엘 올리브유 협회), 레온 웹스터, 네타 케렌, 아얄라 노이 메이르, 모나임 자샨, 모하메드 알 루치, 아지 바시르, 마제드 마레(이상 3인. 팔레스타인 공정무역 협회), 나세르 아부파라, 마날 압둘라, 모나하드 가남(이상 가나안 공정무역 회사), 맥신 리바이트(미칼 프로덕션스), 아담 아이딩어. 서안의 농부와 관계자는 이름을 밝히지 말아달라고 요청했다. 이스라엘 보안군에서 이름을 알려달라고 요청한 것과 관계가 있는 듯하다(알려주지 않았다). 나를 환대하고 나무 조사를 함께하고 생산적인 대화를 나눈 숙소 주인들에게 감사한다.

워싱턴, 일본 미야지마: 잭 서스틱, 애린 패커드, 에이버리 아나폴, 국립분재박물관, 미국 국립수목원, 펠릭스 롤런(미국 국립분재재단), 브렌트 하인(UBC 식물원 및 식물연구소), 이와오 우에하라(도쿄 농업대학), 톰 크리스천(에든버러 왕립 식물원), 히로미 쓰보타(히로시마 대학), 패런드 블로크(본자이 포커스), 피터 챈(헤런스 본자이), 데릭 스파이서(킬워스 코니퍼스), 리베카 베이츠와 롭 포스터(버리아 대학), 조던 케이시, 미키 나오코, 브루스 테일러에게 감사한다.

참고 문헌

머리말, 삼지닥나무, 단풍나무

Basbanes, N. A. *On Paper: The Everything of Its Two-Thousand-Year History*. New York: Knopf, 2013.

Bierman, C. J. *Handbook of Pulping and Papermaking*, 2nd ed. San Diego: Academic Press, 1996.

Ek, M., G. Gellerstedt, and G. Henricksson, eds. *Pulp and Paper Chemistry and Technology*. Vols. 1–4. Berlin: de Gruyter, 2009.

Food and Agriculture Organization of the United Nations. "Forest Products Statistics." 2015. www.fao.org/forestry/statistics/80938/en/.

Goldstein, R. N. *Plato at the Googleplex: Why Philosophy Won't Go Away*. New York: Pantheon, 2014. 한국어판은 『플라톤, 구글에 가다』(민음사, 2016).

Knight, J. "The Second Life of Trees: Family Forestry in Upland Japan." In *The Social Life of Trees*, edited by Laura Rival, 197–218. Oxford: Berg, 1998.

Lynn, C. D. "Hearth and Campfire Influences on Arterial Blood Pressure: Defraying the Costs of the Social Brain Through Fireside Relaxation." *Evolutionary Psychology* 12, no. 5 (2013): 983–1003.

National Printing Bureau (Japan). "Characteristics of Banknotes." 2015. www.npb.go.jp/en/intro/tokutyou/index.html.

Toale, B. *The Art of Papermaking*. Worcester, MA: Davis, 1983.

Vandenbrink, J. P., J. Z. Kiss, R. Herranz, and F. J. Medina. "Light and Gravity Signals Synergize in Modulating Plant Development." *Frontiers in Plant Science* 5 (2014), doi:10.3389/fpls.2014.00563.

Wiessner, P. W. "Embers of Society: Firelight Talk Among the Ju/'hoansi

Bushmen." *Proceedings of the National Academy of Sciences* 111, no. 39 (2014): 14027–35.

Woo, S., E. A. Lumpkin, and A. Patapoutian. "Merkel Cells and Neurons Keep in Touch." *Trends in Cell Biology* 25, no. 2 (2015): 74–81.

Wordsworth, W. "A Poet! He Hath Put His Heart to School." 1842. Poetry Foundation, www.poetryfoundation.org/poems-and-poets/poems/detail/45541에서 열람 가능. "고인 못" 출처.

———. "The Tables Turned." 1798. Poetry Foundation, www.poetry foundation.org/poems-and-poets/poems/detail/45557에서 열람 가능. "사물들의 아름다운 형상을 ……" 및 "과학과 예술" 출처.

케이폭나무

Araujo, A. "Petroamazonas Perforóel Primer Pozo para Extraer Crudo del ITT." *El Comercio*, March 29, 2016. www.elcomercio.com/actualidad/petroamazonas-perforacion-crudo-yasuniitt.html.

Bass, M. S., M. Finer, C. N. Jenkins, H. Kreft, D. F. Cisneros-Heredia, S. F. McCracken, N. C. A. Pitman, et al. "Global Conservation Significance of Ecuador's YasuníNational Park." *PLoS ONE* 5, no. 1 (2010), doi:10.1371/journal.pone.0008767.

Cerón, C., and C. Montalvo. *Etnobotánica de los Huaorani de Quehueiri-Ono Napo-Ecuador*. Quito: Herbario Alfredo Paredes, Escuela de Biología, Universidad Central del Ecuador, 1998.

Davidson, D. W., S. C. Cook, R. R. Snelling, and T. H. Chua. "Explaining the Abundance of Ants in Lowland Tropical Rainforest Canopies." *Science* 300, no. 5621 (2003): 969–72.

Dillard, A. *Pilgrim at Tinker Creek*. New York: Harper's Magazine Press, 1974. 한국어판은 『자연의 지혜』(민음사, 2007). "들어올려 두들기" 출처.

Finer, M., B. Babbitt, S. Novoa, F. Ferrarese, S. Eugenio Pappalardo, M. De Marchi, M. Saucedo, and A. Kumar. "Future of Oil and Gas Development in the Western Amazon." *Environmental Research Letters* 10, no. 2 (2015), doi:10.1088/1748-9326/10/2/024003.

Goffredi, S. K., G. E. Jang, and M. F. Haroon. "Transcriptomics in the Tropics: Total RNA-Based Profiling of Costa Rican Bromeliad-Associated

Communities." *Computational and Structural Biotechnology Journal* 13 (2015): 18–23.

Gray, C. L., R. E. Bilsborrow, J. L. Bremner, and F. Lu. "Indigenous Land Use in the Ecuadorian Amazon: A Cross-cultural and Multilevel Analysis." *Human Ecology* 36, no. 1 (2008): 97–109.

Hebdon, C., and F. Mezzenzanza. "Sumak Kawsay as 'Already-Developed': A Pastaza Runa Critique of Development." Article draft presented at the Development Studies Association Conference, University of Oxford, September12–14, 2016, Oxford.

Jenkins, C. N., S. L. Pimm, and L. N. Joppa. "Global Patterns of Terrestrial Vertebrate Diversity and Conservation." *Proceedings of the National Academy of Sciences* 110, no. 28 (2013): E2602–10.

Kohn, E. *How Forests Think: Toward an Anthropology Beyond the Human*. Oakland: University of California Press, 2013.

Kursar, T. A., K. G. Dexter, J. Lokvam, R. Toby Pennington, J. E. Richardson, M. G. Weber, E. T. Murakami, C. Drake, R. McGregor, and P. D. Coley. "The Evolution of Antiherbivore Defenses and Their Contribution to Species Coexistence in the Tropical Tree Genus Inga." *Proceedings of the National Academy of Sciences* 106, no. 43 (2009): 18073–78.

Lowman, M. D., and H. B. Rinker, eds. *Forest Canopies*. 2nd ed. Burlington, MA: Elsevier, 2004.

McCracken, S. F. and M. R. J. Forstner. "Oil Road Effects on the Anuran Community of a High Canopy Tank Bromeliad (Aechmea zebrina) in the Upper Amazon Basin, Ecuador." *PLoS ONE* 9, no. 1 (2014), doi:10.1371/journal.pone.0085470.

Mena, V. P., J. R. Stallings, J. B. Regalado, and R. L. Cueva. "The Sustainability of Current Hunting Practices by the Huaorani." In *Hunting for Sustainability in Tropical Forests*, edited by J. Robinson and E. Bennett, 57–78. New York: Columbia University Press, 2000.

Miroff, N. "Commodity Boom Extracting Increasingly Heavy Toll on Amazon Forests." *Guardian Weekly*, January 9, 2015, pages 12–13.

Nebel, G., L. P. Kvist, J. K. Vanclay, H. Christensen, L. Freitas, and J. Ruíz. "Structure and Floristic Composition of Flood Plain Forests in the Peruvian Amazon: I. Overstorey." *Forest Ecology and Management* 150, no. 1 (2001): 27–57.

Rival, L. "Towards an Understanding of the Huaorani Ways of Knowing and Naming Plants." In *Mobility and Migration in Indigenous Amazonia: Contemporary Ethnoecological Perspectives*, edited by Miguel N. Alexiades, 47–68. New York: Berghahn, 2009.

Rival, L. W. *Trekking Through History: The Huaorani of Amazonian Ecuador*. New York: Columbia University Press, 2002.

Sabagh, L. T., R. J. P. Dias, C. W. C. Branco, and C. F. D. Rocha. "New Records of Phoresy and Hyperphoresy Among Treefrogs, Ostracods, and Ciliates in Bromeliad of Atlantic Forest." *Biodiversity and Conservation* 20, no. 8 (2011): 1837–41.

Schultz, T. R., and S. G. Brady. "Major Evolutionary Transitions in Ant Agriculture." *Proceedings of the National Academy of Sciences* 105, no. 14 (2008): 5435–40.

Suárez, E., M. Morales, R. Cueva, V. Utreras Bucheli, G. Zapata-Ríos, E. Toral, J. Torres, W. Prado, and J. Vargas Olalla. "Oil Industry, Wild Meat Trade and Roads: Indirect Effects of Oil Extraction Activities in a Protected Area in North-Eastern Ecuador." *Animal Conservation* 12, no. 4 (2009): 364–73.

Suárez, E., G. Zapata-Ríos, V. Utreras, S. Strindberg, and J. Vargas. "Controlling Access to Oil Roads Protects Forest Cover, but Not Wildlife Communities: A Case Study from the Rainforest of Yasuní Biosphere Reserve (Ecuador)." *Animal Conservation* 16, no. 3 (2013): 265–74.

Thoreau, H. D. Walden. 1854. Digital Thoreau, digitalthoreau.org/fluid-text-toc 에서 열람 가능. 한국어판은 『월든』(현대문학, 2011).

Vidal, J. "Ecuador Rejects Petition to Stop Drilling in National Park." *Guardian Weekly*, 2014-05-16, page 13.

Viteri Gualinga, C. "Visión Indígena del Desarrollo en la Amazonía." *Polis: Revista del Universidad Bolivariano* 3 (2002), doi:10.4000/polis.7678.

Wade, L. "How the Amazon Became a Crucible of Life." *Science*, October 28, 2015. www.sciencemag.org/news/2015/10/feature-how-amazon-became-crucible-life.

Watts, J. "Ecuador Approves Yasuni National Park Oil Drilling in Amazon Rainforest." *Guardian*, August 13, 2013.

An, Y. S., B. Kriengwatana, A. E. Newman, E. A. MacDougall-Shackleton, and S. A. MacDougall-Shackleton. "Social Rank, Neophobia and Observational Learning in Black-capped Chickadees." *Behaviour* 148, no. 1 (2011): 55–69.

Aplin, L. M., D. R. Farine, J. Morand-Ferron, A. Cockburn, A. Thornton, and B. C. Sheldon. "Experimentally Induced Innovations Lead to Persistent Culture via Conformity in Wild Birds." *Nature* 518, no. 7540 (2015): 538–41.

Appel, H. M., and R. B. Cocroft. "Plants Respond to Leaf Vibrations Caused by Insect Herbivore Chewing." *Oecologia* 175, no. 4 (2014): 1257–66.

Averill, C., B. L. Turner, and A. C. Finzi. "Mycorrhiza-Mediated Competition Between Plants and Decomposers Drives Soil Carbon Storage." *Nature* 505, no. 7484 (2014): 543–45.

Awramik, S. M., and E. S. Barghoorn. "The Gunflint Microbiota." *Precambrian Research* 5, no. 2 (1977): 121–42.

Babikova, Z., L. Gilbert, T. J. A. Bruce, M. Birkett, J. C. Caulfield, C. Woodcock, J. A. Pickett, and D. Johnson. "Underground Signals Carried Through Common Mycelial Networks Warn Neighbouring Plants of Aphid Attack." *Ecology Letters* 16, no. 7 (2013): 835–43.

Beauregard, P. B., Y. Chai, H. Vlamakis, R. Losick, and R. Kolter. "Bacillus subtilis Biofilm Induction by Plant Polysaccharides." *Proceedings of the National Academy of Sciences* 110, no. 17 (2013): E1621–30.

Bond-Lamberty, B., S. D. Peckham, D. E. Ahl, and S. T. Gower. "Fire as the Dominant Driver of Central Canadian Boreal Forest Carbon Balance." *Nature* 450, no. 7166 (2007): 89–92.

Bradshaw, C. J. A., and I. G. Warkentin. "Global Estimates of Boreal Forest Carbon Stocks and Flux." *Global and Planetary Change* 128 (2015): 24–30.

Cossins, D. "Plant Talk." *Scientist* 28, no. 1 (2014): 37–43.

Darwin, C. R. *The Power of Movement in Plants*. London: John Murray, 1880.

Food and Agriculture Organization of the United Nations. *Yearbook of Forest Products*. FAO Forestry Series No. 47, Rome, 2014.

Foote, J. R., D. J. Mennill, L. M. Ratcliffe, and S. M. Smith. "Black-capped

Chickadee(*Poecile atricapillus*)." In *The Birds of North America Online*, edited by A. Poole. Ithaca, NY: Cornell Lab of Ornithology, 2010. bna.birds.cornell.edu.bnaproxy.birds.cornell.edu/bna/species/039.

Frederickson, J. K. "Ecological Communities by Design." *Science* 348, no. 6242 (2015): 1425–27.

Ganley, R. J., S. J. Brunsfeld, and G. Newcombe. "A Community of Unknown, Endophytic Fungi in Western White Pine." *Proceedings of the National Academy of Sciences* 101, no. 27 (2004): 10107–12.

Hammerschmidt, K., C. J. Rose, B. Kerr, and P. B. Rainey. "Life Cycles, Fitness Decoupling and the Evolution of Multicellularity." *Nature* 515, no. 7525 (2014): 75–79.

Hansen, M. C., P. V. Potapov, R. Moore, M. Hancher, S. A. Turubanova, A. Tyukavina, D. Thau, et al. "High-Resolution Global Maps of 21st-Century Forest Cover Change." *Science* 342, no. 6160 (2013): 850–53.

Hata, K., and K. Futai. "Variation in Fungal Endophyte Populations in Needles of the Genus Pinus." *Canadian Journal of Botany* 74, no. 1 (1996): 103–14.

Hom, E. F. Y., and A. W. Murray. "Niche Engineering Demonstrates a Latent Capacity for Fungal-Algal Mutualism." *Science* 345, no. 6192 (2014): 94–98.

Hordijk, W. "Autocatalytic Sets: From the Origin of Life to the Economy." *BioScience* 63, no. 11 (2013): 877–81.

Karhu, K., M. D. Auffret, J. A. J. Dungait, D. W. Hopkins, J. I. Prosser, B. K. Singh, J.-A. Subke, et al. "Temperature Sensitivity of Soil Respiration Rates Enhanced by Microbial Community Response." *Nature* 513, no. 7516 (2014): 81–84.

Karzbrun, E., A. M. Tayar, V. Noireaux, and R. H. Bar-Ziv. "Programmable On-Chip DNA Compartments as Artificial Cells." *Science* 345, no. 6198 (2014): 829–32.

Keller, M. A., A. V. Turchyn, and M. Ralser. "Non-enzymatic Glycolysis and Pentose Phosphate Pathwaylike Reactions in a Plausible Archean Ocean." *Molecular Systems Biology* 10, no. 4 (2014), doi:10.1002/msb.20145228.

Knoll, A. H., E. S. Barghoorn, and S. M. Awramik. "New Microorganisms from the Aphebian Gunflint Iron Formation, Ontario." *Journal of Paleontology* 52, no. 5 (1978): 976–92.

Libby, E., and W. C. Ratcliff. "Ratcheting the Evolution of Multicellularity."

Science 346, no. 6208 (2014): 426–27.

Liu, C., T. Liu, F. Yuan, and Y. Gu. "Isolating Endophytic Fungi from Evergreen Plants and Determining Their Antifungal Activities." *African Journal of Microbiology Research* 4, no. 21 (2010): 2243–48.

Lyons, T. W., C. T. Reinhard, and N. J. Planavsky. "The Rise of Oxygen in Earth's Early Ocean and Atmosphere." *Nature* 506, no. 7488 (2014): 307–15.

Molinier, J., G. Ries, C. Zipfel, and B. Hohn. "Transgeneration Memory of Stress in Plants." *Nature* 442, no. 7106 (2006): 1046–49.

Mousavi, S. A. R., A. Chauvin, F. Pascaud, S. Kellenberger, and E. E. Farmer. "Glutamate Receptor-like Genes Mediate Leaf-to-Leaf Wound Signalling." *Nature* 500, no. 7463 (2013): 422–26.

Nelson-Sathi, S., F. L. Sousa, M. Roettger, N. Lozada-Chávez, T. Thiergart, A. Janssen, D. Bryant, et al. "Origins of Major Archaeal Clades Correspond to Gene Acquisitions from Bacteria." *Nature* 517, no. 7532 (2014): 77–80.

Ortiz-Castro, R., C. Díaz-Pérez, M. Martínez-Trujillo, E. Rosa, J. Campos-García, and J. López-Bucio. "Transkingdom Signaling Based on Bacterial Cyclodipeptides with Auxin Activity in Plants." *Proceedings of the National Academy of Sciences* 108, no. 17 (2011): 7253–58.

Pagès, A., K. Grice, M. Vacher, D. T. Welsh, P. R. Teasdale, W. W. Bennett, and P. Greenwood. "Characterizing Microbial Communities and Processes in a Modern Stromatolite (Shark Bay) Using Lipid Biomarkers and Two-Dimensional Distributions of Porewater Solutes." *Environmental Microbiology* 16, no. 8 (2014): 2458–74.

Parniske, M. "Arbuscular Mycorrhiza: The Mother of Plant Root Endosymbioses." *Nature Reviews Microbiology* 6 (2008): 763–75.

Roth, T. C., and V. V. Pravosudov. "Hippocampal Volumes and Neuron Numbers Increase Along a Gradient of Environmental Harshness: A Large-Scale Comparison." *Proceedings of the Royal Society B: Biological Sciences* 276, no. 1656 (2009): 401–5.

Schopf, J. W. "Solution to Darwin's Dilemma: Discovery of the Missing Precambrian Record of Life." *Proceedings of the National Academy of Sciences* 97, no. 13 (2000): 6947–53.

Song, Y. Y., R. S. Zeng, J. F. Xu, J. Li, X. Shen, and W. G. Yihdego. "Interplant Communication of Tomato Plants Through Underground Common

Mycorrhizal Networks." *PLoS ONE* 5, no. 10 (2010): e13324.

Stal, L. J. "Cyanobacterial Mats and Stromatolites." In *Ecology of Cyanobacteria* II, edited by B. A. Whitton, 61–120. Dordrecht, Netherlands: Springer, 2012.

Tedersoo, L., T. W. May, and M. E. Smith. "Ectomycorrhizal Lifestyle in Fungi: Global Diversity, Distribution, and Evolution of Phylogenetic Lineages." *Mycorrhiza* 20, no. 4 (2010): 217–63.

Templeton, C. N., and E. Greene. "Nuthatches Eavesdrop on Variations in Heterospecific Chickadee Mobbing Alarm Calls." *Proceedings of the National Academy of Sciences* 104, no. 13 (2007): 5479–82.

Trewavas, A. *Plant Behaviour and Intelligence*. Oxford: Oxford University Press, 2014.

———. "What Is Plant Behaviour?" *Plant, Cell & Environment* 32, no. 6 (2009): 606–16.

Vaidya, N., M. L. Manapat, I. A. Chen, R. Xulvi-Brunet, E. J. Hayden, and N. Lehman. "Spontaneous Network Formation Among Cooperative RNA Replicators." *Nature* 491, no. 7422 (2012): 72–77.

Wacey, D., N. McLoughlin, M. R. Kilburn, M. Saunders, J. B. Cliff, C. Kong, M. E. Barley, and M. D. Brasier. "Nanoscale Analysis of Pyritized Microfossils Reveals Differential Heterotrophic Consumption in the ~1.9-Ga Gunflint Chert." *Proceedings of the National Academy of Sciences* 110, no. 20 (2013): 8020–24.

Woolf, V. *A Room of One's Own*. London: Hogarth Press, 1929. 한국어판은 『자기만의 방』(민음사, 2016).

사발야자나무

Amin, S. A., L. R. Hmelo, H. M. van Tol, B. P. Durham, L. T. Carlson, K. R. Heal, R. L. Morales, et al. "Interaction and Signaling Between a Cosmopolitan Phytoplankton and Associated Bacteria." *Nature* 522, no. 7554 (2015): 98–101.

Anelay, J. 2014. Written Answers: Mediterranean Sea. October 15, 2014. *Hansard Parliamentary Debates*, Lords, vol. 756, part 39, col. WA41. "우리는 지중해에서의 조직적 수색과 구조를 ……" 출처.

Böhm, E., J. Lippold, M. Gutjahr, M. Frank, P. Blaser, B. Antz, J. Fohlmeister, N. Frank, M. B. Andersen, and M. Deininger. "Strong and Deep Atlantic Meridional Overturning Circulation During the Last Glacial Cycle." *Nature* 517, no. 7532 (2015): 73–76.

Boyce, D. G., M. R. Lewis, and B. Worm. "Global Phytoplankton Decline over the Past Century." *Nature* 466, no. 7306 (2010): 591–96.

Buckley, F. "Thoreau and the Irish." *New England Quarterly* 13, no. 3 (September 1, 1940): 389–400.

Chen, X., and K.-K. Tung. "Varying Planetary Heat Sink Led to Global-Warming Slowdown and Acceleration." *Science* 345, no. 6199 (2014): 897–903.

Cózar, A., F. Echevarría, J. I. González-Gordillo, X. Irigoien, B. Úbeda, S. Hernández-León, Á. T. Palma, et al. "Plastic Debris in the Open Ocean." *Proceedings of the National Academy of Sciences* 111, no. 28 (2014): 10239–44.

Desantis, L. R. G., S. Bhotika, K. Williams, and F. E. Putz. "Sea-Level Rise and Drought Interactions Accelerate Forest Decline on the Gulf Coast of Florida, USA." *Global Change Biology* 13, no. 11 (2007): 2349–60.

Gemenne, F. "Why the Numbers Don't Add Up: A Review of Estimates and Predictions of People Displaced by Environmental Changes." *Global Environmental Change* 21 (2011): S41–49.

Gráda, C. O. "A Note on Nineteenth-Century Irish Emigration Statistics." *Population Studies* 29, no. 1 (1975): 143–49.

Hay, C. C., E. Morrow, R. E. Kopp, and J. X. Mitrovica. "Probabilistic Reanalysis of Twentieth-Century Sea-Level Rise." *Nature* 517, no. 7535 (2015): 481–84.

Holbrook, N. M., and T. R. Sinclair. "Water Balance in the Arborescent Palm, Sabal palmetto. I. Stem Structure, Tissue Water Release Properties and Leaf Epidermal Conductance." *Plant, Cell & Environment* 15, no. 4 (1992): 393–99.

———. "Water Balance in the Arborescent Palm, Sabal palmetto . II. Transpiration and Stem Water Storage." *Plant, Cell & Environment* 15, no. 4 (1992): 401–9.

Jambeck, J. R., R. Geyer, C. Wilcox, T. R. Siegler, M. Perryman, A. Andrady, R. Narayan, and K. L. Law. "Plastic Waste Inputs from Land into the Ocean."

Science 347, no. 6223 (2015): 768–71.

Joughin, I., B. E. Smith, and B. Medley. "Marine Ice Sheet Collapse Potentially Under Way for the Thwaites Glacier Basin, West Antarctica." *Science* 344, no. 6185 (2014): 735–38.

Lee, D. S. "Floridian Herpetofauna Associated with Cabbage Palms." *Herpetologica* 25 (1969): 70–71.

Limardo, A. J., and A. Z. Worden. "Microbiology: Exclusive Networks in the Sea." *Nature* 522, no. 7554 (2015): 36–37.

Mansfield, K. L., J. Wyneken, W. P. Porter, and J. Luo. "First Satellite Tracks of Neonate Sea Turtles Redefine the 'Lost Years' Oceanic Niche." *Proceedings of the Royal Society B: Biological Sciences* 281, no. 1781 (2014), doi:10.1098/rspb.2013.3039.

Maranger, R., and D. F. Bird. "Viral Abundance in Aquatic Systems: A Comparison Between Marine and Fresh Waters." *Marine Ecology Progress Series* 121 (1995): 217–26.

McPherson, K., and K. Williams. "Establishment Growth of Cabbage Palm, Sabal palmetto(*Arecaceae*)." *American Journal of Botany* 83, no. 12 (1996): 1566–70.

———. "The Role of Carbohydrate Reserves in the Growth, Resilience, and Persistence of Cabbage Palm Seedlings(*Sabal palmetto*)." *Oecologia* 117, no. 4 (1998): 460–68.

Meyer, B. K., G. A. Bishop, and R. K. Vance. "An Evaluation of Shoreline Dynamics at St. Catherine's Island, Georgia (1859–2009) Utilizing the Digital Shoreline Analysis System (USGS)." *Geological Society of America Abstracts with Programs* 43, no. 2 (2011): 68.

Morris, J. J., R. E. Lenski, and E. R. Zinser. "The Black Queen Hypothesis: Evolution of Dependencies Through Adaptive Gene Loss." *Mbio* 3, no. 2 (2012), doi:10.1128/mBio.00036-12.

National Park Service. "Cape Cod National Seashore: Shipwrecks." N.d. www.nps.gov/caco/learn/historyculture/shipwrecks.htm(2015년 5월 7일 접속).

Nicholls, R. J., N. Marinova, J. A. Lowe, S. Brown, P. Vellinga, D. De Gusmao, J. Hinkel, and R. S. J. Tol. "Sea-Level Rise and Its Possible Impacts Given a 'Beyond 4 C World' in the Twenty-first Century." *Philosophical Transactions of the Royal Society A: Mathematical, Physical and Engineering Sciences* 369, no. 1934 (2011): 161–81.

Nuwer, R. "Plastic on Ice." *Scientific American* 311, no. 3 (2014): 25.

Osborn, A. M., and S. Stojkovic. "Marine Microbes in the Plastic Age." *Microbiology Australia* 35, no. 4 (2014): 207–10.

Paolo, F. S., H. A. Fricker, and L. Padman. "Volume Loss from Antarctic Ice Is Accelerating." *Science* 348 (2015): 327–31.

Perry, L., and K. Williams. "Effects of Salinity and Flooding on Seedlings of Cabbage Palm(*Sabal palmetto*)." *Oecologia* 105, no. 4 (1996): 428–34.

Reisser, J., B. Slat, K. Noble, K. du Plessis, M. Epp, M. Proietti, J. de Sonneville, T. Becker, and C. Pattiaratchi. "The Vertical Distribution of Buoyant Plastics at Sea: An Observational Study in the North Atlantic Gyre." *Biogeosciences* 12, no. 4 (2015): 1249–56.

Rohling, E. J., G. L. Foster, K. M. Grant, G. Marino, A. P. Roberts, M. E. Tamisiea, and F. Williams. "Sea-Level and Deep-Sea-Temperature Variability over the Past 5.3 Million Years." *Nature* 508, no. 7497 (2014): 477–82.

Swan, B. K., B. Tupper, A. Sczyrba, F. M. Lauro, M. Martinez-Garcia, J. M. González, H. Luo, et al. "Prevalent Genome Streamlining and Latitudinal Divergence of Planktonic Bacteria in the Surface Ocean." *Proceedings of the National Academy of Sciences* 110, no. 28 (2013): 11463–68.

Thomas, D. H., C. F. T. Andrus, G. A. Bishop, E. Blair, D. B. Blanton, D. E. Crowe, C. B. DePratter, et al. "Native American Landscapes of St. Catherines Island, Georgia." *Anthropological Papers of the American Museum of Natural History*, no. 88 (2008).

Thoreau, H. D. *Cape Cod*. Boston: Ticknor and Fields, 1865. "인간 기술의 쓰레기와 ……", "경외심이나 동정심에 ……", 해변 목록 출처.

Tomlinson P. B. "The Uniqueness of Palms." *Botanical Journal of the Linnean Society* 151 (2006): 5–14.

Tomlinson, P. B., J. W. Horn, and J. B. Fisher. *The Anatomy of Palms*. Oxford: Oxford University Press, 2011.

U.S. Department of Defense. *FY 2014 Climate Change Adaptation Roadmap*. Alexandria, VA: Office of the Deputy Undersecretary of Defense for Installations and Environment, 2014.

Woodruff, J. D., J. L. Irish, and S. J. Camargo. "Coastal Flooding by Tropical Cyclones and Sea-Level Rise." *Nature* 504, no. 7478 (2013): 44–52.

Wright, S. L., D. Rowe, R. C. Thompson, and T. S. Galloway. "Microplastic Ingestion Decreases Energy Reserves in Marine Worms." *Current Biology* 23, no. 23 (2013): R1031–33.

Zettler, E. R., T. J. Mincer, and L. A. Amaral-Zettler. "Life in the 'Plastisphere': Microbial Communities on Plastic Marine Debris." *Environmental Science & Technology* 47, no. 13 (2013): 7137–46.

Zona, S. "A Monograph of Sabal (Arecaceae: Coryphoideae)." *Aliso* 12, no. 4 (1990): 583–666.

붉은물푸레나무

Allender, M. C., D. B. Raudabaugh, F. H. Gleason, and A. N. Miller. "The Natural History, Ecology, and Epidemiology of *Ophidiomyces ophiodiicola* and Its Potential Impact on Free-Ranging Snake Populations." *Fungal Ecology* 17 (2015): 187–96.

Chambers, J. Q., N. Higuchi, J. P. Schimel, L. V. Ferreira, and J. M. Melack. "Decomposition and Carbon Cycling of Dead Trees in Tropical Forests of the Central Amazon." *Oecologia* 122, no. 3 (2000): 380–88.

Gerdeman, B. S., and G. Rufino. "Heterozerconidae: A Comparison Between a Temperate and a Tropical Species." In *Trends in Acarology, Proceedings of the 12th International Congress*, edited by M. W. Sabelis and J. Bruin, 93–96. Dordrecht, Netherlands: Springer, 2011.

Hérault, B., J. Beauchêne, F. Muller, F. Wagner, C. Baraloto, L. Blanc, and J. Martin. "Modeling Decay Rates of Dead Wood in a Neotropical Forest." *Oecologia* 164, no. 1 (2010): 243–51.

Hulcr, J., N. R. Rountree, S. E. Diamond, L. L. Stelinski, N. Fierer, and R. R. Dunn. "Mycangia of Ambrosia Beetles Host Communities of Bacteria." *Microbial Ecology* 64, no. 3 (2012): 784–93.

Pan, Y., R. A. Birdsey, J. Fang, R. Houghton, P. E. Kauppi, W. A. Kurz, O. L. Phillips, et al. "A Large and Persistent Carbon Sink in the World's Forests." *Science* 333, no. 6045 (2011): 988–93.

Rodrigues, R. R., R. P. Pineda, J. N. Barney, E. T. Nilsen, J. E. Barrett, and M. A. Williams. "Plant Invasions Associated with Change in Root-Zone Microbial Community Structure and Diversity." *PLoS ONE* 10, no. 10 (2015): e0141424.

Vandenbrink, J. P., J. Z. Kiss, R. Herranz, and F. J. Medina. "Light and Gravity Signals Synergize in Modulating Plant Development." *Frontiers in Plant Science* 5 (2014), doi:10.3389/fpls.2014.00563.

개암나무

BBC Radio 4. Interviews of Dorothy Thompson, CEO Drax Group, and Harry Huyton, Head of Climate Change Policy and Campaigns, RSPB. *Today*, July 24, 2014.

Birks, H. J. B. "Holocene Isochrone Maps and Patterns of Tree-Spreading in the British Isles." *Journal of Biogeography* 16, no. 6 (1989): 503–40.

Bishop, R. R., M. J. Church, and P. A. Rowley-Conwy. "Firewood, Food and Human Niche Construction: The Potential Role of Mesolithic Hunter-Gatherers in Actively Structuring Scotland's Woodlands." *Quaternary Science Reviews* 108 (2015): 51–75.

Carlyle, T. *Historical Sketches of Notable Persons and Events in the Reigns of James I and Charles I*. London: Chapman and Hall, 1898.

Carrell, S. "Longannet Power Station to Close Next Year." *Guardian*, March 23, 2015.

Climate Change (Scotland) Act 2009. www.legislation.gov.uk/asp/2009/12/contents (2015년 6월 1일 접속).

Dinnis, R., and C. Stringer. *Britain: One Million Years of the Human Story*. London: Natural History Museum Publications, 2014.

Edwards, K. J., and I. Ralston. "Postglacial Hunter-Gatherers and Vegetational History in Scotland." *Proceedings of the Society of Antiquaries of Scotland* 114 (1984): 15–34.

Evans, J. M., R. J. Fletcher Jr., J. R. R. Alavalapati, A. L. Smith, D. Geller, P. Lal, D. Vasudev, M. Acevedo, J. Calabria, and T. Upadhyay. *Forestry Bioenergy in the Southeast United States: Implications for Wildlife Habitat and Biodiversity*. Merrifield, VA: National Wildlife Federation, 2013.

Finsinger, W., W. Tinner, W. O. Van der Knaap, and B. Ammann. "The Expansion of Hazel(*Corylus avellana* L.) in the Southern Alps: A Key for Understanding Its Early Holocene History in Europe?" *Quaternary Science Reviews* 25, no. 5 (2006): 612–31.

Fodor, E. "Linking Biodiversity to Mutualistic Networks: Woody Species and Ectomycorrhizal Fungi." *Annals of Forest Research* 56 (2012): 53–78.

Furniture Industry Research Association. "Biomass Subsidies and Their Impact on the British Furniture Industry." Stevenage, UK, 2011.

Glasgow Herald. "Scots Pit Props: Developing a Rural Industry," January 8, 1938, page 3.

Mather, A. S. "Forest Transition Theory and the Reforesting of Scotland." *Scottish Geographical Magazine* 120, no. 1–2 (2004): 83–98.

Meyfroidt, P., T. K. Rudel, and E. F. Lambin. "Forest Transitions, Trade, and the Global Displacement of Land Use." *Proceedings of the National Academy of Sciences* 107, no. 49 (2010): 20917–22.

Palmé, A. E., and G. C. Vendramin. "Chloroplast DNA Variation, Postglacial Recolonization and Hybridization in Hazel, Corylus avellana." *Molecular Ecology* 11 (2002): 1769–79.

Regnell, M. "Plant Subsistence and Environment at the Mesolithic Site Tågerup, Southern Sweden: New Insights on the 'Nut Age.'" *Vegetation History and Archaeobotany* 21 (2012): 1–16.

Robertson, A., J. Lochrie, and S. Timpany. "Built to Last: Mesolithic and Neolithic Settlement at Two Sites Beside the Forth Estuary, Scotland." *Proceedings of the Society of Antiquaries of Scotland* 143 (2013): 1–64.

Schoch, W., I. Heller, F. H. Schweingruber, and F. Kienast. "Wood Anatomy of Central European Species." 2004. www.woodanatomy.ch.

Scott, W. *The Abbot*. Edinburgh: Longman, 1820.

Scottish Government. "High Level Summary of Statistics Trend Last Update: Renewable Energy". December 18, 2014. www.gov.scot/Topics/Statistics/Browse/Business/TrenRenEnergy.

Scottish Mining. "Accidents and Disasters." www.scottishmining.co.uk/5.html.

Soden, L. 2012. Landscape Management Plan . Rosyth, UK: Forth Crossing Bridge Constructors, 2012. www.transport.gov.scot/system/files/documents/tsc-basic-pages/10%20REP-00028-01%20Landscape%20Management%20Plan%20%28EM%20update%20for%20website%29.pdf.

Stephenson, A. L., and D. J. C. MacKay. *Life Cycle Impacts of Biomass Electricity in 2020: Scenarios for Assessing the Greenhouse Gas Impacts and Energy Input Requirements of Using North American Woody Biomass for Electricity*

Generation in the UK. London: United Kingdom Department of Energy and Climate Change, 2014.

Stevenson, R. L. *Kidnapped*. New York and London: Harper, 1886.

"The Supply of Pitwood." *Nature* 94 (1914): 393–95.

Tallantire, P. A. "The Early-Holocene Spread of Hazel(*Corylus avellana* L.) in Europe North and West of the Alps: An Ecological Hypothesis." *Holocene* 12 (2002): 81–96.

Ter-Mikaelian, M. T., S. J. Colombo, and J. Chen. "The Burning Question: Does Forest Bioenergy Reduce Carbon Emissions? A Review of Common Misconceptions About Forest Carbon Accounting." *Journal of Forestry* 113, no. 1 (2015): 57–68.

United Kingdom. *Electricity, England and Wales: Renewables Obligation Order 2009*. Statutory Instrument 2009/785, March 24, 2009.

———. Office of Gas and Electricity Markets. "Renewables Obligation (RO) Annual Report 2013–14." February 16, 2015. www.ofgem.gov.uk//publications-and-updates/renewables-obligation-ro-annual-report-2013-14.

U.S. Energy Information Administration. *International Energy Statistics*. Washington, DC: U.S. Department of Energy, 2015. www.eia.gov/beta/international/.

U.S. Environmental Protection Agency. *Framework for Assessing Biogenic CO2 Emissions from Stationary Sources*. Washington, DC: Office of Air and Radiation, Office of Atmospheric Programs, Climate Change Division, 2014.

West Fife Council. 1994. "Kingdom of Fife Mining Industry Memorial Book." www.fifepits.co.uk/starter/m-book.htm/.

Warrick, J. 2015. "How Europe's Climate Policies Led to More U.S. Trees Being Cut Down." *Washington Post*, June 2, 2105. wpo.st/bARK0.

레드우드와 폰데로사소나무

Allen, C. D., A. K. Macalady, H. Chenchouni, D. Bachelet, N. McDowell, M. Vennetier, T. Kitzberger, et al. "A Global Overview of Drought and Heat-Induced Tree Mortality Reveals Emerging Climate Change Risks for

Forests." *Forest Ecology and Management* 259, no. 4 (2010): 660–84.

Baker, J. A. *The Peregrine*. London: Collins, 1967.

Bannan, M. W. "The Length, Tangential Diameter, and Length/Width Ratio of Conifer Tracheids." *Canadian Journal of Botany* 43, no. 8 (1965): 967–84.

Bijl, P. K., A. J. P. Houben, S. Schouten, S. M. Bohaty, A. Sluijs, G.-J. Reichart, J. S. Sinninghe Damsté, and H. Brinkhuis. "Transient Middle Eocene Atmospheric CO2 and Temperature Variations." *Science* 330, no. 6005 (2010), doi:10.1126/science.1193654.

Borsa, A. A., D. C. Agnew, and D. R. Cayan. "Ongoing Drought-Induced Uplift in the Western United States." *Science* 345, no. 6204 (2014), doi:10.1126/science.1260279.

Callaham, R. Z. "*Pinus ponderosa*: Geographic Races and Subspecies Based on Morphological Variation." Research Paper PSW-RP-265, U.S. Department of Agriculture, Forest Service, Pacific Southwest Research Station, Albany, CA, 2013.

Carswell, C. "Don't Blame the Beetles." *Science* 346, no. 6206 (2014), doi:10.1126/science.346.6206.154.

Chapman, S. S., G. E. Griffith, J. M. Omernik, A. B. Price, J. Freeouf, and D. L. Schrupp. Ecoregions of Colorado. Reston, VA: U.S. *Geological Survey*, 2006.

DeConto, R. M., and D. Pollard. "Rapid Cenozoic Glaciation of Antarctica Induced by Declining Atmospheric CO2." *Nature* 421, no. 6920 (2003): 245–49.

Domec, J. C., J. M. Warren, F. C. Meinzer, J. R. Brooks, and R. Coulombe. "Native Root Xylem Embolism and Stomatal Closure in Stands of Douglas-Fir and Ponderosa Pine: Mitigation by Hydraulic Redistribution." *Oecologia* 141, no. 1 (2004): 7–16.

Editorial Board. "Congress Should Give the Government More Money for Wildfires." *New York Times*, September 28, 2015. www.nytimes.com/2015/09/28/opinion/congress-should-give-the-governmentmore-money-for-wildfires.html.

Evanoff, E., K. M. Gregory-Wodzicki, and K. R. Johnson, eds. *Fossil Flora and Stratigraphy of the Florissant Formation, Colorado*. Denver: Denver Museum of Nature and Science, 2011.

Feynman, R. *The Character of Physical Law*. Cambridge: MIT Press, 1967. 한국어판은 『물리법칙의 특성』(해나무, 2016). "자연이 단순성을 가지고 있고"와

"가장 심원한 아름다움" 출처.

Frost, R. "The Sound of Trees." *The Poetry of Robert Frost: The Collected Poems, Complete and Unabridged*. New York: Holt, 2002. "리듬과 안정을 ……" 출처.

Ganey, J. L., and S. C. Vojta. "Tree Mortality in Drought-Stressed Mixed-Conifer and Ponderosa Pine Forests, Arizona, USA." *Forest Ecology and Management* 261, no. 1 (2011): 162-68.

Hume, D. *Four Dissertations*. IV. Of the Standard of Taste. 1757. www.davidhume.org/texts/fd.html에서 열람 가능. "아름다움은 그 자체로는 ……"과 "섬세한 감정과 ……" 출처.

Kawabata, Y. *Snow Country*. Translated by E. G. Seidensticker. New York: A. A. Knopf, 1956. 한국어판은 『설국』(민음사, 2007).

Keegan, K. M., M. R. Albert, J. R. McConnell, and I. Baker. "Climate Change and Forest Fires Synergistically Drive Widespread Melt Events of the Greenland Ice Sheet." *Proceedings of the National Academy of Sciences* 111, no. 22 (2014), doi:10.1073/pnas.1405397111.

Keller, L., and M. G. Surette. "Communication in Bacteria: An Ecological and Evolutionary Perspective." *Nature Reviews Microbiology* 4, no. 4 (2006): 249-58.

Kikuta, S. B., M. A. Lo Gullo, A. Nardini, H. Richter, and S. Salleo. "Ultrasound Acoustic Emissions from Dehydrating Leaves of Deciduous and Evergreen Trees." *Plant, Cell & Environment* 20, no. 11 (1997): 1381-90.

Laschimke, R., M. Burger, and H. Vallen. "Acoustic Emission Analysis and Experiments with Physical Model Systems Reveal a Peculiar Nature of the Xylem Tension." *Journal of Plant Physiology* 163, no. 10 (2006): 996-1007.

Maherali, H., and E. H. DeLucia. "Xylem Conductivity and Vulnerability to Cavitation of Ponderosa Pine Growing in Contrasting Climates." *Tree Physiology* 20, no. 13 (2000): 859-67.

Maxbauer, D. P., D. L. Royer, and B. A. LePage. "High Arctic Forests During the Middle Eocene Supported by Moderate Levels of Atmospheric CO2." *Geology* 42, no. 12 (2014): 1027-30.

Meko, D. M., C. A. Woodhouse, C. A. Baisan, T. Knight, J. J. Lukas, M. K. Hughes, and M. W. Salzer. "Medieval Drought in the Upper Colorado River Basin." *Geophysical Research Letters* 34, no. 10 (2007), doi:10.1029/2007GL029988.

Meyer, H. W. *The Fossils of Florissant*. Washington, DC: Smithsonian Books, 2003.

Monson, R. K., and M. C. Grant. "Experimental Studies of Ponderosa Pine. III. Differences in Photosynthesis, Stomatal Conductance, and Water-Use Efficiency Between Two Genetic Lines." *American Journal of Botany* 76, no. 7 (1989): 1041–47.

Moritz, M. A., E. Batllori, R. A. Bradstock, A. M. Gill, J. Handmer, P. F. Hessburg, J. Leonard, et al. "Learning to Coexist with Wildfire." *Nature* 515, no. 7525 (2014), doi:10.1038/nature13946.

Muir, J. *The Mountains of California*. New York: Century Company, 1894. "최상의 음악 …… 허밍" 출처.

Murdoch, I. *The Sovereignty of Good*. London: Routledge, 1970. "탈아"와 "틀림없이 ……" 출처.

Oliver, W. W., and R. A. Ryker. "Ponderosa Pine." In *Silvics of North America*, edited by R. M. Burns and B. H. Honkala. Agriculture Handbook 654. U.S. Department of Agriculture, Forest Service, Washington,

DC, 1990. www.na.fs.fed.us/spfo/pubs/silvics_manual/Volume_1/pinus/ponderosa.htm.

Pais, A., M. Jacob, D. I. Olive, and M. F. Atiyah. *Paul Dirac: The Man and His Work*. Cambridge, UK: Cambridge University Press, 1998. "방정식에서 ……" 출처.

Pierce, J. L., G. A. Meyer, and A. J. T. Jull. "Fire-Induced Erosion and Millennial-Scale Climate Change in Northern Ponderosa Pine Forests." *Nature* 432, no. 7013 (2004), doi:10.1038/nature03058.

Pross, J., L. Contreras, P. K. Bijl, D. R. Greenwood, S. M. Bohaty, S. Schouten, J. A. Bendle, et al. "Persistent Near-Tropical Warmth on the Antarctic Continent During the Early Eocene Epoch." *Nature* 488, no. 7409 (2012), doi:10.1038/nature11300.

Ryan, M. G., B. J. Bond, B. E. Law, R. M. Hubbard, D. Woodruff, E. Cienciala, and J. Kucera. "Transpiration and Whole-Tree Conductance in Ponderosa Pine Trees of Different Heights." *Oecologia* 124, no. 4 (2000): 553–60.

Shen, F., Y. Wang, Y. Cheng, and L. Zhang. "Three Types of Cavitation Caused by Air Seeding." *Tree Physiology* 32, no. 11 (2012): 1413–19.

Svensen, H., S. Planke, A. Malthe-Sørenssen, B. Jamtveit, R. Myklebust, T. R. Eidem, and S. S. Rey. "Release of Methane from a Volcanic Basin as a Mechanism for Initial Eocene Global Warming." *Nature* 429, no. 6991 (2004), doi:10.1038/nature02566.

Underwood, E. "Models Predict Longer, Deeper U.S. Droughts." *Science* 347, no. 6223 (2015), doi:10.1126/science.347.6223.707. "짧아 보일" 출처.

van Riper III, C., J. R. Hatten, J. T. Giermakowski, D. Mattson, J. A. Holmes, M. J. Johnson, E. M. Nowak, et al. "Projecting Climate Effects on Birds and Reptiles of the Southwestern United States." *U.S. Geological Survey Open-File Report* 2014-1050, 2014, doi:10.3133/ofr20141050.

Warren, J. M., J. R. Brooks, F. C. Meinzer, and J. L. Eberhart. "Hydraulic Redistribution of Water from Pinus ponderosa Trees to Seedlings: Evidence for an Ectomycorrhizal Pathway." *New Phytologist* 178, no. 2 (2008): 382-94.

Weed, A. S., M. P. Ayres, and J. A. Hicke. "Consequences of Climate Change for Biotic Disturbances in North American Forests." *Ecological Monographs* 83, no. 4 (2013): 441-70.

Westerling, A. L., H. G. Hidalgo, D. R. Cayan, and T. W. Swetnam. "Warming and Earlier Spring Increase Western US Forest Wildfire Activity." *Science* 313, no. 5789 (2006): 940-43.

Zachos, J., M. Pagani, L. Sloan, E. Thomas, and K. Billups. "Trends, Rhythms, and Aberrations in Global Climate 65 Ma to Present." *Science* 292, no. 5517 (2001): 686-93.

Zhang, Y. G., M. Pagani, Z. Liu, S. M. Bohaty, and R. DeConto. (2013). "A 40-Million-Year History of Atmospheric CO2." *Philosophical Transactions of the Royal Society A: Mathematical, Physical and Engineering Sciences* 371, no. 2001 (2013), doi:10.1098/rsta.2013.0096.

미루나무

Barbaccia, T. G. "A Benchmark for Snow and Ice Management in the Mile High City." *Equipment World's Better Roads*, August 25, 2010. www.equipmentworld.com/a-benchmark-for-snow-and-ice-management-in-the-mile-high-city/.

Belk, J. 2003. "Big Sky, Open Arms." *New York Times*, June 22, 2003. www.nytimes.com/2003/06/22/travel/big-sky-open-arms.html. "오클랜드 출신의 ……" 출처

Blasius, B. J., and R. W. Merritt. "Field and Laboratory Investigations on the Effects of Road Salt(NaCl) on Stream Macroinvertebrate Communities." *Environmental Pollution* 120, no. 2 (2002): 219–31.

Clancy, K. B. H., R. G. Nelson, J. N. Rutherford, and K. Hinde. "Survey of Academic Field Experiences(SAFE): Trainees Report Harassment and Assault." *PLoS ONE* 9, no. 7 (July 16, 2014, doi:10.1371/journal.pone.0102172. "적대적인 현장 환경" 출처.

Coates, T. *Between the World and Me*. New York: Spiegel & Grau, 2015. 한국어판은 『세상과 나 사이』(열린책들, 2016). "가톨릭교도, 코르시카인 ……" 출처.

Conathan, L., ed. "Arapaho text corpus." *Endangered Language Archive*, 2006. elar.soas.ac.uk/deposit/0083.

Davidson, J. "Former Legislator Joe Shoemaker Led Cleanup of the S. Platte River." *Denver Post*, August16, 2012. www.denverpost.com/ci_21323273/former-legislator-joe-shoemaker-led-cleanup-s-platte.

Dillard, A. "Innocence in the Galapagos." *Harper's*, May 1975. "원초적인 무지함"과 "태초의 동물들이 ……" 출처.

Finney, C. *Black Faces, White Spaces: Reimagining the Relationship of African Americans to the Great Outdoors*. Chapel Hill: University of North Carolina Press, 2014. "두려움의 지리" 출처.

Greenway Foundation. *The River South Greenway Master Plan*. Greenwood Village, CO: Greenway Foundation, 2010. www.thegreenwayfoundation.org/uploads/01-03-09/5/39157543/riso.pdf.

———. *The Greenway Foundation Annual Report*. Denver, CO: Greenway Foundation, April 2012. www.thegreenwayfoundation.org/uploads/01-03-09/5/39157543/2012_greenway_current.pdf.

Gwaltney, B. Interviewed in "James Mills on African Americans and National Parks." *To the Best of Our Knowledge*, August 29, 2010. www.ttbook.org/book/james-mills-african-americans-and-national-parks. "숲에는 나무가 많고 ……" 출처.

Jefferson, T. "Notes on the State of Virginia." 1787. Yale University Avalon Project에서 열람 가능. avalon.law.yale.edu/18th_century/jeffvir.asp. "대도시의 군중이 ……"와 "농부" 출처.

Kranjcec, J., J. M. Mahoney, and S. B. Rood. "The Responses of Three Riparian Cottonwood Species to Water Table Decline." *Forest Ecology and*

Management 110, no. 1 (1998): 77–87.

Lanham, J. D. "9 Rules for the Black Birdwatcher." *Orion* 32, no. 6 (November 1, 2013): 7. "후드 티를 입고 ……" 출처.

Leopold, A. "The Last Stand of the Wilderness." *American Forests and Forest Life* 31, no. 382 (October 1925): 599–604. "격리하고 …… 공급" 출처.

———. *A Sand County Almanac, and Sketches Here and There*. Oxford: Oxford University Press, 1949. 한국어판은 『모래 군의 열두 달』(따님, 2006). "토양, 물 ……"과 "인간이 야기한 변화는 ……" 출처.

Limerick, P. N. *A Ditch in Time: The City, the West, and Water*. Golden, CO: Fulcrum, 2012. "사철 밝은"과 "상쾌하고 건강에 좋은" 출처.

Louv. R. *Last Child in the Woods*. Chapel Hill, NC: Algonquin, 2005. 한국어판은 『자연에서 멀어진 아이들』(즐거운상상, 2017). "자연결핍장애" 출처.

Marotti, A. "Denver's Camping Ban: Survey Says Police Don't Help Homeless Enough." *Denver Post*, June 26, 2013. www.denverpost.com/politics/ci_23539228/denvers-camping-ban-survey-says-police-donthelp.

Meinhardt, K. A., and C. A. Gehring. "Disrupting Mycorrhizal Mutualisms: A Potential Mechanism by Which Exotic Tamarisk Outcompetes Native Cottonwoods." *Ecological Applications* 22, no. 2 (2012): 532–49.

Merchant, C. "Shades of Darkness: Race and Environmental History." *Environmental History* 8, no. 3 (2003): 380–94.

Mills, J. E. *The Adventure Gap*. Seattle, WA: Mountaineers Books, 2014. "사회적 기억에 ……" 출처.

Muir, J. *A Thousand-Mile Walk to the Gulf*. Boston: Houghton, 1916. "흑인 삼보와 샐리 ……" 출처.

———. *My First Summer in the Sierra*. Boston: Houghton, 1917. "검은 눈 ……"과 "이 말끔한 황야에서 ……" 출처.

———. *Steep Trails*. Boston: Houghton, 1918. "빛나는 강물에 ……", "도시의 마지막 찌든 때", "용감하고 남자답고 …… 복잡한 도시", "우둔한 도시의 ……", "흰 산이 ……" 출처.

Negro Motorist Green Book. New York: Green, 1949.

Online Etymology Dictionary. "Ecology." www.etymonline.com/index.php?term=ecology.

Pinchot, G. *The Training of a Forester*. Philadelphia: Lippincott, 1914. "소나무, 솔송나무, …… 정해진 지역에서" 출처.

Revised Municipal Code of the City and County of Denver, Colorado. Chapter 38: Offenses, Miscellaneous Provisions, Article IV: Offenses Against Public Order and Safety, July 21, 2015. municode.com/library/co/denver/codes/code_of_ordinances?nodeId-TITIIREMUCO_CH38OFMIPR_ARTIVOFAGPUORSA.

Roden, J. S., and R. W. Pearcy. "Effect of Leaf Flutter on the Light Environment of Poplars." *Oecologia* 93 (1993): 201-7.

Royal Society for the Protection of Birds. "Giving Nature a Home." www.rspb.org.uk (2016년 7월 28일 접속).

Scott, M. L., G. T. Auble, and J. M. Friedman. "Flood Dependency of Cottonwood Establishment Along the Missouri River, Montana, USA." *Ecological Applications* 7, no. 2 (1997): 677-90.

Shakespeare, W. *As You Like It*. 1623. Available at http://www.gutenberg.org/ebooks/1121. 한국어판은 『셰익스피어 전집』(문학과지성사, 2016).

Strayed, C. *Wild*. New York: A. A. Knopf, 2012. 한국어판은 『와일드』(나무의철학, 2012). "나는 두려움에 질린 ……" 출처.

The Nature Conservancy. "What's the Return on Nature?" www.nature.org/photos-and-video/photography/psas/natures-value-psa-pdf.pdf

U.S. Code, Title 16: Conservation, Chapter 23: National Wilderness Preservation System.

Vandersande, M. W., E. P. Glenn, and J. L. Walworth. "Tolerance of Five Riparian Plants from the Lower Colorado River to Salinity Drought and Inundation." *Journal of Arid Environments* 49, no. 1 (2001): 147-59.

Williams, T. T. *When Women Were Birds: Fifty-four Variations on Voice*. New York: Sarah Crichton Books, 2014. "자신이 처한 ……", "숲에서 처녀에게 ……", "말하는 우리 자신의 입술" 출처.

Wohlforth, C. "Conservation and Eugenics." *Orion* 29, no. 4 (July 1, 2010): 22-28.

콩배나무

Anderson, L. M., B. E. Mulligan, and L. S. Goodman. "Effects of Vegetation on Human Response to Sound." *Journal of Arboriculture* 10 (1984): 45-49.

Aronson, M. F. J., F. A. La Sorte, C. H. Nilon, M. Katti, M. A. Goddard, C.

A. Lepczyk, P. S. Warren, et al. "A Global Analysis of the Impacts of Urbanization on Bird and Plant Diversity Reveals Key Anthropogenic Drivers." *Proceedings of the Royal Society of London B: Biological Sciences* 281, no. 1780 (2014), doi:10.1098/rspb.2013.3330.

Bettencourt, L. M. A. "The Origins of Scaling in Cities." *Science* 340, no. 6139 (2013): 1438–41.

Borden, J. *I Totally Meant to Do That*. New York: Broadway Paperbacks, 2011.

Buckley, C. "Behind City's Painful Din, Culprits High and Low." *New York Times*, July 12, 2013. www.nytimes.com/2013/07/12/nyregion/behind-citys-painful-din-culprits-high-and-low.html.

Calfapietra, C., S. Fares, F. Manes, A. Morani, G. Sgrigna, and F. Loreto. "Role of Biogenic Volatile Organic Compounds(BVOC) Emitted by Urban Trees on Ozone Concentration in Cities: A Review." *Environmental Pollution* 183 (2013): 71–80.

Campbell, L. K. "Constructing New York City's Urban Forest." In *Urban Forests, Trees, and Greenspace: A Political Ecology Perspective*, edited by L. A. Sandberg, A. Bardekjian, and S. Butt, 242–60. New York: Routledge, 2014.

Campbell, L. K., M. Monaco, N. Falxa-Raymond, J. Lu, A. Newman, R. A. Rae, and E. S. Svendsen. *Million TreesNYC: The Integration of Research and Practice*. New York: New York City Department of Parks and Recreation, 2014.

Cortright, J. *New York City's Green Dividend*. Chicago: CEOs for Cities, 2010.

Crisinel, A.-S., S. Cosser, S. King, R. Jones, J. Petrie, and C. Spence. "A Bittersweet Symphony: Systematically Modulating the Taste of Food by Changing the Sonic Properties of the Soundtrack Playing in the Background." *Food Quality and Preference* 24, no. 1 (2012): 201–4.

Culley, T. M., and N. A. Hardiman. "The Beginning of a New Invasive Plant: A History of the Ornamental Callery Pear in the United States." *BioScience* 57, no. 11 (2007): 956–64. "경이롭다" 출처.

de Langre, E. "Effect of Wind on Plants." *Annual Review of Fluid Mechanics* 40 (2008): 141–68.

Dodman, D. "Blaming Cities for Climate Change? An Analysis of Urban Greenhouse Gas Emissions Inventories." *Environment and Urbanization* 21, no. 1 (2009): 185–201.

Engels, S., N.-L. Schneider, N. Lefeldt, C. M. Hein, M. Zapka, A. Michalik,

D. Elbers, A. Kittel, P. J. Hore, and H. Mouritsen. "Anthropogenic Electromagnetic Noise Disrupts Magnetic Compass Orientation in a Migratory Bird." *Nature* 509, no. 7500 (2014): 353–56.

Environmental Defense Fund. "A Big Win for Healthy Air in New York City." *Solutions*, Winter 2014, page 13.

Farrant-Gonzalez, T. "A Bigger City Is Not Always Better." *Scientific American* 313 (2015): 100.

Gick, B., and D. Derrick. "Aero-tactile Integration in Speech Perception." *Nature* 462, no. 7272 (2009년 11월 26일 목), doi:10.1038/nature08572.

Girling, R. D., I. Lusebrink, E. Farthing, T. A. Newman, and G. M. Poppy. "Diesel Exhaust Rapidly Degrades Floral Odours Used by Honeybees." *Scientific Reports* 3 (2013), doi:10.1038/srep02779.

Hampton, K. N., L. S. Goulet, and G. Albanesius. "Change in the Social Life of Urban Public Spaces: The Rise of Mobile Phones and Women, and the Decline of Aloneness over 30 Years." *Urban Studies* 52, no. 8 (2015): 1489–1504.

Li, H., Y. Cong, J. Lin, and Y. Chang. "Enhanced Tolerance and Accumulation of Heavy Metal Ions by Engineered Escherichia coli Expressing Pyrus calleryana Phytochelatin Synthase." *Journal of Basic Microbiology* 55, no. 3 (2015): 398–405.

Lu, J. W. T., E. S. Svendsen, L. K. Campbell, J. Greenfeld, J. Braden, K. King, and N. Falxa-Raymond. "Biological, Social, and Urban Design Factors Affecting Young Street Tree Mortality in New York City." *Cities and the Environment* 3, no. 1 (2010): 1–15.

Maddox, V., J. Byrd, and B. Serviss. "Identification and Control of Invasive Privets (*Ligustrum* spp.) in the Middle Southern United States." *Invasive Plant Science and Management* 3 (2010): 482–88.

Mao, Q., and D. R. Huff. "The Evolutionary Origin of Poa annua L." *Crop Science* 52 (2012): 1910–22.

Nemerov, H. "Learning the Trees." In *The Collected Poems of Howard Nemerov*. Chicago: The University of Chicago Press, 1977. "포괄적 침묵" 출처.

Newman, A. "In Leafy Profusion, Trees Spring Up in a Changing New York." *New York Times*, December 1, 2014. www.nytimes.com/2014/12/02/nyregion/in-leafy-blitz-trees-spring-up-in-a-changing-newyork.html.

New York City Comptroller. "ClaimStat: Protecting Citizens and Saving

Taxpayer Dollars: FY 2014-2015 Update." comptroller.nyc.gov/reports/claimstat/#treeclaims.

New York City Department of Environmental Protection. "Heating Oil." www.nyc.gov/html/dep/html/air/buildings_heating_oil.shtml(2016년 5월 16일 접속).

———. "New York City's Wastewater." www.nyc.gov/html/dep/html/wastewater/index.shtml(2015년 7월 22일 접속).

New York State Penal Law. Part 3, Title N, Article 240: Offenses Against Public Order. ypdcrime.com/penal.law/article240.htm.

Niklas, K. J. "Effects of Vibration on Mechanical Properties and Biomass Allocation Pattern of *Capsella bursa-pastoris*(Cruciferae)." *Annals of Botany* 82, no. 2 (1998): 147-56.

North, A. C. "The Effect of Background Music on the Taste of Wine." *British Journal of Psychology* 103, no. 3 (2012): 293-301.

Nowak, D. J., R. E. Hoehn III, D. E. Crane, J. C. Stevens, and J. T. Walton. "Assessing Urban Forest Effects and Values: New York City's Urban Forest." Resource Bulletin NRS-9, U.S. Department of Agriculture, Forest Service, Northern Research Station, Newtown Square, PA, 2007.

Nowak, D. J., S. Hirabayashi, A. Bodine, and E. Greenfield. "Tree and Forest Effects on Air Quality and Human Health in the United States." *Environmental Pollution* 193 (2014): 119-29.

O'Connor, A. "After 200 Years, a Beaver Is Back in New York City." *New York Times*, February 23, 2007. www.nytimes.com/2007/02/23/nyregion/23beaver.html.

Peper, P. J., E. G. McPherson, J. R. Simpson, S. L. Gardner, K. E. Vargas, and Q. Xiao. *New York City, New York Municipal Forest Resource Analysis*. Davis, CA: Center for Urban Forest Research, USDA Forest Service, Pacific Southwest Research Station, 2007.

Rosenthal, J. K., R. Ceauderueff, and M. Carter. *Urban Heat Island Mitigation Can Improve New York City's Environment: Research on the Impacts of Mitigation Strategies on the Urban Environment*. New York: Sustainable South Bronx, 2008.

Roy, J. 2015. "What Happens When a Woman Walks Like a Man?" *New York*, January 8, 2015.

Rueb, E. S. "Come On In, Paddlers, the Water's Just Fine. Don't Mind the

Sewage." *New York Times*, August 29, 2013. www.nytimes.com/2013/08/30/nyregion/in-water-they-wouldnt-dare-drink-paddlersfind-a-home.html.

Sanderson, E. W. *Mannahatta: A Natural History of New York City*. New York: Abrams, 2009.

Sarudy, B. W. *Gardens and Gardening in the Chesapeake, 1700-1805*. Baltimore, MD: Johns Hopkins University Press, 1998.

Schläpfer, M., L. M. A. Bettencourt, S. Grauwin, M. Raschke, R. Claxton, Z. Smoreda, G. B. West, and C. Ratti. "The Scaling of Human Interactions with City Size." *Journal of the Royal Society Interface* 11, no. 98 (2014), doi:10.1098/rsif.2013.0789.

Spence, C., and O. Deroy. "On Why Music Changes What (We Think) We Taste." *i-Perception* 4, no. 2 (2013): 137-40.

Tavares, R. M., A. Mendelsohn, Y. Grossman, C. H. Williams, M. Shapiro, Y. Trope, and D. Schiller. "A Map for Social Navigation in the Human Brain." *Neuron* 87, no. 1 (2015): 231-43.

Taylor, W. *Agreement for South China Explorations*. Washington, DC: Bureau of Plant Industries, U.S. Department of Agriculture, July 25, 1916.

West Side Rag. "Weekend History: Astonishing Photo Series of Broadway in 1920." November 30, 2014. www.westsiderag.com/2014/11/30/uws-history-astonishing-photo-series-of-broadway-in-the-1920s.

Wildlife Conservation Society. "Welikia Project." welikia.org (2015년 7월 24일 접속).

Woods, A. T., E. Poliakoff, D. M. Lloyd, J. Kuenzel, R. Hodson, H. Gonda, J. Batchelor, G. B. Dijksterhuis, and A. Thomas. "Effect of Background Noise on Food Perception." *Food Quality and Preference* 22, no. 1 (2011): 42-47.

Zhao, L., X. Lee, R. B. Smith, and K. Oleson. "Strong Contributions of Local Background Climate to Urban Heat Islands." *Nature* 511, no. 7508 (2014): 216-19.

Zouhar, K. "*Linaria* spp." In "Fire Effects Information System," produced by U.S. Department of Agriculture, Forest Service, Rocky Mountain Research Station, Fire Sciences Laboratory, 2003. www.fs.fed.us/database/feis/plants/forb/linspp/all.html.

Besnard, G., B. Khadari, M. Navascués, M. Fernández-Mazuecos, A. El Bakkali, N. Arrigo, D. Baali-Cherif, et al. "The Complex History of the Olive Tree: From Late Quaternary Diversification of Mediterranean Lineages to Primary Domestication in the Northern Levant." *Proceedings of the Royal Society of London B: Biological Sciences* 280, no. 1756 (2013), doi:10.1098/rspb.2012.2833.

Cohen, S. E. *The Politics of Planting*. Chicago: University of Chicago Press, 1993.

deMenocal, P. B. "Climate Shocks." *Scientific American*, September 2014, pages 48-53.

Diez C. M., I. Trujillo, N. Martinez-Urdiroz, D. Barranco, L. Rallo, P. Marfil, and B. S. Gaut. "Olive Domestication and Diversification in the Mediterranean Basin." *New Phytologist* 206, no. 1 (2015), doi:10.1111/nph.13181.

Editors of the Encyclopædia Britannica. "Baal." *Encyclopædia Britannica Online*, 2016년 2월 26일 최종 갱신. www.britannica.com/topic/Baal-ancient-deity.

Fernández, J. E., and F. Moreno. "Water Use by the Olive Tree." *Journal of Crop Production* 2, no. 2(2000): 101-62.

Forward and Y. Schwartz. "Foreign Workers Are the New Kibbutzniks." *Haaretz*, September 27, 2014. www.haaretz.com/news/features/1.617887.

Friedman, T. L. "Mystery of the Missing Column." *New York Times*, October 23, 1984.

Griffith, M. P. "The Origins of an Important Cactus Crop, *Opuntia ficus-indica*(Cactaceae): New Molecular Evidence." *American Journal of Botany* 91 (2004): 1915-21.

Hass, A. "Israeli 'Watergate' Scandal: The Facts About Palestinian Water." *Haaretz*, February 16, 2014. www.haaretz.com/middle-east-news/1.574554.

Hasson, N. "Court Moves to Solve E. Jerusalem Water Crisis to Prevent 'Humanitarian Disaster.'" *Haaretz*, July 4, 2015. www.haaretz.com/israel-news/.premium-1.664337.

Hershkovitz, I., O. Marder, A. Ayalon, M. Bar-Matthews, G. Yasur, E. Boaretto, V. Caracuta, et al. "Levantine Cranium from Manot Cave (Israel) Foreshadows the First European Modern Humans." *Nature* 520, no. 7546 (2015): 216-

19.

International Olive Oil Council. *World Olive Encyclopaedia*. Barcelona: Plaza & Janés Editores, 1996.

Josephus. *Jewish Antiquities*, Volume VIII: Books 18–19. Translated by L. H. Feldman. Loeb Classical Library 433. Cambridge, MA: Harvard University Press, 1965. "상수원을 가로채 ……", "수만 명이 ……", "필라테의 명령보다 ……" 출처.

Kadman, N., O. Yiftachel, D. Reider, and O. Neiman. *Erased from Space and Consciousness: Israel and the Depopulated Palestinian Villages of 1948*. Bloomington: Indiana University Press, 2015.

Kaniewski, D., E. Van Campo, T. Boiy, J. F. Terral, B. Khadari, and G. Besnard. "Primary Domestication and Early Uses of the Emblematic Olive Tree: Palaeobotanical, Historical and Molecular Evidence from the Middle East." *Biological Reviews* 87, no. 4 (2012): 885–99.

Keren Kayemeth LeIsrael Jewish National Fund. "Sataf: Ancient Agriculture in Action." www.kkl.org.il/eng/tourism-and-recreation/forests-and-parks/sataf-site.aspx.

Khalidi, W. *All That Remains: The Palestinian Villages Occupied and Depopulated by Israel in 1948*. Washington, DC: Institute for Palestine Studies, 1992.

Langgut, D., I. Finkelstein, T. Litt, F. H. Neumann, and M. Stein. "Vegetation and Climate Changes During the Bronze and Iron Ages (~3600–600 BCE) in the Southern Levant Based on Palynological Records." *Radiocarbon* 57, no. 2 (2015): 217–35.

Langgut, D., F. H. Neumann, M. Stein, A. Wagner, E. J. Kagan, E. Boaretto, and I. Finkelstein. "Dead Sea Pollen Record and History of Human Activity in the Judean Highlands (Israel) from the Intermediate Bronze into the Iron Ages (~2500–500 BCE)." *Palynology* 38, no. 2 (2014): 280–302.

Lawler, A. "In Search of Green Arabia." *Science* 345, no. 6200 (2014): 994–97.

Litt, T., C. Ohlwein, F. H. Neumann, A. Hense, and M. Stein. "Holocene Climate Variability in the Levant from the Dead Sea Pollen Record." *Quaternary Science Reviews* 49 (2012): 95–105.

Lumaret, R., and N. Ouazzani. "Plant Genetics: Ancient Wild Olives in Mediterranean Forests." *Nature* 413, no. 6857 (2001): 700.

Luo, T., R. Young, and P. Reig. "Aqueduct Projected Water Stress Country Rankings." Washington, DC: World Resources Institute, 2015. www.wri.

org/sites/default/files/aqueduct-water-stress-country-rankings-technical-note.pdf.

Neumann, F. H., E. J. Kagan, S. A. G. Leroy, and U. Baruch. "Vegetation History and Climate Fluctuations on a Transect Along the Dead Sea West Shore and Their Impact on Past Societies over the Last 3500 Years." *Journal of Arid Environments* 74 (2010): 756-64.

Perea, R., and A. Gutiérrez-Galán. "Introducing Cultivated Trees into the Wild: Wood Pigeons as Dispersers of Domestic Olive Seeds." *Acta Oecologica* 71 (2015): 73-79.

Pope, M. H. "Baal Worship." In *Encyclopaedia Judaica*, 2nd ed., vol. 3, edited by F. Skolnik and M. Berenbaum, pages 9-13. New York: Thomas Gale, 2007.

Prosser, M. C. "The Ugaritic Baal Myth, Tablet Four." Cuneiform Digital Library Initiative. cdli.ox.ac.uk/wiki/doku.php?id=the_ugaritic_baal_myth.

Ra'ad, B. *Hidden Histories: Palestine and the Eastern Mediterranean*. London: Pluto, 2010.

Snir, A., D. Nadel, and E. Weiss. "Plant-Food Preparation on Two Consecutive Floors at Upper Paleolithic Ohalo II, Israel." *Journal of Archaeological Science* 53 (2015): 61-71.

Stein, M., A. Torfstein, I. Gavrieli, and Y. Yechieli. "Abrupt Aridities and Salt Deposition in the Post-Glacial Dead Sea and Their North Atlantic Connection." *Quaternary Science Reviews* 29, no. 3 (2010): 567-75.

Terral, J., E. Badal, C. Heinz, P. Roiron, S. Thiebault, and I. Figueiral. "A Hydraulic Conductivity Model Points to Post-Neogene Survival of the Mediterranean Olive." *Ecology* 85, no. 11 (2004): 3158-65.

Tourist Israel. "Sataf." www.touristisrael.com/sataf/2503/ (2015년 11월 29일 접속).

Waldmann, N., A. Torfstein, and M. Stein. "Northward Intrusions of Low- and Mid-latitude Storms Across the Saharo-Arabian Belt During Past Interglacials." *Geology* 38, no. 6 (2010): 567-70.

Weiss, E. "'Beginnings of Fruit Growing in the Old World': Two Generations Later." *Israel Journal of Plant Sciences* 62 (2015): 75-85.

Zhang, C., J. Gomes-Laranjo, C. M. Correia, J. M. Moutinho-Pereira, B. M. Carvalho Goncalves, E. L. V. A. Bacelar, F. P. Peixoto, and V. Galhano. "Response, Tolerance and Adaptation to Abiotic Stress of Olive, Grapevine and Chestnut in the Mediterranean Region: Role of Abscisic Acid, Nitric

Oxide and MicroRNAs." In *Plants and Environment*, edited by H. K. N. Vasanthaiah and D. Kambiranda, pages 179–206. Rijeka, Croatia: InTech, 2011.

섬잣나무

Auders, A. G., and D. P. Spicer. *Royal Horticultural Society Encyclopedia of Conifers: A Comprehensive Guide to Cultivars and Species*. Nicosia, Cyprus: Kingsblue, 2013.

Batten, B. L. "Climate Change in Japanese History and Prehistory: A Comparative Overview." Occasional Paper No. 2009-01, Edwin O. Reischauer Institute of Japanese Studies, Harvard University, 2009.

Chan, P. *Bonsai Masterclass*. Sterling: New York, 1988.

Donoghue, M. J., and S. A. Smith. "Patterns in the Assembly of Temperate Forests Around the Northern Hemisphere." *Philosophical Transactions of the Royal Society B: Biological Sciences* 359, no. 1450 (2004): 1633–44.

Fridley, J. D. "Of Asian Forests and European Fields: Eastern US Plant Invasions in a Global Floristic Context." *PLoS ONE* 3, no. 11 (2008): e3630.

Gorai, S. "Shugendo Lore." *Japanese Journal of Religious Studies* 16 (1989): 117–42.

National Bonsai & Penjing Museum. "Hiroshima Survivor." www.bonsai-nbf.org/hiroshima-survivor.

Nelson, J. "Gardens in Japan: A Stroll Through the Cultures and Cosmologies of Landscape Design." *Lotus Leaves, Society for Asian Art* 17, no. 2 (2015): 1–9.

Omura, H. "Trees, Forests and Religion in Japan." *Mountain Research and Development* 24, no. 2 (2004): 179–82.

Slawson, D. A. *Secret Teachings in the Art of Japanese Gardens: Design Principles, Aesthetic Values*. New York: Kodansh, 2013. "구전[스승의 가르침]을 ……" 출처.

Takei, J., and M. P. Keane. Sakuteiki, *Visions of the Japanese Garden: A Modern Translation of Japan's Gardening Classic*. Rutland, VT: Tuttle, 2008. 한국어판은 『사쿠테이키』(연암서가, 2012). "산수"와 "옛 명인" 출처.

Voice of America. "Hiroshima Survivor Recalls Day Atomic Bomb Was Dropped." October 30, 2009. www.voanews.com/content/a-13-2005-08-

05-voa38-67539217/285768.html.

Yi, S., Y. Saito, Z. Chen, and D. Y. Yang. "Palynological Study on Vegetation and Climatic Change in the Subaqueous Changjiang(Yangtze River) Delta, China, During the Past About 1600 Years." *Geosciences Journal* 10, no. 1 (2006): 17–22.

찾아보기

나무의 노래

2018년 1월 30일 초판 1쇄 발행
2018년 11월 22일 초판 3쇄 발행

지은이 데이비드 조지 해스컬
옮긴이 노승영
펴낸이 박래선
펴낸곳 에이도스출판사
출판신고 제25100-2011-000005호

주소 서울시 마포구 잔다리로 33 회산빌딩 402호
전화 02-355-3191
팩스 02-989-3191
이메일 eidospub.co@gmail.com

표지 디자인 공중정원 박진범
본문 디자인 김경주

ISBN 979-11-85145-18-5 03470

이 도서의 국립중앙도서관 출판예정도서목록(CIP)은
서지정보유통지원시스템 홈페이지(http://seoji.nl.go.kr)와
국가자료공동목록시스템(http://www.nl.go.kr/kolisnet)에서 이용하실 수 있습니다.
(CIP제어번호: CIP2018001272)